汽车机械基础

主　编　赵宏宇　周佩秋
副主编　范　茜　孙成俭　于　杰
参　编　张　蕾　崔　爽　苏晓楠
　　　　李金玉　修丽娜　刘成成

北京理工大学出版社
BEIJING INSTITUTE OF TECHNOLOGY PRESS

内 容 提 要

汽车机械基础立体化教材按照"以学生为中心，学习成果为导向，促进学生自主学习、合作学习和个性化学习"的思路进行教材开发设计。本书主要内容包括机械认知、公差配合与技术测量、机械工程材料的选用、常用零部件认知、常用机构认知、常用机械传动认知和液压传动认知等。每个项目由项目引入、学习目标、知识准备、任务实施、知识拓展、项目小结和活页工单等组成。本书提供丰富、适用和引领创新作用的多种类型立体化、信息化课程资源，包含主教材、学习导案、电子课件、动画、视频、网络课程等，实现教材多功能作用，以满足多样化、个性化、实用化的教与学的需求。

本书内容丰富，实用性强，可作为高等学校、高等专科学校、成人高校及高等职业、中等职业学校的机械类及相关专业机械基础教材，也可作为相关从业人员的参考用书。

图书在版编目（CIP）数据

汽车机械基础 / 赵宏宇，周佩秋主编 .-- 北京：
北京理工大学出版社，2023.6
ISBN 978-7-5763-2451-8

Ⅰ . ①汽⋯　Ⅱ . ①赵⋯ ②周⋯　Ⅲ . ①汽车—机械学
—基础知识　Ⅳ . ① U463

中国国家版本馆 CIP 数据核字（2023）第 103332 号

责任编辑：王卓然		**文案编辑**：王卓然	
责任校对：周瑞红		**责任印制**：李志强	

出版发行 / 北京理工大学出版社有限责任公司

社　　址 / 北京市丰台区四合庄路 6 号

邮　　编 / 100070

电　　话 / (010) 68914026（教材售后服务热线）
　　　　　　 (010) 68944437（课件资源服务热线）

网　　址 / http：//www.bitpress.com.cn

版 印 次 / 2023 年 6 月第 1 版第 1 次印刷

印　　刷 / 河北鑫彩博图印刷有限公司

开　　本 / 787 mm×1092 mm　1/16

印　　张 / 21

字　　数 / 493 千字

定　　价 / 92.00 元

图书出现印装质量问题，请拨打售后服务热线，负责调换

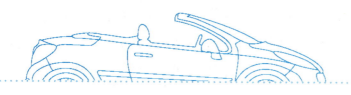

前 言
PREFACE

　　"机械基础"课程是高等院校机械类及相关专业的一门重要专业基础课程，在专业课程体系中起着承上启下的作用，本书作为其重要组成部分，被立项为长春职业技术学院"双高"建设的重点建设项目。

　　《汽车机械基础》新形态立体化教材建设以"党的二十大报告精神"和"职教二十条"为指引，开发建设高质量教材，以满足教师教学要求和学生学习需要。遵循机械类专业《机械基础》课程标准，按照"以学生为中心，学习成果为导向，促进学生自主学习、合作学习和个性化学习"的思路进行教材开发设计；弱化"教学材料"的特征，强化"学习资料"的功能。为学生学习服务，围绕"教师教"和"学生学"两个中心进行建设。本书"以企业岗位能力分析为主线，从岗位出发，以能力为本位；以知识体系构建为主线，将岗位能力序化为知识体系；以学生学习路径铺设为主线"，对教学内容进行优化整合，融知识点和应具备的技能于一体，突出实践应用能力的培养。

　　本书的特色与创新如下：

　　（1）与产业链头部企业合作、校企合作、产教融合开发教材。将行业和企业的新技术、新设备、新材料、新工艺、新标准和新规范等引入教材的数字化教学资源，实景展现典型工作任务。实现了教材内容与产业需求对接、与职业标准对接、与生产过程对接、与职业资格证书对接，从而更具有实用性和前瞻性。

　　（2）以课程整体设计为出发点，开发新形态教材。围绕"教师教"和"学生学"两个中心进行课程教材整体设计和制作，提升学生的学习兴趣。

　　（3）将思政教育内容融入立体化教材，以培养学生诚信、勤敏、谦学、坚毅、工匠精神、科技强国的使命感和社会责任感等。

　　本书由赵宏宇、周佩秋担任主编，由范茜、孙成俭、于杰担任副主编，张蕾、崔爽、苏晓楠、李金玉、修丽娜、刘成成参与本书编写。具体编写分工如下：崔爽、于杰编写项目一，赵宏宇编写项目二和项目五，范茜、苏晓楠编写项目三，李金玉、修丽娜编写项目四，周佩秋编写项目六，张蕾、孙成俭编写项目七和附录。

本书在编写过程中参考了相关教材和网络文献，在此向各位作者表示衷心的感谢！同时还要特别感谢长春通立汽车商贸有限公司技术总监刘成成给予的大力支持和帮助。

由于编写时间仓促，编者水平有限，书中难免存在一些疏忽之处，恳请广大读者提出宝贵意见与建议，以便今后不断改进和完善。

编　者

目 录
CONTENTS

项目 1

项目引入

机械是人类进行生产劳动的主要工具，从古代建筑中搬运物料使用的简单机械滑轮到现今过海码头连接桥中使用的动浮吊，从工业革命时的蒸汽火车到现在突破每小时 400 km 的高铁，从莱特兄弟发明的飞机到现今的载人飞船。科技发展至今，品种繁多的机械进入社会的各个领域，承担着大量人力所不能或不便进行的工作，大大改善了人类的劳动条件，提高了生产率。由此可见，机械是人类生产和生活的基本要素之一，在国民经济生产中发挥着巨大的作用，它不但为百姓造福，同时也可以作为一个重要的历史标志，是推动人类进步的重要因素。

学习目标

1. 知识目标

理解零件、构件、部件、机构和机器的基本概念；掌握机器的组成；掌握各种运动副的特点。

2. 能力目标

能正确描述机器和机构、零件和构件之间的关系；能识别及划分机器的组成部分；能够区分低副和高副。

3. 素养目标

具有爱国、爱岗敬业精神和辩证思维。

知识准备

✿ 任务 1.1　机械概述

机械是机器和机构的总称。一台机器无论多么复杂，多么精密，都包含许多基本的运动结构，掌握它们的结构组成、运动原理和设计方法，是研发复杂机器的重要基础。

1.1.1 零件、构件和部件

1. 零件

零件如图 1-1 所示。从制造的角度看，螺栓、活塞和齿轮是不可再拆分的最小单元，这就是零件。零件是组成机械的最小制造单元。

（a）　　　　　　　　（b）　　　　　　　　（c）

图 1-1　零件
(a)螺栓；(b)活塞；(c)齿轮

零件按照使用特点可分为两类：一类是通用零件，是在各种机器中经常使用的零件，如螺栓、齿轮、弹簧等；另一类是专用零件，是仅在特定类型的机器中使用的零件，如内燃机中的活塞、曲轴、凸轮轴等。

2. 构件

从运动的角度看，机器和机构是由许多具有确定的相对运动的构件组成的。在机器或机构中，这些具有确定的相对运动的物体称为构件。构件可以是一个零件，如曲轴[图 1-2(a)]，也可以是多个零件的刚性组合，如内燃机中的连杆[图 1-2(b)]，它是由连杆体、连杆盖、螺栓、螺母和轴瓦等零件组成的，各零件在工作过程中是以整体的形式参与工作的，彼此间没有相对的运动。

（a）　　　　　　　　　　　　　　（b）

图 1-2　构件
(a)曲轴；(b)连杆

零件和构件的区别：零件是制造的单元；构件是运动的单元。

3. 部件

从装配的角度看，较复杂的机器是由部件组成的。部件是由一组协同工作的零件装配和制造而成的相对独立的组合体，如图 1-3(a)所示的汽车发动机、图 1-3(b)所示的变速器、图 1-3(c)所示的车轮等。部件是机器的装配单元体。

（a）　　　　　　　　　　（b）　　　　　　　　　　（c）

图1-3　部件

(a)发动机；(b)变速器；(c)车轮

1.1.2　机器和机构

1. 机器

机器的种类繁多，结构形式和用途也各不相同，但是它们具有共同的特征。

（1）任何机器都是由许多构件组成。它可由活塞、气缸、连杆、曲轴和箱体等构件组合而成。

（2）各个构件之间具有确定的相对运动。活塞相对气缸往复移动，连杆相对曲轴连续转动等。

（3）能代替人或减轻人的劳动，完成有效的机械功，传递能量、物料和信息，实现能量的转换。

大家熟知的内燃机、洗衣机、打印机、复印机、各种加工机床和汽车等都是机器。

2. 机构

机构是机器的重要组成部分，机器中运动形式的转换是由机构实现的。机构具有以下两个重要的特征。

（1）由许多构件组成。

（2）各构件间具有确定的相对运动，能够实现预定动作。

如图1-4所示，单缸内燃机中的曲柄连杆机构由气缸、活塞、连杆和曲轴组成。

图1-4　单缸内燃机

1—活塞；2—气缸；3—连杆；4—曲轴；5—箱体

单缸内燃机

1.1.3 机器的组成

根据功能的不同，一个完整的机器是由原动部分（动力部分）、执行部分、传动部分和控制部分组成的。

（1）原动部分。原动部分是驱动整个机器完成预定功能的动力源，如电动机、内燃机和空气压缩机等。

（2）执行部分。执行部分是机器中直接完成工作任务的部分，如洗衣机的滚筒、汽车车轮、车床主轴等。

（3）传动部分。传动部分是介于原动部分和执行部分之间，用来完成运动形式、运动和动力参数转换的部分，如连杆机构、凸轮机构、带传动和链传动等。

（4）控制部分。控制部分是控制机器的其他基本部分，使操作者能随时实现或终止各种预定的功能，如汽车中的方向盘、变速杆、制动踏板等。

✪ 任务 1.2 认识运动副

在机构中，每一个构件都以一定的方式与其他构件相互接触，将两个构件直接接触并能产生确定相对运动的连接称为运动副。

运动副根据其中两构件的接触形式不同，分为低副和高副。

1.2.1 低副

低副是指两构件间通过面接触而构成的运动副。按照两构件的相对运动形式不同，低副可分为以下三种。

（1）转动副。组成运动副的两个构件只能绕某一轴线做相对转动的运动副，如图 1-5(a)所示。

转动副　　　　**移动副**　　　　**螺旋副**

（a）　　　　　　（b）　　　　　　（c）

图 1-5　低副

(a)转动副；(b)移动副；(c)螺旋副

（2）移动副。组成运动副的两个构件只能做相对直线移动的运动副，如图 1-5（b）所示。

（3）螺旋副。组成运动副的两个构件只能沿轴向做相对螺旋运动的运动副，如图 1-5（c）所示。

1.2.2　高副

高副是指两个构件间通过点或线接触而构成的运动副。图 1-6 所示是常见的几种高副接触形式。图 1-6（a）是火车车轮与钢轨的接触，图 1-6（b）是齿轮的轮齿啮合，都属于线接触；图 1-6（c）是凸轮与尖顶从动杆的接触，属于点接触。

火车车轮与钢轨的接触　　　　**齿轮传动**　　　　**凸轮机构**

（a）　　　　　　　　（b）　　　　　　　　（c）

图 1-6　高副接触形式

（a）火车车轮与钢轨的接触；（b）齿轮的轮齿啮合；（c）凸轮与尖顶从动杆的接触

由于组成低副和高副的两构件直接接触部分的几何特征不同，因此，在使用上也具有不同的特点。

（1）低副因为是面接触的运动副，其接触表面一般为平面或圆柱面，容易制造和维修，单位面积压力较小，承载能力大，传力性能好；但摩擦损失大，效率低，不能传递较复杂的运动。

（2）高副是点或线接触的运动副，单位面积压力较大，两构件接触处容易磨损，制造和维修困难，但能传递较复杂的运动。

1.2.3　低副机构和高副机构

（1）低副机构是指所有运动副均为低副的机构。

（2）高副机构是指至少有一个运动副是高副的机构。

1. 实施条件

(1)展示各种常用的机构(铰链四杆机构、螺旋传动机构、凸轮机构等)、常用机械传动(齿轮传动、带传动、链传动等)和机械零部件(轴、齿轮、螺钉、螺母、弹簧、连杆、曲轴、发动机等)的模型或实物。

(2)条件允许的还可在实训室摆放自行车、带驱动波轮式洗衣机、收音机、录音机等物品。

(3)挂图、模拟实验展板等。

2. 实施步骤

(1)请学生在展示的物品中找到两个零件、两个构件、两个部件。

(2)通过机构或机械传动模型或实物的动态展示,请学生判断其中的运动副类型。

(3)请学生说出带驱动波轮式洗衣机的原动部分、传动部分、执行部分和控制部分。

(4)请学生判断收音机和录音机是不是机器。

国内最大直径盾构机——"聚力一号"

盾构机是一种在地下掘进的大型挖掘机。刀盘通过持续旋转使切削下来的渣土进入泥水仓,采用盾构机施工的方式进行掘进,可以将挖掘速度提高10倍以上。

2022年4月29日,由中交天和自主研发设计的国产最大直径盾构机——"聚力一号"顺利始发,正式启动对长江隧道的掘进工作。江阴靖江长江隧道是目前国内直径最大、承受水压最高的隧道。"聚力一号"盾构机刀盘直径16.09 m,重514 t,比一座5层楼房还高。在技术上可实现5 000 m超长距离连续掘进不换刀,还配备多项智能化系统,确保盾构隧道施工"可视、可测、可控、可达",实现安全掘进,解决施工难题。

(1)零件是制造的单元,构件是运动的单元,部件是装配的单元。

(2)机构与机器的关系:机器能够变换或传递能量、传送物料和信息;机构是机器的重要组成部分,机器中运动形式的转换是由机构实现的。

(3)机器由原动部分、执行部分、传动部分和控制部分组成。

(4)运动副是指两个构件直接接触并能产生确定相对运动的连接。运动副根据其中两构件的接触形式不同,分为低副和高副。低副是两个构件面接触,有三种形式,分别是转动副、移动副和螺旋副;高副是两个构件以点或线形式接触。

一、技能测试

机械的认知应用作业表见表 1-1。

表 1-1 机械的认知应用作业表

基本信息	姓名		班级		学号		组别	
	考核日期		规定时间		完成时间		总评成绩	
序号	图例		技能操作要求				评分标准	得分
1	（ ）　（ ） （ ）　（ ） （ ）	    	技能操作	您了解图中的物体吗				
			(1)请在左侧物体下面的括号中写出它的名称				10	
			(2)请把零件名称写在下面				8	
			(3)请把构件名称写在下面				8	
2	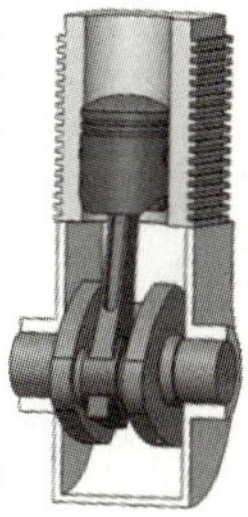 单缸内燃机 单缸内燃机		技能操作	请扫码观看单缸内燃机动画回答下列问题				
			(1)写出活塞和气缸体组成的运动副名称				6	
			(2)写出活塞和连杆组成的运动副名称				6	
			(3)写出连杆和曲轴组成的运动副名称				6	
			(4)此机构是低副机构还是高副机构?				6	

项目
1

机械认知

基本信息	姓名		班级		学号		组别	
	考核日期		规定时间		完成时间		总评成绩	
序号	图例		技能操作要求				评分标准	得分
3	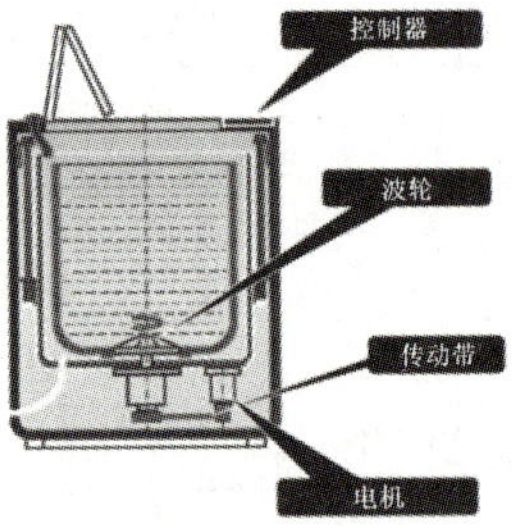 波轮式洗衣机		技能操作	您使用过波轮式洗衣机吗？请结合图片和实物回答下列问题				
			(1)一般机器由哪四部分组成？				6	
			(2)写出波轮式洗衣机的四大组成部分				8	
4	 电视机  打印机		技能操作	让您的电视机和打印机开始工作吧。回答下列问题				
			(1)电视机是机器吗？为什么？				8	
			(2)打印机是机器吗？为什么？				8	
	技能操作改进意见和建议						5	
	团队合作						5	
	语言表达						5	
	工单填写						5	
	教师评语							

二、理论测试

题号	一	二	三	总分
分数				

(一)填空题(每空 5 分，共计 50 分)

1. _____是组成机械的最小制造单元，_____是运动的单元。

2. _____是驱动整个机器完成预定功能的动力源。

3. 运动副根据其中两构件的接触形式不同，分为_____和_____。

4. 机构中至少有一个运动副是高副的机构称为_____；机构中所有运动副均为低副的机构称为_____。

5. 曲轴既是_____，又是_____；连杆是_____。

(二)选择题(每小题 5 分，共计 25 分)

1. 汽车车轮是汽车的(   )。
   A. 原动部分　　　B. 执行部分　　　C. 传动部分　　　D. 控制部分

2. 单缸内燃机中的连杆是(   )。
   A. 机构　　　　　B. 零件　　　　　C. 构件　　　　　D. 部件

3. 连杆是(   )。
   A. 机构　　　　　B. 零件　　　　　C. 构件　　　　　D. 部件

4. 能够实现运动形式的转换和传递的是(   )。
   A. 机构　　　　　B. 零件　　　　　C. 构件　　　　　D. 机器

5. 齿轮的啮合是(   )。
   A. 低副　　　　　B. 高副　　　　　C. 低副机构　　　D. 高副机构

(三)判断题(每小题 5 分，共计 25 分)

1. 曲轴是构件，不是零件。　　　　　　　　　　　　　　　　　　(　　)

2. 收音机是机器。　　　　　　　　　　　　　　　　　　　　　　(　　)

3. 机器是机构的重要组成部分。　　　　　　　　　　　　　　　　(　　)

4. 机器和机构统称为机械。　　　　　　　　　　　　　　　　　　(　　)

5. 所有运动副均为高副的机构称为高副机构。　　　　　　　　　　(　　)

项目
1

机械认知

项目 2
公差配合与技术测量

项目引入

在生产和生活中，经常会遇到用品的零(部)件互换的情况。例如，家用电器、汽车、自行车或机械设备上的某个零(部)件损坏了，只要换上相同规格的零(部)件就能正常工作了，不必考虑生产厂家。之所以这样方便，就是因为这些零(部)件都是按专业化、协作化和标准化组织生产的，具有互相替换的性能。本书就是从互换性出发，围绕误差和公差这两个概念来介绍如何解决使用要求和制造要求之间的矛盾，这一矛盾的解决方法就是合理确定公差配合和采用适当的技术测量手段。

学习目标

1. 知识目标

掌握互换性和标准化的基本概念及有关术语和定义；熟知公差与配合的基本术语和定义；掌握极限与配合、形位公差和表面粗糙度在零件图上的标注方法；了解技术测量的基本概念、基本规定；熟知常用测量器具的种类、应用范围及检测方法。

2. 能力目标

能正确识读图样中的尺寸公差、形位公差和表面粗糙度等技术要求；能正确选用和使用常用测量工具进行测量。

3. 素养目标

具有严谨细致、求真务实、精益求精的工匠精神；养成遵守职业道德和职业规范的行为习惯。

知识准备

❀ 任务 2.1 互换性概述

2.1.1 互换性的基本概念

1. 互换性的定义

在机械工业中，互换性是指同一规格的一批零(部)件，不需挑选和修整，任取其一，就能彼此互相替换，并能满足规定的使用要求的性能。

互换性给人们的生产和生活带来了极大的方便。

零(部)件的互换性包括几何参数、力学性能和理化性能等方面的互换性。本书主要介绍几何参数的互换性。

2. 互换性的种类

互换性按照互换的程度可分为完全互换性(绝对互换)和不完全互换性(有限互换)。

(1)完全互换性。若零(部)件在装配或更换时不经挑选、调整或修配，装配后就能满足使用要求，则其互换性称为完全互换性。

(2)不完全互换性。若零(部)件在装配或更换时，允许有附加选择或附加调整，但不允许修配，装配后能够满足使用要求，则其互换性称为不完全互换性。

当装配精度要求很高时，采用完全互换性，将使零件的制造公差很小，加工难度加大，成本增高，甚至无法加工。这时，可将零件的公差适当地放大，使之便于加工，而在零件完工后，根据装配零件的实际尺寸的大小分为若干组，使每组零件间实际尺寸的差值减小，装配时按相应组进行，遵循大孔配大轴、小孔配小轴的原则。这样，既解决了加工困难的问题，降低了成本，又保证了装配精度。

3. 互换性的作用

互换性在产品设计、制造及使用维修过程中均发挥着重要的作用。

(1)在设计方面，大大简化了绘图和计算工作，缩短了设计周期，并有利于开展计算机辅助设计和产品多样化设计。

(2)在制造方面，有利于组织专业化生产，便于采用先进工艺和高效率的专用设备，还有利于计算机辅助制造，以及实现加工过程和装配过程的机械化、自动化。

(3)使用维修方面，可以及时更换磨损或损坏的零(部)件，从而减少机器使用过程中的维修时间和费用，提高机器的使用价值。

现代工业的特点是规模大、分工细、协作单位多、互换性要求高。为了适应生产中各部门的协调和各生产环节的衔接，必须有一种手段使分散的局部的生产部门和生产环节保持必要的技术统一，成为一个有机的整体，从而实现互换性生产。

2.1.2 互换性生产的实现

1. 几何参数误差

一台机械设备，无论简单或复杂，都是由若干个零件所构成的。这些具有一定尺寸、形状和相互位置几何参数的零件，可以通过各种不同的联接形式装配而成。由于任何零件都要经过加工的过程，无论设备的精度和操作工人的技术水平多么高，要使加工零件的尺寸、形状和位置做得绝对准确，不但不可能，也没有必要。

几何参数误差是零件加工后的实际几何参数相对于理想几何参数的偏离量，包括尺寸误差、形状误差、位置误差及表面粗糙度。

2. 几何参数公差

几何参数误差对零件的使用性能和互换性会产生一定的影响，但实践证明，只要将零件加工后各几何参数所产生的误差控制在一定的范围之内，就可以保证零件的使用要求，同时还能实现互换性。

零件几何参数允许的变动量称为几何参数公差，简称公差。

公差包括尺寸公差、形状公差、位置公差等，公差是用来限制加工误差的，是误差的最大允许值，用以保证互换性的实现。因此，建立各种几何参数的公差标准，是实现对零件误差的控制和实现零(部)件互换性的基础。

3. 标准化

标准化是指标准的制定、发布和贯彻实施的全部活动过程，包括从调查标准化对象开始，经试验、分析和综合归纳，进而制定和贯彻标准，以及修改标准等。

根据《中华人民共和国标准化法》的规定，按照标准的使用范围，我国将标准分为国家标准、行业标准、地方标准和企业标准。它们的等级从国家标准到企业标准由高到低。

标准即技术上的法规。标准经主管部门颁布生效后，具有一定的法治性，不得擅自修改或拒不执行。

按法律属性不同，标准分为强制性标准和推荐性(非强制性)标准。强制性国家标准的代号为"GB"，颁布后必须强制执行，推荐性国家标准的代号为"GB/T"。此外，非强制性国家标准还有指导性标准，代号为"GB/Z"。

4. 技术测量

在机械制造中，加工与测量是相互依存的，有了先进的公差标准，还要有相应的技术测量措施。这样，零件的使用功能和互换性才能得到保证。

检测的目的，不仅在于仲裁零件是否合格，还要根据检测的结果，分析产生废品的原因，以便设法减少废品，进而消除废品。

要进行检测，还必须从计量上保证计量单位的统一，在全国范围内规定严格的量值传递系统及采用相应的测量方法和测量工具，以保证必要的检测精度。

✪ 任务 2.2　极限与配合

为了使零件具有互换性，必须保证零件的尺寸、几何形状和相互位置，以及表面粗糙度等技术要求的一致性。就尺寸而言，互换性要求尺寸的一致性，但并不是要求零件都准确地制成一个指定的尺寸，而只是限定其在一个合理的范围内变动。对于相互配合的零件，这个范围：一是要求在使用和制造上是合理、经济的；二是要求保证相互配合的尺寸之间形成一定的配合关系，以满足不同的使用要求。前者要以"公差"的标准化——极限制来解决，后者要以"配合"的标准化来解决，由此产生了"极限与配合"制度。

2.2.1　极限与配合的基本术语与定义

1. 孔与轴

在公差与配合标准中，孔和轴这两个术语有特定的含义，它关系到公差标准的应用范围。

(1)孔。通常指工件圆柱形的内表面，也包括其他由单一尺寸确定的非圆柱形的内表面

（由两平行平面或切面形成的包容面）部分。

（2）轴。通常指工件圆柱形的外表面，也包括其他由单一尺寸确定的非圆柱形的外表面（由两平行平面或切面形成的被包容面）部分。

在图 2-1(a)中，d_1、d_2、d_3 均为轴，D_1 为孔；在图 2-1(b)中，d_1 为轴，D_1、D_2、D_3 均为孔。

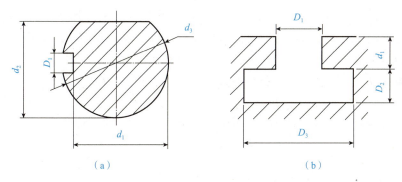

图 2-1　轴和孔

(a)轴；(b)孔

除根据定义判断外，从去除材料加工的角度来看，孔越加工越大，轴越加工越小。

2. 尺寸要素

线性尺寸要素是指用特定单位表示长度的数值，包括直径、半径、宽度、深度、高度和中心距等（不包括角度尺寸要素）。图样上标注线性尺寸要素时常用毫米（mm）为单位。这时，只标注数值，单位省略。当采用其他长度单位，如厘米标注尺寸时，则应注明相应的长度单位。

（1）公称尺寸。设计时给定的尺寸。如图 2-2 所示，减速器主轴各部分尺寸分别为 $\phi26$、$\phi28$ 和 $\phi36$ 等。设计时，从零件的功能出发，通过强度、刚度等方面的计算或结构需要，并考虑工艺方面的其他要求后给定尺寸。公称尺寸标准化可减少定值刀具（拉刀、钻头、铰刀）、量具（如块规等）、夹具、型材和零件尺寸的规格和数量。国家标准《标准尺寸》（GB/T 2822—2005）已将尺寸标准化。孔和轴配合时公称尺寸相同，孔用 D 表示，轴用 d 表示。

（2）实际尺寸。实际尺寸是通过测量得到的尺寸。由于测量误差是客观存在的，又由于几何形状误差也是客观存在的，因此，工件的同一表面的不同部位的实际尺寸往往也是不相等的，如图 2-3 所示。所以实际尺寸不是尺寸真值。孔的实际尺寸用大写字母"D_a"表示；轴的实际尺寸用小写字母"d_a"表示。

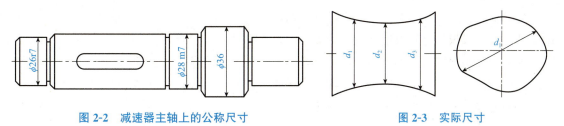

图 2-2　减速器主轴上的公称尺寸　　　　　**图 2-3　实际尺寸**

(3)极限尺寸。极限尺寸是允许尺寸变化的两个界限值。其中,最大的尺寸称为上极限尺寸;最小的尺寸称为下极限尺寸。

实际尺寸应位于极限尺寸之间,也可达到极限尺寸。

孔的极限尺寸用 D_{max}、D_{min} 表示;轴的极限尺寸用 d_{max}、d_{min} 表示。

3. 公差和偏差

(1)偏差。偏差是某值与其参考值之差,对于尺寸偏差,参考值是公称尺寸,某值是实际尺寸。偏差可能为正值、负值或零值,书写或标注时偏差的正、负号不能遗漏。

孔和轴的公称尺寸、极限尺寸和极限偏差如图 2-4 所示。

上极限偏差(ES,es)是指上极限尺寸减其公称尺寸所得的代数差。

$$ES=D_{max}-D \quad es=d_{max}-d \tag{2-1}$$

下极限偏差(EI,ei)是指下极限尺寸减其公称尺寸所得的代数差。

$$EI=D_{min}-D \quad ei=d_{min}-d \tag{2-2}$$

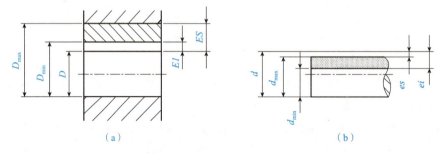

图 2-4 孔和轴的公称尺寸、极限尺寸和极限偏差
(a)孔;(b)轴

极限偏差在图样上的标注方法一般是将带有相应的"+""-"号的上、下偏差值(包括零)标注在公称尺寸的右边,如 $\phi50^{+0.048}_{+0.009}$ 和 $\phi30\pm0.025$。

极限偏差是用来控制实际偏差的,合格的零件实际偏差应位于极限偏差之内。在实际中,常用孔、轴的公称尺寸和极限偏差计算其极限尺寸,计算公式如下:

孔:$D_{max}=D+ES \qquad D_{min}=D+EI \tag{2-3}$

轴:$d_{max}=d+es \qquad d_{min}=d+ei \tag{2-4}$

例 2-1 求标注为 $\phi50^{-0.025}_{-0.034}$ 轴的上极限尺寸和下极限尺寸。

解:$d_{max}=d+es=50+(-0.025)=49.975(mm)$

$\quad d_{min}=d+ei=50+(-0.034)=49.966(mm)$

(2)尺寸公差(简称公差)。它是零件加工时尺寸允许的变动量,即上极限尺寸减去下极限尺寸之差;或者是上极限偏差减去下极限偏差之差。

公差是控制误差的,加工误差是不可避免的,显然公差应该大于零。

孔的公差用"T_h"表示;轴的公差用"T_s"表示。它们的计算公式分别如下:

孔的公差:$T_h=|D_{max}-D_{min}|=|ES-EI| \tag{2-5}$

轴的公差:$T_s=|d_{max}-d_{min}|=|es-ei| \tag{2-6}$

必须注意的是:公差和极限偏差是两个不同的概念,公差的大小决定了允许尺寸变动的范围的大小。公称尺寸相同,若公差值大,则允许尺寸变动的范围大,加工容易,但零件的加工精度低;反之要求的加工精度高。极限偏差决定了极限尺寸相对于公称尺寸的位置,影响配合的松紧。

(3)公差带图。公差带图是公差带的图解表示。由于公差或偏差的数值比公称尺寸的数值小得多,在图中不便用同一比例表示。同时为了简化,在分析有关问题时,不画出孔、轴的结构,只画出放大的孔、轴公差区域和位置,采用这种表达方法的图形称为公差带图,如图 2-5 所示。

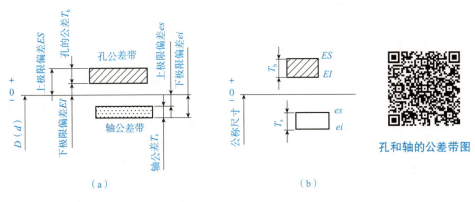

图 2-5 孔和轴的公差带图

(a)极限与配合示意;(b)尺寸公差带

公差带是指在公差带图中,由代表上极限偏差和下极限偏差或上极限尺寸和下极限尺寸的两条直线所限定的一个区域。

在国家标准中,公差带图包括了"公差带大小"和"公差带位置"两个参数,前者由标准公差确定,后者由基本偏差确定。

(4)标准公差。极限与配合的标准中所规定的(确定公差带大小的)任一公差。

(5)基本偏差。极限与配合的标准中所规定的确定公差带相对于公称尺寸位置的那个极限偏差。它可以是上极限偏差也可以是下极限偏差,一般指靠近零线的那个极限偏差。

4. 配合

(1)配合的术语。

1)配合。配合是指公称尺寸相同的、相互接合的孔和轴公差带之间的关系。

"配合"定义强调相互接合的孔和轴公称尺寸必须相同,相互接合的孔和轴公差带之间的关系不同,决定了孔和轴配合的松紧程度不同,也决定了孔和轴的配合性质。

2)间隙和过盈。孔的尺寸减去相配合的轴的尺寸之差为正,称为间隙,用"X"表示;为负称为过盈,用"Y"表示。

(2)配合的种类。

1)间隙配合。具有间隙(包括最小间隙等于零)的配合称为间隙配合。此时,孔的公差带在轴的公差带之上,如图 2-6 所示。

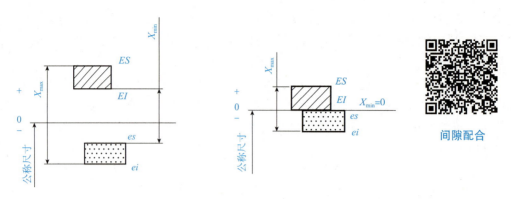

图 2-6　间隙配合

由于孔和轴的实际尺寸允许在各自的公差带内变动，所以孔和轴配合的间隙也是变动的。当孔为上极限尺寸，而轴为下极限尺寸时，装配后的孔和轴为最松的配合状态，称为最大间隙，用"X_{max}"表示；当孔为下极限尺寸，而轴为上极限尺寸时，装配后的孔和轴为最紧的配合状态，称为最小间隙，用"X_{min}"表示。用公式表示：

$$X_{max}=D_{max}-d_{min}=ES-ei \tag{2-7}$$

$$X_{min}=D_{min}-d_{max}=EI-es \tag{2-8}$$

2) 过盈配合。具有过盈（包括最小过盈等于零）的配合称为过盈配合。此时，孔的公差带在轴的公差带之下，如图 2-7 所示。

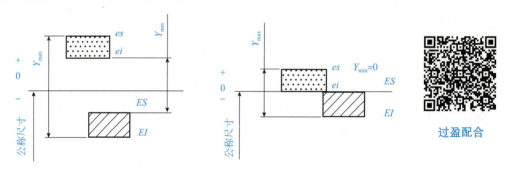

图 2-7　过盈配合

在过盈配合中，孔的上极限尺寸减轴的下极限尺寸所得的差值为最小过盈，用"Y_{min}"表示，孔和轴的配合处于最松的状态；孔的下极限尺寸减轴的上极限尺寸所得的差值为最大过盈，用"Y_{max}"表示，孔和轴的配合处于最紧的状态。用公式表示：

$$Y_{max}=D_{min}-d_{max}=EI-es \tag{2-9}$$

$$Y_{min}=D_{max}-d_{min}=ES-ei \tag{2-10}$$

3) 过渡配合。可能具有间隙或过盈的配合。此时，孔的公差带和轴的公差带相互交叠，如图 2-8 所示。

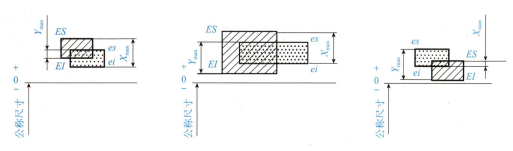

图 2-8 过渡配合

孔的上极限尺寸减轴的下极限尺寸所得的差值为最大间隙，用"X_{max}"表示，是孔和轴配合的最松状态；孔的下极限尺寸减轴的上极限尺寸所得的差值为最大过盈，用"Y_{max}"表示，是孔和轴配合的最紧状态。用公式表示：

$$X_{max}=D_{max}-d_{min}=ES-ei \tag{2-11}$$

$$Y_{max}=D_{min}-d_{max}=EI-es \tag{2-12}$$

（3）配合公差。组成配合的孔和轴的公差之和称为配合公差，用"T_f"表示。它是允许间隙或过盈的变动量。

$$\left.\begin{array}{l}对于间隙配合\ T_f=|\,X_{max}-X_{min}\,| \\ 对于过盈配合\ T_f=|\,Y_{min}-Y_{max}\,| \\ 对于过渡配合\ T_f=|\,X_{max}-Y_{max}\,|\end{array}\right\}=T_h+T_s \tag{2-13}$$

配合公差的大小反映了配合精度的高低，对一具体的配合，配合公差越大，配合时形成的间隙或过盈的变化量就越大，配合后松紧变化程度就越大，配合精度就越低。反之，配合精度高。因此，要想提高配合精度，就要减小孔、轴的尺寸公差，这样会使制造难度增加、成本提高。所以，设计时要综合考虑使用要求和制造难度这两个方面，合理选取，从而提高综合技术和经济效益。

例 2-2 求下列三对配合孔、轴的公称尺寸、极限尺寸、公差、极限间隙或极限过盈及配合公差，指出分别属于哪类配合，并画出孔、轴公差带图。

（a）孔 $\phi 30^{+0.021}_{0}$ mm 与轴 $\phi 30^{-0.020}_{-0.033}$ mm 相配合。

（b）孔 $\phi 30^{+0.021}_{0}$ mm 与轴 $\phi 30^{+0.021}_{+0.008}$ mm 相配合。

（c）孔 $\phi 30^{+0.021}_{0}$ mm 与轴 $\phi 30^{+0.048}_{+0.035}$ mm 相配合。

解：根据题目要求，求得各项参数见表 2-1 所列，尺寸公差带图与配合公差带图如图 2-9 所示。

表 2-1 例 2-2 计算表　　　　　　　　　　　　单位：mm

相配合的孔、轴 所求项目		(a)		(b)		(c)	
		孔	轴	孔	轴	孔	轴
公称尺寸		30	30	30	30	30	30
极限尺寸	$D_{max}(d_{max})$	30.021	29.980	30.021	30.021	30.021	30.048
	$D_{min}(d_{min})$	30.000	29.967	30.000	30.008	30.000	30.035

相配合的孔、轴 所求项目		(a)		(b)		(c)	
		孔	轴	孔	轴	孔	轴
极限偏差	$ES(es)$	+0.021	−0.020	+0.021	+0.021	+0.021	+0.048
	$EI(ei)$	0	−0.033	0	+0.008	0	+0.035
公差 $T_h(T_s)$		0.021	0.013	0.021	0.013	0.021	0.013
极限间隙 或极限过盈	X_{max}	+0.054		+0.013			
	X_{min}	+0.020					
	Y_{max}			−0.021		−0.048	
	Y_{min}					−0.014	
配合公差 T_f		0.034		0.034		0.034	
配合类别		间隙配合		过渡配合		过盈配合	

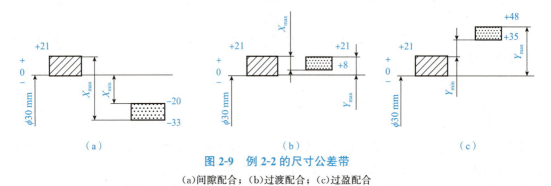

图 2-9　例 2-2 的尺寸公差带

(a)间隙配合；(b)过渡配合；(c)过盈配合

2.2.2　极限与配合国家标准的主要内容简介

1. 基准制

基准制是指以两个相配合的零件中的一个零件为基准件，并确定其公差带位置，而改变另一个零件(非基准件)的公差带位置，从而形成各种配合的一种制度。国家标准中规定有基孔制和基轴制两种配合制。

(1)基孔制。基本偏差一定的孔的公差带，与不同基本偏差的轴的公差带形成各种配合的一种制度，称为基孔制配合，如图 2-10(a)所示。

基孔制配合中孔是基准件，称为基准孔，其代号为 H，它的基本偏差为下极限偏差，数值为零，即 $EI=0$，公差带在零线的上方。

(2)基轴制。基本偏差一定的轴的公差带，与不同基本偏差的孔的公差带形成各种配合的一种制度，称为基轴制配合，如图 2-10(b)所示。

基轴制配合中轴是基准件，称为基准轴，其代号为 h，它的基本偏差为上极限偏差，数值为零，即 $es=0$，公差带在零线的下方。

2. 标准公差系列

标准公差系列是国家标准制定出的一系列标准公差数值，见表 2-2。从表中可以看到，标准公差数值的大小与公差等级和公称尺寸有关。

表2-2 公称尺寸至3150 mm的标准公差数值（摘自GB/T 1800.1—2020）

公称尺寸/mm 大于	至	标准公差等级																		
		IT01	IT0	IT1	IT2	IT3	IT4	IT5	IT6	IT7	IT8	IT9	IT10	IT11	IT12	IT13	IT14	IT15	IT16	IT17	IT18
		标准公差值																			
		μm													mm						
—	3	0.3	0.5	0.8	1.2	2	3	4	6	10	14	25	40	60	0.1	0.14	0.25	0.40	0.60	1	1.4
3	6	0.4	0.6	1	1.5	2.5	4	5	8	12	18	30	48	75	0.12	0.18	0.3	0.48	0.75	1.2	1.8
6	10	0.4	0.6	1	1.5	2.5	4	6	9	15	22	36	58	90	0.15	0.22	0.36	0.58	0.9	1.5	2.2
10	18	0.5	0.8	1.2	2	3	5	8	11	18	27	43	70	110	0.18	0.27	0.43	0.7	1.1	1.8	2.7
18	30	0.6	1	1.5	2.5	4	6	9	13	21	33	52	84	130	0.21	0.33	0.52	0.84	1.3	2.1	3.3
30	50	0.6	1	1.5	2.5	4	7	11	16	25	39	62	100	160	0.25	0.39	0.62	1	1.6	2.5	3.9
50	80	0.8	1.2	2	3	5	8	13	19	30	46	74	120	190	0.3	0.46	0.74	1.2	1.9	3	4.6
80	120	1	1.5	2.5	4	6	10	15	22	35	54	87	140	220	0.35	0.54	0.87	1.4	2.2	3.5	5.4
120	180	1.2	2	3.5	5	8	12	18	25	40	63	100	160	250	0.4	0.63	1	1.6	2.5	4	6.3
180	250	2	3	4.5	7	10	14	20	29	46	72	115	185	290	0.46	0.72	1.15	1.85	2.9	4.6	7.2
250	315	2.5	4	6	8	12	16	23	32	52	81	130	210	320	0.52	0.81	1.3	2.1	3.2	5.2	8.1
315	400	3	5	7	9	13	18	25	36	57	89	140	230	360	0.57	0.89	1.4	2.3	3.6	5.7	8.9
400	500	4	6	8	10	15	20	27	40	63	97	155	250	400	0.63	0.97	1.55	2.5	4	6.3	9.7
500	630			9	11	16	22	32	44	70	110	175	280	440	0.7	1.1	1.75	2.8	4.4	7	11
630	800			10	13	18	25	36	50	80	125	200	320	500	0.8	1.25	2	3.2	5	8	12.5
800	1 000			11	15	21	28	40	56	90	140	230	360	560	0.9	1.4	2.3	3.6	5.6	9	14
1 000	1 250			13	18	24	33	47	66	105	165	260	420	660	1.05	1.65	2.6	4.2	6.6	10.5	16.5
1 250	1 600			15	21	29	39	55	78	125	195	310	500	780	1.25	1.95	3.1	5	7.8	12.5	19.5
1 600	2 000			18	25	35	46	65	92	150	230	370	600	920	1.5	2.3	3.7	6	9.2	15	23
2 000	2 500			22	30	41	55	78	110	175	280	440	700	1 100	1.75	2.8	4.4	7	11	17.5	28
2 500	3 150			26	36	50	68	96	135	210	330	540	860	1 350	2.1	3.3	5.4	8.6	13.5	21	33

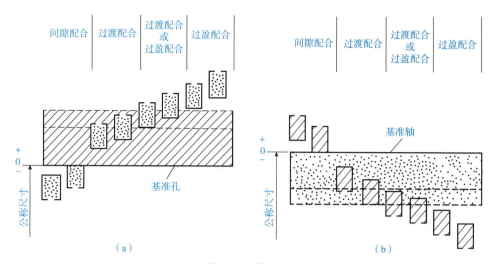

图2-10 基准制

(a)基孔制；(b)基轴制

(1)公差等级。公差等级是确定尺寸精确程度的等级。在公称尺寸≤500 mm内国家标准规定了20个公差等级，用符号IT01、IT0、IT1、IT2、…、IT18表示，IT是国际公差（ISO Tolerance）的缩写。如IT6表示标准公差为6级，从IT01～IT18公差等级依次降低，公差数值按几何级数增大。同一公差等级对应的所有公称尺寸的一组公差具有相同的精确程度，但公差数值却随公称尺寸的增大而增大。

(2)公称尺寸分段。计算标准公差值时，如果是每一个公称尺寸都要有一个公差值，则既烦琐，又没有必要，因此，国家标准将公称尺寸分成13个尺寸分段（表2-3），以简化标准公差数值表格。

表2-3 公称尺寸≤500 mm的尺寸分段

主段落		中间段落		主段落		中间段落		主段落		中间段落	
大于	至	大于	至	大于	至	大于	至	大于	至	大于	至
—	3			50	80	50	65			180	200
3	6					65	80	180	250	200	225
6	10			80	120	80	100			225	250
10	18	10	14					250	315	250	280
		14	18			120	140			280	315
18	30	18	24	120	180	140	160	315	400	315	355
		24	30			160	10			355	400
30	50	30	40					400	500	400	450
		40	50							450	500

(3)标准公差值。标准公差值是按公称尺寸每一段内首、尾两个尺寸的几何平均值计算出来的，再经尾数化整，即得出标准公差数值表，见表2-2。

3. 基本偏差系列

前面已经介绍了公差带相对于公称尺寸的位置是由基本偏差确定的，不同的公差带位置与基准间将形成不同的配合。为了满足各种不同松紧程度的配合需要，国家标准对孔和轴分别规定了 28 种基本偏差。标准化的基本偏差组成基本偏差系列。

（1）基本偏差代号。基本偏差代号用拉丁字母表示，大写代表孔的基本偏差，小写代表轴的基本偏差。在 26 个拉丁字母中，除去易与其他代号混淆的 I、L、O、Q、W(i、l、o、q、w)5 个字母外，再加上用 CD、EF、FG、ZA、ZB、ZC、JS(cd、ef、fg、za、zb、zc、js)两个字母表示的 7 个代号，即孔和轴各有 28 个基本偏差。

（2）基本偏差系列图及其特征。图 2-11 所示为基本偏差系列图。它表示公称尺寸相同的 28 种孔、轴的基本偏差相对于公称尺寸的位置关系。图中的公差带是开口的公差带，这是因为基本偏差只表示公差带的位置，而不表示公差带的大小。开口端的极限偏差由公差等级来确定，可分别由下列公式计算得到：

对于孔：$ES=EI+T_h$ 或 $EI=ES-T_h$ （2-14）

对于轴：$es=ei+T_s$ 或 $ei=es-T_s$ （2-15）

从图 2-11 可以看出，轴、孔的各基本偏差图形是基本对称的，它们的特征如下：

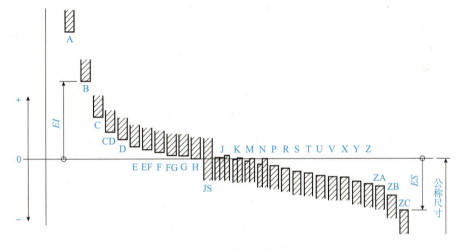

孔（内尺寸要素）

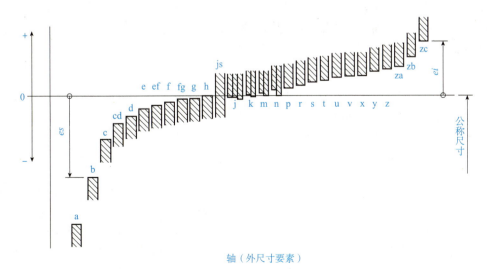

轴（外尺寸要素）

图 2-11 基本偏差系列图

1)在孔的基本偏差系列中，A～H 的基本偏差为下极限偏差，J～ZC 的基本偏差为上极限偏差。

2)在轴的基本偏差系列中，a～h 的基本偏差为上极限偏差，j～zc 的基本偏差为下极限偏差。

3)A～H(a～h)的基本偏差的绝对值逐渐减小，J～ZC(j～zc)的基本偏差的绝对值一般逐渐增大。

4)H(h)的基本偏差为零，即 H 的下极限偏差 $EI=0$；h 的上极限偏差 $es=0$。

5)JS(js)的公差带对称配置在零线两侧，上、下极限偏差均可作为基本偏差。

基本偏差 a～h 的轴与基准孔(H)组成间隙配合，其中 a、b、c 用于大间隙和热动配合；d、e、f 主要用于旋转运动；g 主要用于滑动和半液体摩擦或用于定位配合；h 与 H 形成最小间隙等于零的一种间隙配合，常用于定位配合；j～n 主要用于过渡配合，以保证配合时有较好的对中及定心，装拆也不困难，其中 j 主要用于和轴承相配合的孔和轴；p～zc 按过盈配合来确定，从保证配合的主要特性最小过盈来考虑，而且大多数是按它们与最常用的基准孔 H7 相配合为基础来考虑的。

(3)基本偏差数值。

1)轴的基本偏差数值。轴的基本偏差数值是以基孔制配合为基础，按照各种配合要求，再根据生产实践经验和统计分析结果得出的一系列公式；经计算后圆整成尾数而得出的列表值。

2)孔的基本偏差数值。孔的基本偏差是根据轴的基本偏差按照一定规则换算后得到的。

(4)极限偏差表的查法。为了便于应用，标准中对孔优先、轴优先、常用和一般用途的公差带都列出了相应的极限偏差，见附表 1 和附表 2。

附表 2 是孔的极限偏差表。由表可见，最左边的纵行列出公称尺寸至 3 150 mm 的尺寸段，表头横行中的字母 A、B 为基本偏差代号，在基本偏差代号下边的横行为标准公差等级，如基本偏差代号 A 的下边横行中，列出了 9、10、11、12、13，说明在标准推荐的公差带中 A 只应用于这五个标准公差等级。查表时首先根据公差带代号，由表中查到基本偏差和标准公差等级所在的位置，从这个位置垂直向下查，再找到基本尺寸所在的尺寸段，从此向右查，它们的交点上所列出的数值就是其极限偏差。

例 2-3 查表确定 $\phi25K7$ 和 $\phi35j6$ 的极限偏差。

解：$\phi25K7$：查附表 2 确定。

$$ES=+6\ \mu m。$$

$$EI=-15\ \mu m。$$

$\phi35j6$：查附表 1 确定。

$$ei=-5\ \mu m。$$

$$es=+11\ \mu m。$$

4. 公差带

(1)公差带代号。国家标准规定，孔、轴的公差带代号由基本偏差代号和公差等级数字组成。如 H7、K8 等为孔的公差带代号，f6、h8 为轴的公差带代号。

(2)配合代号。国家标准规定，用孔和轴的公差带代号以分数的形式组成配合代号，其中，分子为孔的公差带代号，分母为轴的公差带代号，如 $\phi30H8/f7$。

（3）零件图中尺寸公差带的三种标注形式。

1）标注公称尺寸和公差带代号。此种标注适合大批量生产的产品零件，如图 2-12（a）所示。

2）标注公称尺寸和极限偏差值。此种标注一般在单件或小批量生产的产品零件图样上采用，应用较为广泛，如图 2-12（b）所示。

3）标注公称尺寸、公差带代号和极限偏差值。此种标注适合中小批量生产的产品零件，如图 2-12（c）所示。

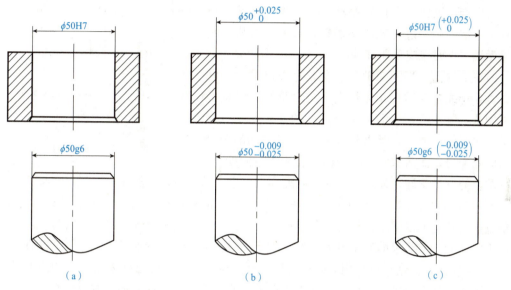

（a） （b） （c）

图 2-12　零件图中尺寸公差带的三种标注形式

（a）标注公称尺寸和公差带代号；（b）标注公称尺寸和极限偏差值；（c）标注公称尺寸、公差带代号和极限偏差值

（4）装配图中配合的三种标注方法。在装配图上，标注线性尺寸和配合代号，如图 2-13 所示。

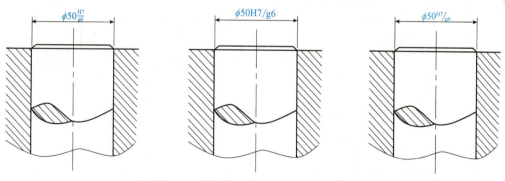

图 2-13　装配图中配合的三种标注方法

5. 配合制的选用

基孔制配合和基轴制配合是两种平行的配合制度。对各种使用要求的配合，既可用基孔制配合也可用基轴制配合来实现。配合制的选择主要从结构、工艺性和经济性等方面分析确定。

（1）一般情况下优先选用基孔制。从工艺上看，对较高精度的中小尺寸孔，广泛采用定尺寸刀、量具（如钻头、铰刀、塞规）加工和检验。采用基孔制可减少备用定尺寸刀、量具的规格和数量，故经济性好。

（2）在采用基轴制有明显经济效果的情况下，应采用基轴制。

1）在农业机械和纺织机械中，有时采用 IT9～IT11 的冷拉成型钢材直接做轴（轴的外表面不需要切削加工即可满足使用要求），不必加工，此时应采用基轴制。

2）尺寸小于 1 mm 的精密轴比同一公差等级的孔加工要困难，因此，在仪器制造、钟表生产和无线电工程中，常使用经过光轧成型的钢丝或有色金属棒料直接做轴，这时也应采用基轴制。

3）在结构上，当同一轴与公称尺寸相同的几个孔配合，并且配合性质要求不同时，可根据具体结构考虑采用基轴制。活塞、活塞销和连杆的连接如图 2-14 所示。按照使用要求，活塞销与连杆头衬套孔的配合应为间隙配合，而活塞销与活塞的配合应为过渡配合。

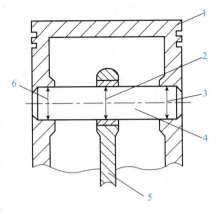

图 2-14　活塞销与活塞及连杆头衬套孔的配合

1—活塞；2—间隙配合；
3、6—过渡配合；4—活塞销；5—连杆

两种配合的直径相同，如果采用基孔制配合，三个孔的公差带虽然一样，但活塞必须做成两头大而中间小的阶梯轴，如图 2-15（a）所示。这样，活塞销两头直径大于连杆头衬套孔径，要挤过衬套孔壁不仅困难，而且会刮伤孔的表面。另外，这种阶梯轴的（直径相差很小）活塞销比无阶梯的（直径相同）活塞销，加工要困难得多。此种情况下如果采用基轴制，如图 2-15（b）所示，活塞销可采用无阶梯结构，衬套孔与活塞孔可分别采用不同的公差带，显然，既可满足使用要求，又可减少加工工作量，使加工成本降低，还可方便装配。

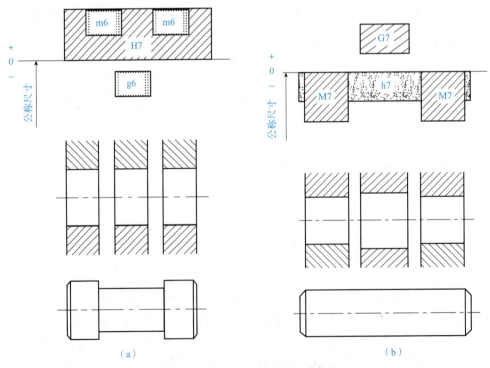

图 2-15　活塞销配合基准制的选用

（a）采用基孔制；（b）采用基轴制

（3）根据标准件选用基准制。当设计零件与标准件配合时，基准制的选择应依据标准件而定。例如，与滚动轴承内圈相配合的轴应选用基孔制，而与滚动轴承外圈配合的孔应选用基轴制。轴承配合处的标注如图 2-16 所示，与孔、轴配合的标注的区别是它仅标注非标准件的公差带。

（4）特殊情况下可采用混合配合。为了满足配合的特殊要求，允许采用任一孔、轴公差带组成配合，如图 2-16 所示。由于滚动轴承与孔的配合已选定孔的公差带为 $\phi100J7$，轴承盖与孔的配合定心精度要求不高，因而其配合应选用间隙配合 $\phi100\dfrac{J7}{f9}$。

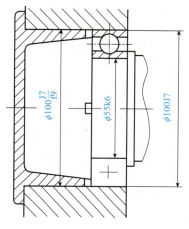

图 2-16　滚动轴承与孔、轴的配合

⚙ 任务 2.3　形状与位置公差

零件通常是通过机械加工获得的，由于在加工过程中受到机床、夹具、刀具等工艺系统本身误差的影响，以及在加工过程中还会出现受力变形、振动、磨损等情况，致使零件加工后的实际几何要素和理想几何要素之间存在误差，即形状和位置误差。为了提高产品质量，保证零件的互换性，不仅要对零件的尺寸误差加以限制，还要对零件的形状和位置的误差加以限制。因此，对于机械零件，不仅要给出尺寸公差要求，还要给出形状和位置公差（简称形位公差）的要求。形位公差也是机械零件加工精度的重要指标。

形状与位置公差也称为几何公差，几何公差研究的对象是几何要素，如图 2-17 所示。

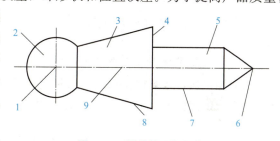

图 2-17　零件的几何要素

1—球心；2—球面；3—圆锥面；4—端面；
5—圆柱面；6—锥顶；7、8—素线；9—轴线

2.3.1　几何要素及其分类

构成机械零件几何形状的点、线、面统称为零件的几何要素。零件的几何要素分为以下几种：

1. 按照存在的状态分为理想要素和实际要素

（1）理想要素：具有几何学意义的要素，它们不存在误差。机械图样上所表达的要素均为理想要素。

（2）实际要素：零件上实际存在的要素。通常都以测得（提取）要素来代替，它们是存在测量误差的。

2. 按结构特征分为轮廓要素和中心要素

（1）轮廓要素：零件轮廓上的点、线、面，即可触及的要素。球面 2、圆锥面 3、端面

公差配合与技术测量

4、圆柱面 5、锥顶 6 和素线 7、8 等要素如图 2-17 所示。

（2）中心要素：可由轮廓要素导出的要素。如中心点、中心线或回转面的轴线等，球心 1 和轴线 9 如图 2-17 所示。

3. 按所处地位分为基准要素和被测要素

（1）基准要素：用来确定理想要素的方向或（和）位置的要素，阶梯轴左端圆柱的轴线即为基准要素，如图 2-18 所示。

（2）被测要素：在图样上给出了形状或（和）位置公差要求的要素，是检测的对象。阶梯轴的左端面和右端轴的圆柱面如图 2-18 所示。

4. 按功能关系分为单一要素和关联要素

（1）单一要素：仅对被测要素本身给出形状公差要求的要素。如图 2-18 所示，ϕd_1 的圆柱面给出了圆柱度的要求。

（2）关联要素：对其他要素有功能关系的要素。如图 2-18 所示，ϕd_2 的圆柱的左端面相对于 ϕd_2 的圆柱的轴线有垂直度的功能要求。ϕd_2 的圆柱的左端面与 ϕd_2 的圆柱的轴线为关联要素。

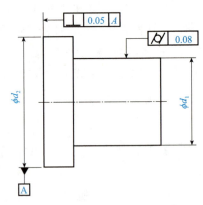

图 2-18 基准要素和被测要素

2.3.2 形状与位置公差的标准

1. 形状与位置公差项目及符号

为限制机械零件几何参数的形状和位置误差，提高机器设备的精度，增加寿命，保证互换性生产，国家标准规定了 14 个形状与位置公差项目，各项目的名称、符号见表 2-4。

表 2-4 形状与位置公差项的名称及符号

分类	特征项目	符号	分类	特征项目	符号
形状公差	直线度	——	定向	平行度	//
	平面度	▱		垂直度	⊥
	圆度	○		倾斜度	∠
	圆柱度	⌭	定位	同轴度	◎
形状或位置公差	线轮廓度	⌒		对称度	=
				位置度	⊕
	面轮廓度	⌓	跳动	圆跳动	↗
				全跳动	⌰

2. 形状与位置公差的标注

(1)形位公差代号。标准规定，在图样中形位公差采用代号标注，形位公差代号包括形位公差特征项目的符号、形位公差框格和指引线、形位公差值、表示基准的字母和其他有关符号，最基本的形位公差代号如图 2-19 所示。形位公差框格由两格或多格组成。框格自左至右填写以下内容：第一格，形位公差特征符号；第二格，形位公差数值和有关符号；第三格和以后各格，表示基准的字母和有关符号。形位公差框格应水平或垂直绘制。指引线原则上从框格一端的中间位置引出，指引线的箭头应指向公差带的宽度或直径方向。

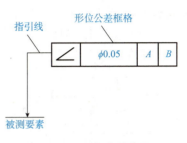

图 2-19　形位公差代号

若几何公差值的数字前加注有 ϕ 或 $S\phi$，则表示其公差带为圆形、圆柱形或球形。如果要求在几何公差带内进一步限定被测要素的形状，则应在公差值后或框格上、下加注相应的符号，见表 2-5。

表 2-5　对被测要素的说明与限制符号

含义	符号	举例	含义	符号	举例
公共公差带	CZ	⎯ t CZ	线要素	LE	// t A LE
不凸起	NC	▭ t NC	任意横截面	ACS	◎ ϕt A ACS

对被测要素的数量说明，应标注在形位公差框格的上方，如图 2-20(a)所示；其他说明性要求应标注在形位公差框格的下方，如图 2-20(b)所示；如对同一要素有一个以上的几何公差特征项目的要求，其标注方法又一致时，为方便起见，可将一个框格放在另一个框格的下方，如图 2-20(c)所示；当多个被测要素有相同的几何公差(单项或多项)要求时，可以从框格引出的指引线上绘制多格指示箭头并分别与被测要素相连，如图 2-20(d)所示。

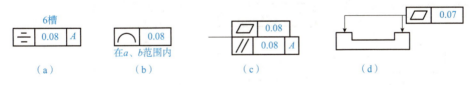

图 2-20　几何公差的标注

(a)数量说明注上面；(b)其他说明注下面；(c)同一项不同要求叠放标注；(d)相同要求指引线标注

(2)基准代号。基准代号由基准符号、圆圈、连线和字母组成，如图 2-21 所示。无论基准符号在图样上的方向如何，圆圈内的字母都应水平书写，为了不引起混淆，字母 E、I、J、M、O、P、L、R、F 不能用于基准代号。

图 2-21　基准代号

(3)形位公差的标注方法。

1)被测要素的标注。用带箭头的指引线将形位公差框格与被测要素相连，其箭头应该指向公差带的直径或宽度方向。

①当被测要素为轮廓线或是有积聚性投影的表面时，将箭头或基准符号置于要素的轮廓

线或轮廓线的延长线上，并与尺寸线明显地错开，如图 2-22 所示。

②当被测要素表面的投影为面时，箭头可置于带点的参考线上，该点指在表示实际表面的投影上，如图 2-22 所示。

③当被测要素为轴线、中心平面或由带尺寸的要素确定的点时，则指引线应与确定中心要素的轮廓的尺寸线对齐，如图 2-23 所示。

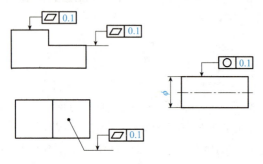

图 2-22　被测要素为轮廓线和投影面时的标注　　图 2-23　被测要素为中心要素的标注

2)基准要素的标注。

①当基准要素为轮廓线或有积聚性投影的表面时，将基准符号置于轮廓线上或轮廓线的延长线上，并使基准符号中的连线与尺寸线明显地错开，如图 2-24 所示。

②当基准要素的投影为面时，基准符号可置于用圆点指向实际表面的投影的参考线上，如图 2-24 所示。

③当基准要素为轴线、中心平面或由带尺寸的要素确定的点时，则基准符号中的线应与确定中心要素的轮廓的尺寸线对齐，如图 2-25 所示。

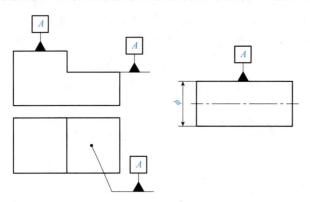

图 2-24　基准要素为轮廓线和投影面时的标注　　图 2-25　基准要素为中心要素的标注

④当以零件两端两个小圆柱面的公共轴线作为基准时，可采用图 2-26 所示的标注方法。

2.3.3　形位公差带的确定

国家标准指出，形位公差带是指限制实际要素变动的区域。形位公差带与尺寸公差带不同，尺寸公差带是用来限制零件实际尺寸的大小，而形位公差带是

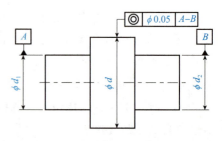

图 2-26　以公共轴线作为基准时的标注

用来限制零件被测要素的实际形状和位置的变动的。因此，实际要素在形位公差带内，则被测要素的形状或(和)位置合格；反之，则为不合格。

形位公差带由形状、大小、方向和位置四个因素确定。

(1)公差带的形状。由被测要素的几何特征和设计要求来确定。其形状较多，如图 2-27 所示。

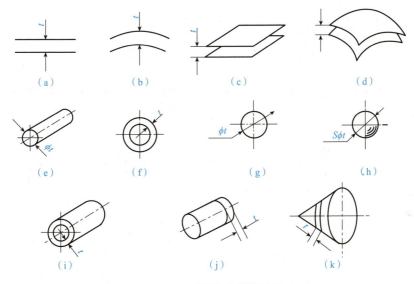

图 2-27 形位公差带的形状

(a)两平行直线；(b)两等距曲线；(c)两平行平面；(d)两等距曲面；
(e)一个圆柱；(f)两同心圆；(g)一个圆；(h)一个球；(i)两同轴圆柱；
(j)距离为 t 的圆柱面；(k)距离为 t 的圆锥面

(2)公差带的大小。用以体现形位精度要求的高低，是由图样上给出的形位公差值确定的，一般是形位公差带的宽度或直径，如图 2-27 中的 t、ϕt、$S\phi t$。

(3)公差带的方向。其是组成公差带的几何要素的延伸方向。

(4)公差带的位置。其分为浮动和固定两种。所谓浮动，是指形位公差带在尺寸公差带内、随实际尺寸的不同而变动，其实际位置与实际尺寸有关。所谓固定，是指公差带的位置由图样上给定的基准和理论正确尺寸确定。

在形状公差中，公差带位置均为浮动；在位置公差中，同轴度、对称度和位置度的公差带固定，有基准要求的轮廓度的公差带位置固定，如无特殊要求，其他位置公差的公差带位置浮动。

2.3.4 形位公差带的标注

1. 形状公差

形状公差是指单一要素的形状所允许的变动全量。形状公差带的定义、标注和解释见表 2-6。

表 2-6　形状公差带的定义、标注和解释

特征	公差带定义	标注示例和解释
直线度	公差带为在给定平面内和给定方向上，间距等于公差值 t 的两平行直线所限定的区域 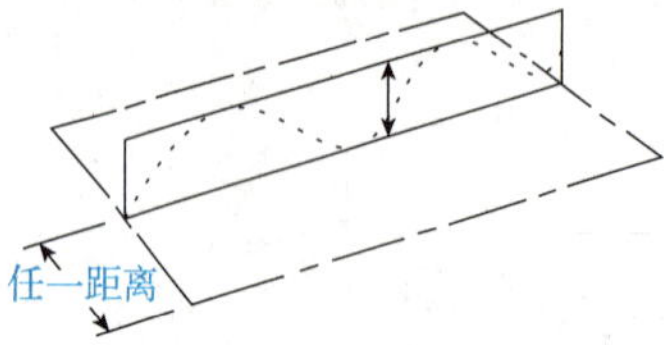 任一距离	在任一平行于图示投影面的平面内，上平面的提取（实际）线应限定在间距等于 0.1 mm 的两平行直线之间 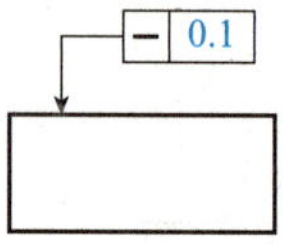 ⎯ 0.1
直线度	公差带为间距等于公差值 t 的两平行平面所限定的区域 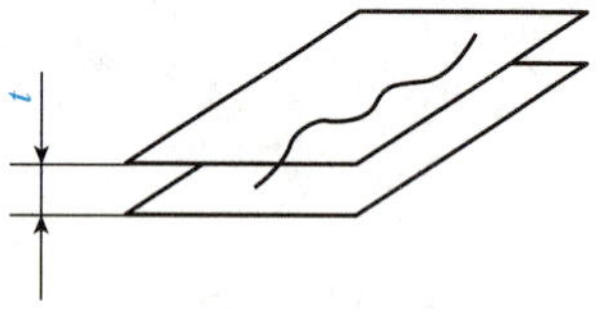 t	提取（实际）刀口尺的棱边应限定在间距等于 0.03 mm 的两平行平面内 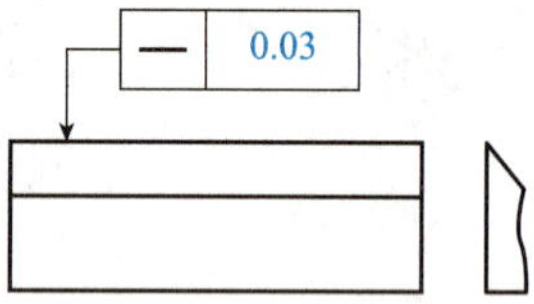 ⎯ 0.03
直线度	公差带为直径等于公差值 ϕt 的圆柱面所限定的区域 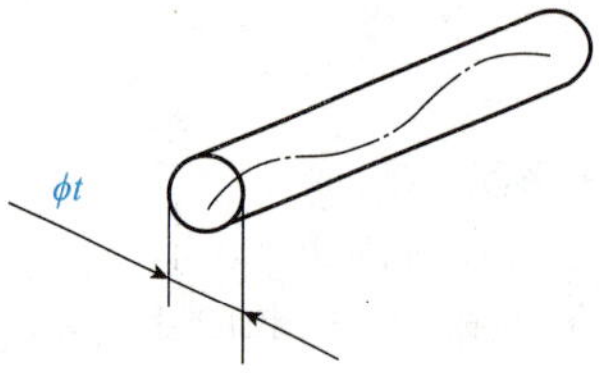 ϕt	圆柱面的提取（实际）中心线应限定在直径等于公差值 $\phi 0.08$ mm 的圆柱面内 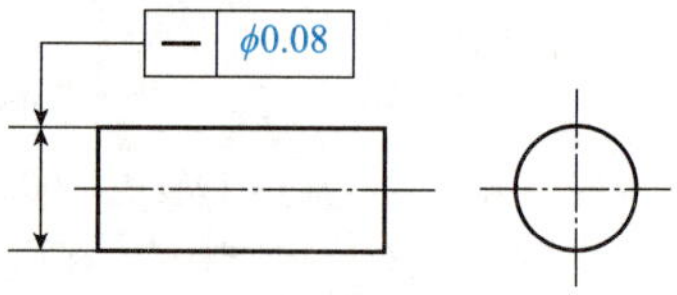 ⎯ $\phi 0.08$
平面度	公差带为间距等于公差值 t 的两平行平面所限定的区域 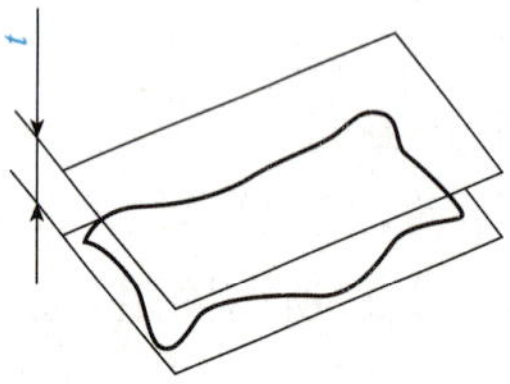 t	提取（实际）表面应限定在间距等于 0.06 mm 的两平行平面之间 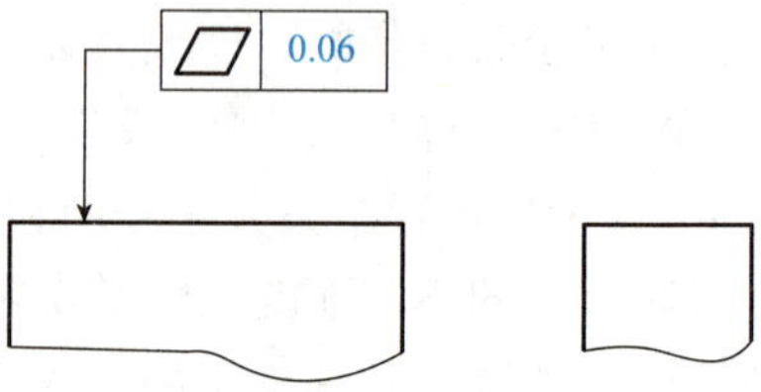 ▱ 0.06
圆度	公差带为在给定横截面内，半径差为公差值 t 的两同心圆所限定的区域 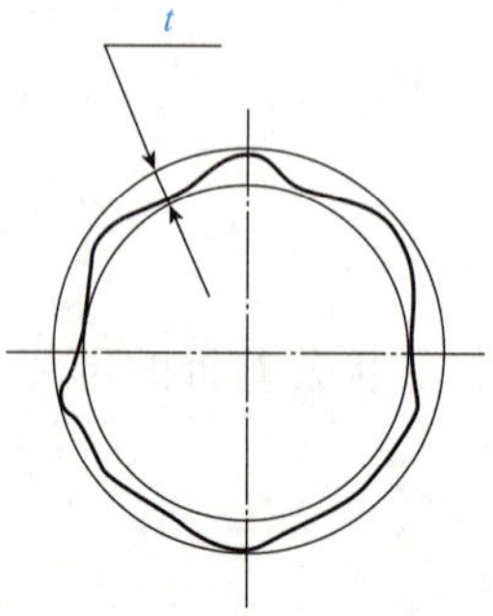 t	在圆柱面的任意横截面内，提取（实际）圆周应限定在半径差为公差值 0.02 mm 的两共面同心圆之间 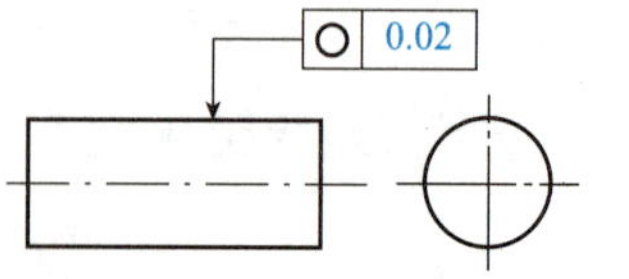 ◯ 0.02

特征	公差带定义	标注示例和解释
圆柱度	公差带为半径差等于公差值 t 的两同轴圆柱面所限定的区域 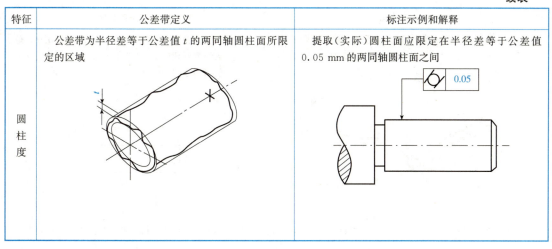	提取（实际）圆柱面应限定在半径差等于公差值 0.05 mm 的两同轴圆柱面之间

2. 轮廓度公差

轮廓度公差特征有线轮廓度和面轮廓度，均可有基准或无基准。轮廓度无基准要求时为形状公差，有基准要求时为方向公差或位置公差。其公差带定义、标注和解释见表 2-7。

表 2-7　轮廓度公差带的定义、标注和解释

特征	公差带定义	标注示例和解释
线轮廓度	公差带为直径等于公差值 t、圆心位于具有理论正确几何形状上的一系列圆的两包络线所限定的区域 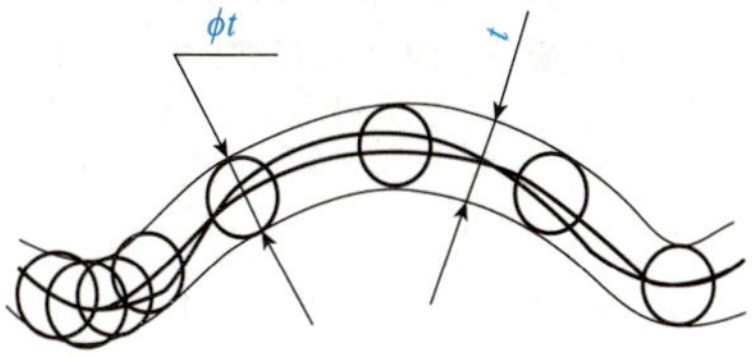	在任一平行于图示投影面的截面内，提取（实际）轮廓线应限定在直径为公差值 $\phi 0.04$ mm，圆心位于被测要素理论正确几何形状上的一系列圆的两包络线之间 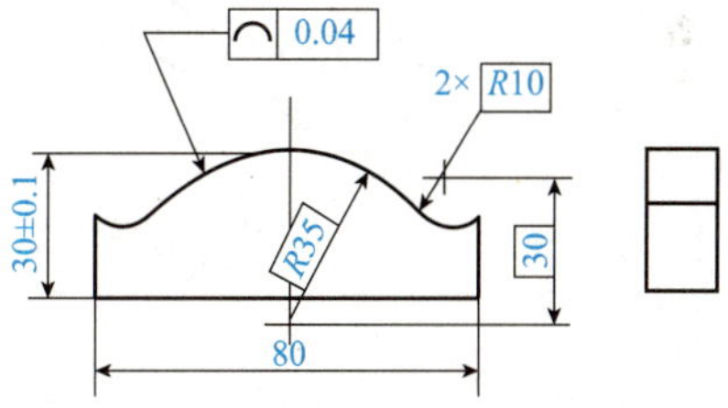 （a）无基准要求 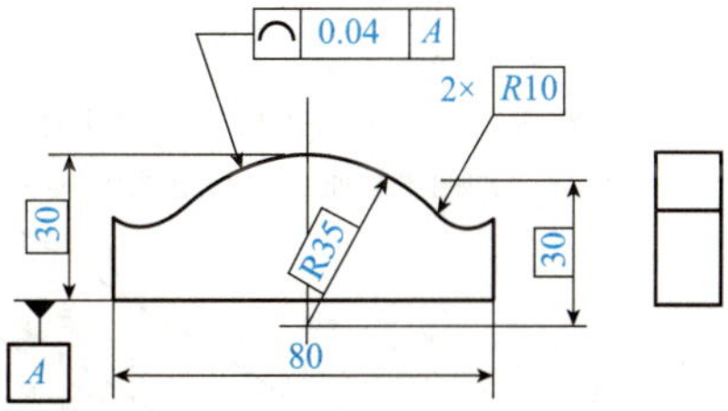 （b）有基准要求

特征	公差带定义	标注示例和解释
面轮廓度	公差带为直径为公差值 t，球心位于被测要素理论正确几何形状上的一系列圆球的两包络面所限定的区域	提取（实际）轮廓面应限定在球径为 $S\phi 0.02$ mm，球心位于被测要素理论正确几何形状上的一系列圆球的两等距包络面之间

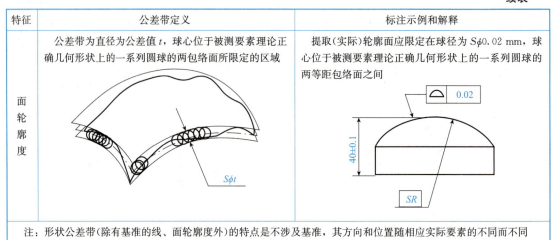

注：形状公差带（除有基准的线、面轮廓度外）的特点是不涉及基准，其方向和位置随相应实际要素的不同而不同

3. 位置公差

位置公差是指关联实际要素的位置对基准所允许的变动全量。位置公差用以控制位置误差，用位置公差带表示，它是限制关联实际要素的变动区域。关联实际要素位于该区域内为合格，区域的大小由公差值决定。位置公差带的定义、标注示例和解释见表 2-8。

表 2-8　位置公差带的定义、标注示例和解释

特征		公差带定义	标注示例和解释
平行度	面对面	公差带是间距为公差值 t，平行于基准平面的两平行平面所限定的区域	提取（实际）表面应限定在间距为 0.05 mm，平行于基准平面 A 的两平行平面之间
	线对面	公差带是平行于基准平面，间距为公差值 t 的两平行平面所限定的区域	提取（实际）中心线应限定在平行于基准 A，间距离等于 0.03 mm 的两平行平面之间

特征		公差带定义	标注示例和解释
平行度	面对线	公差带是间距为公差值 t，平行于基准轴线的两平行平面所限定的区域	提取（实际）表面应限定在间距等于 0.05 mm，平行于基准轴线 A 的两平行平面之间
	线对基准体系	公差带为间距离等于公差值 t，平行于两基准的两平行平面所限定的区域	提取（实际）中心线应限定在间距等于 0.1 mm，平行于基准轴线 A 和基准平面 B 的两平行平面之间
	线对线	公差带为平行于基准轴线，直径等于公差值 ϕt 的圆柱面所限定的区域	提取（实际）中心线应限定在平行于基准轴线 B，直径等于 $\phi 0.1$ mm 的圆柱面内

特征		公差带定义	标注示例和解释
垂直度	面对线	公差带是距离为公差值 t 且垂直于基准轴线的两平行平面所限定的区域 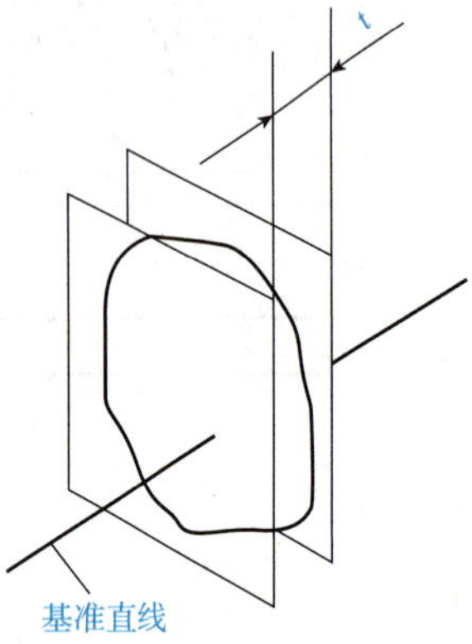 基准直线	提取(实际)表面应限定在间距等于 0.05 mm 的两平行平面之间,该两平行平面垂直于基准轴线 A 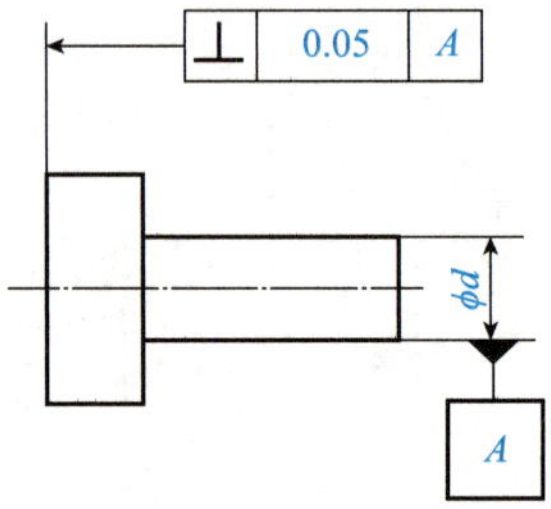 $\perp$ | 0.05 | A
	线对面	公差带是直径为公差值 ϕt,轴线垂直于基准平面的圆柱面所限定的区域 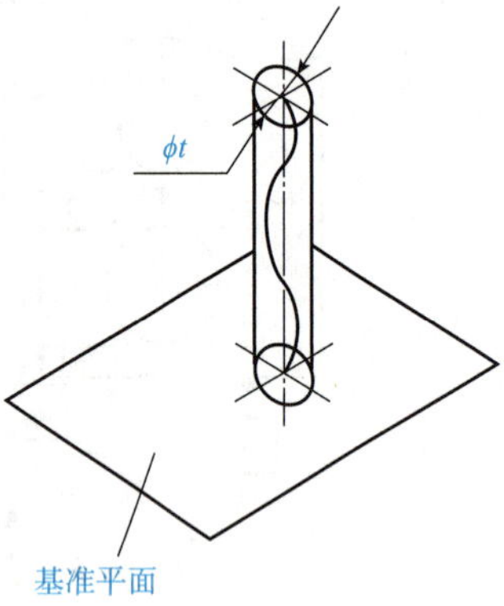 ϕt 基准平面	提取(实际)中心线应限定在直径等于 $\phi 0.05$ mm,垂直于基准平面 A 的圆柱面内 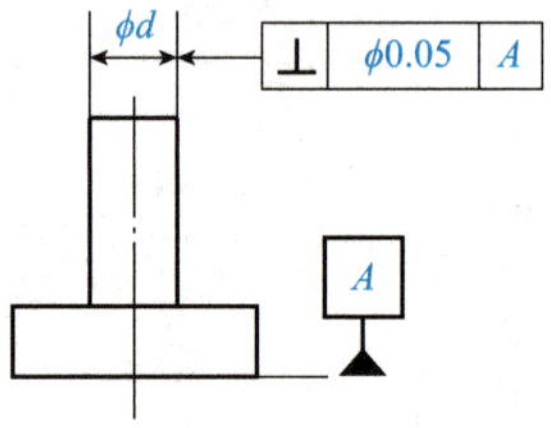 ϕd $\perp$ | $\phi 0.05$ | A
倾斜度	面对面	公差带为间距等于公差值 t 的两平行平面所限定的区域,该两平行平面按给定角度倾斜于基准平面 t α 基准平面 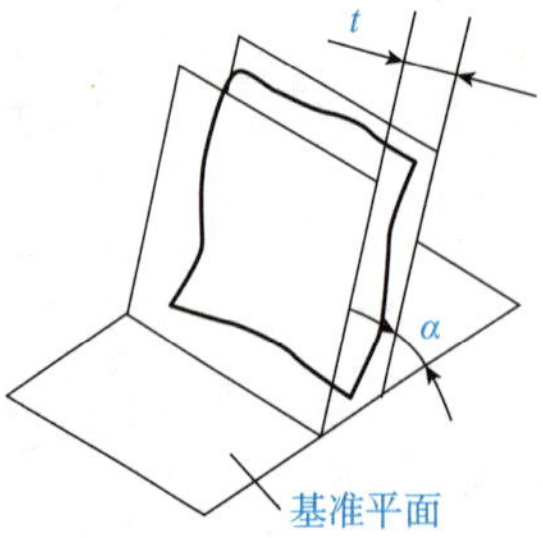	提取(实际)表面应限定在间距等于 0.08 mm 的两平行平面之间,该两平行平面按 45° 理论正确角度倾斜于基准平面 A 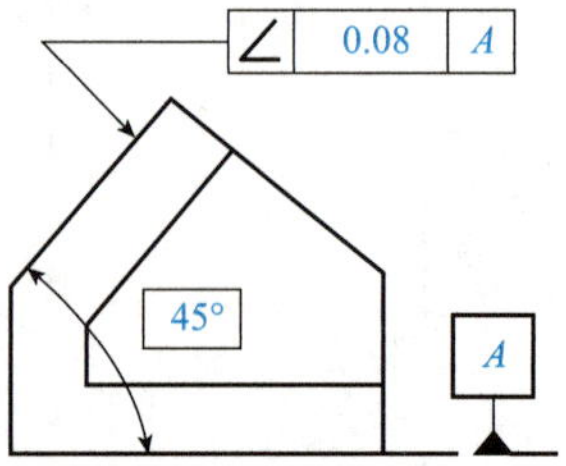 $\angle$ | 0.08 | A 45°

特征		公差带定义	标注示例和解释
倾斜度	线对面	公差带为直径等于公差值 ϕt 的圆柱面所限定的区域,且与基准平面(底平面)成理论正确角度 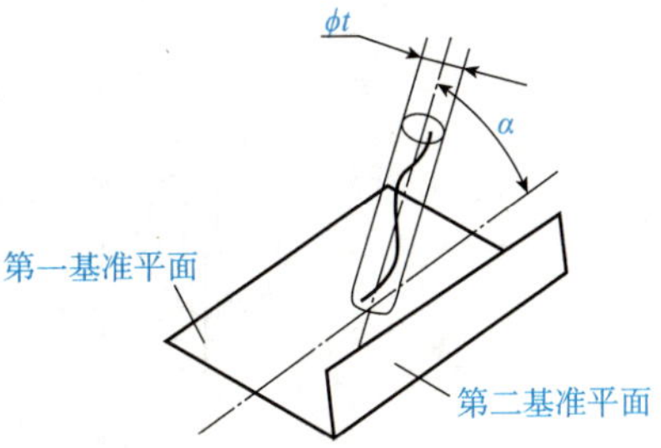	提取(实际)中心线应限定在直径等于 $\phi 0.05$ mm 的圆柱面内,该圆柱面的中心线按 60° 理论正确角度倾斜于基准平面 A 且平行于基准平面 B 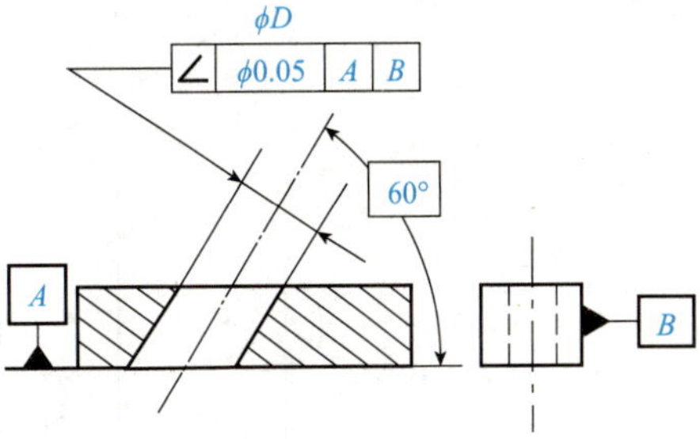
同轴度		公差带是直径为公差值 ϕt,且以基准轴线为轴线的圆柱面所限定的区域 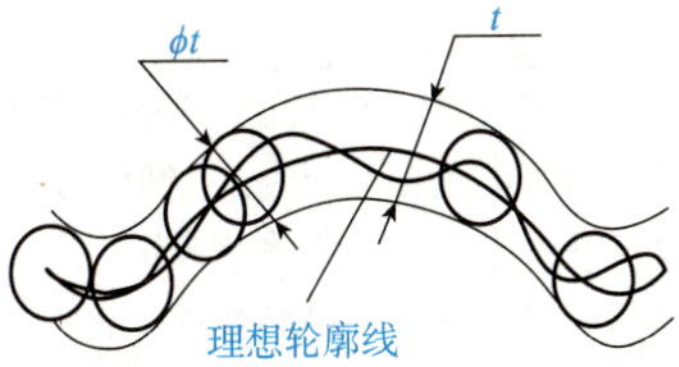	大圆柱面的提取(实际)中心线应限定在直径等于 $\phi 0.1$ mm、以公共基准轴线 $A—B$ 为轴线的圆柱面内 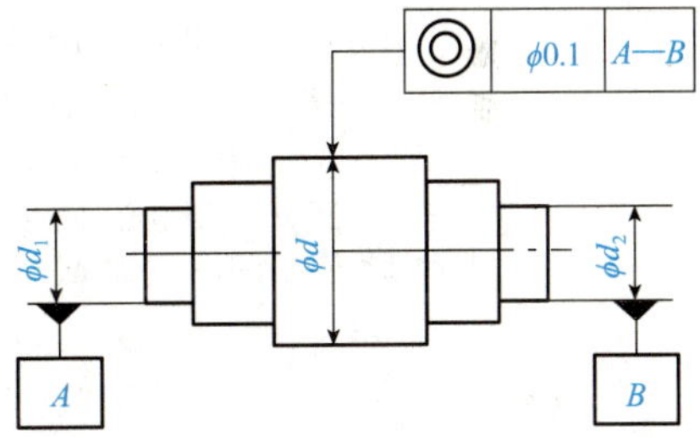
同心度		公差带是直径为公差值 ϕt 的圆周所限定的区域。该圆周的圆心与基准点重合 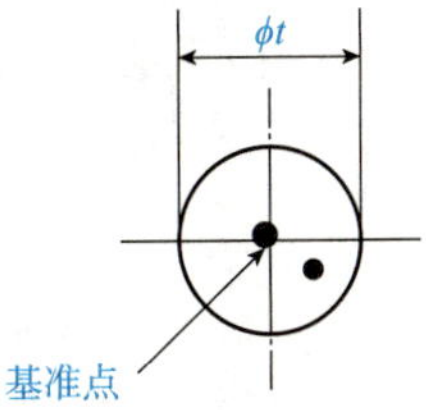	在任意横截面内,内圆的提取(实际)中心应限定在直径等于 $\phi 0.1$ mm,以基准点 B 为圆心的圆周内 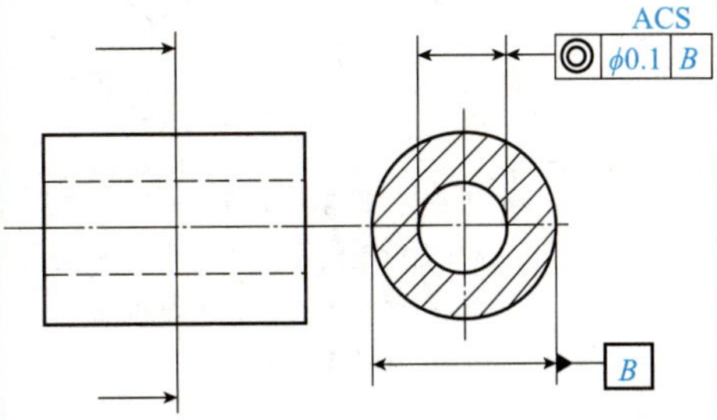
对称度		公差带为间距等于公差值 t,对称于基准中心平面的两平行平面所限定的区域 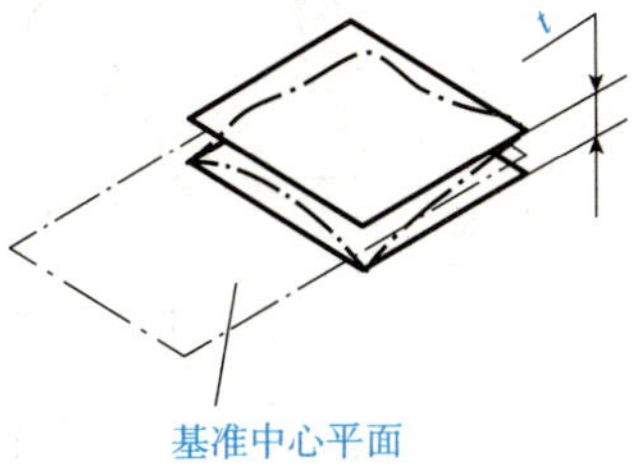	提取(实际)中心面应限定在间距等于 0.08 mm、对称于基准中心平面 A 的两平行平面之间 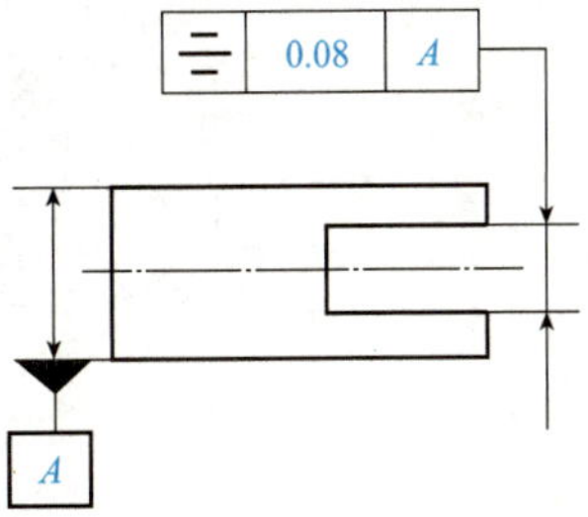

项目 2 公差配合与技术测量

特征		公差带定义	标注示例和解释
位置度	点的位置度	公差带为直径等于公差值 $S\phi t$ 的圆球面所限定的区域，该圆球面中心的理论正确位置由基准 A、B 和理论正确尺寸确定 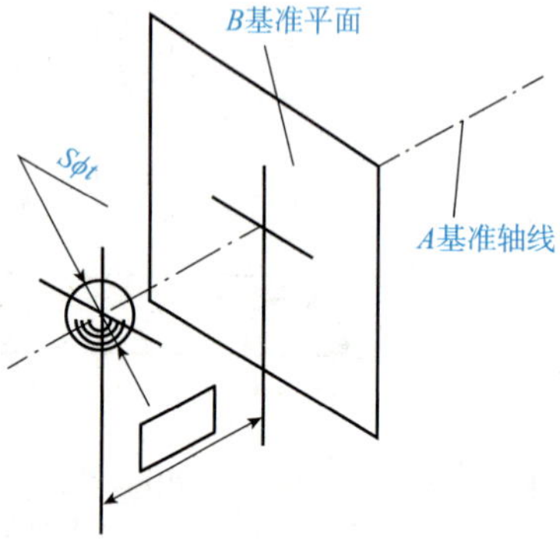	提取（实际）球心应限定在直径等于 $S\phi 0.08$ mm 的圆球面内。该圆球面的中心由基准轴线 A、基准平面 B 和理论正确尺寸 30 确定 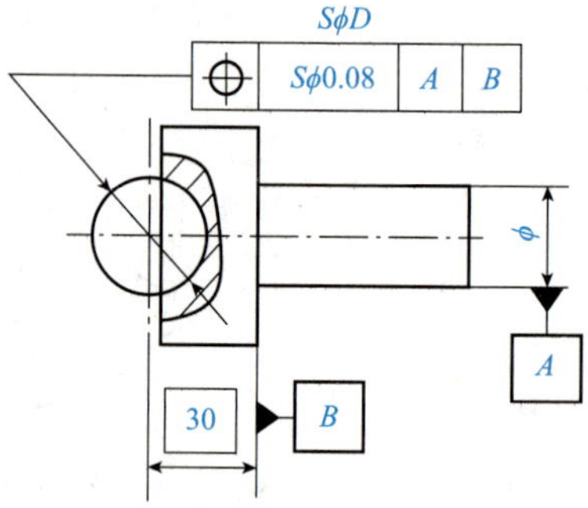
	线的位置度	当给定一个方向时，公差带为间距等于公差值 t，对称于线的理论正确位置的两平行平面所限定的区域；任意方向上（如图）公差带是直径为公差值 ϕt 的圆柱面所限定的区域。该圆柱面的轴线位置由基准平面 A、B、C 和理论正确尺寸确定 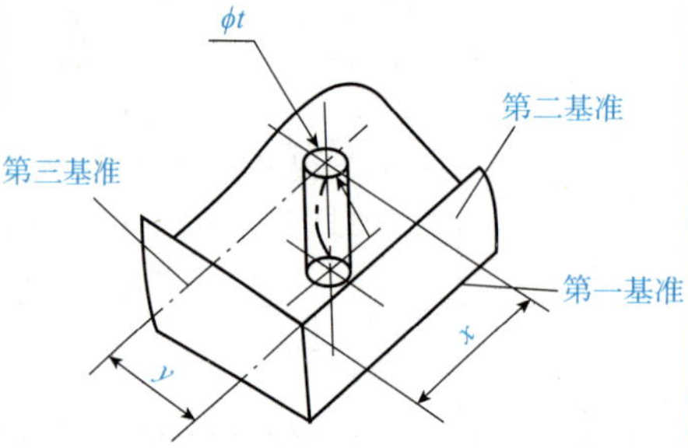	提取（实际）中心线应限定在直径等于 $\phi 0.1$ mm 的圆柱面内。该圆柱面的轴线应处于由基准平面 A、B、C 和理论正确尺寸 90°、30、40 确定的理论正确位置上 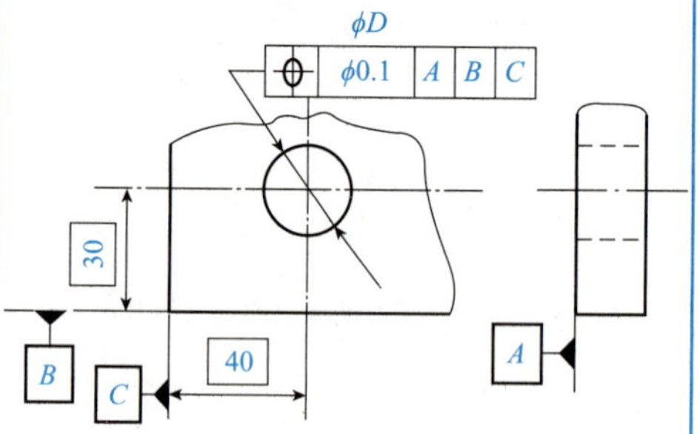
	面的位置度	公差带为间距等于公差值 t，且对称于被测面理论正确位置的两平行平面所限定的区域。面的理论正确位置由基准轴线、基准平面和理论正确尺寸确定 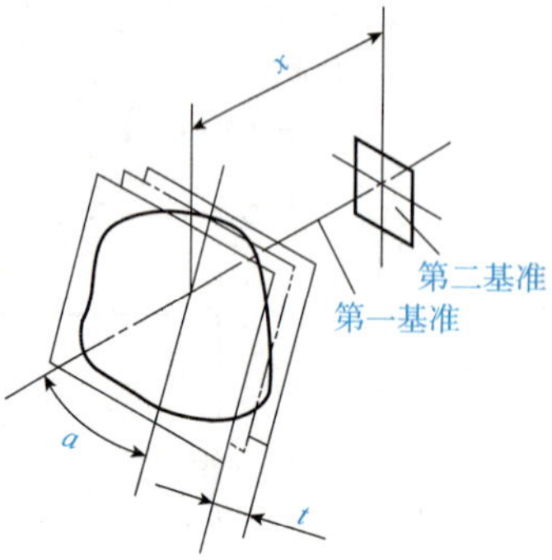	提取（实际）表面应限定在间距等于 0.05 mm，且对称于被测面的理论正确位置的两平行平面之间。该两平行平面对称于由基准轴线 A、基准平面 B 和理论正确尺寸 60°、50 确定的被测面的理论正确位置 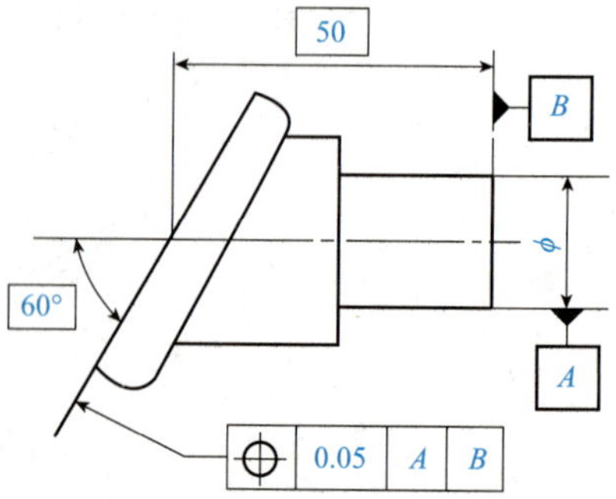

特征		公差带定义	标注示例和解释
圆跳动	径向圆跳动	公差带为在任一垂直于基准轴线的横截面内,半径差为公差值 t,圆心在基准轴线上的两同心圆所限定的区域 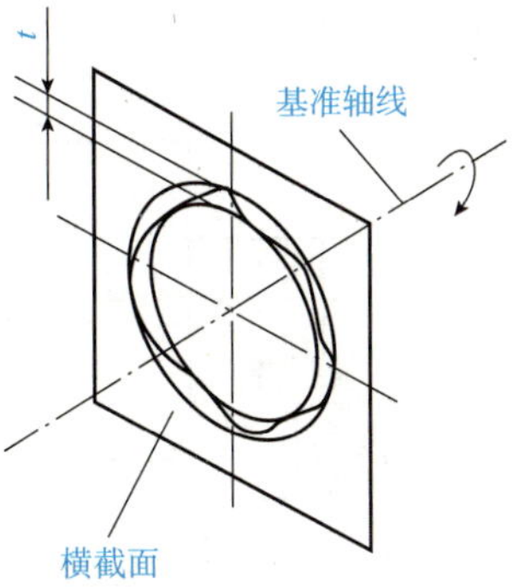	在任一垂直于基准 A 的横截面内,提取(实际)圆应限定在半径差等于 0.05 mm,圆心在基准轴线 A 上的两同心圆之间 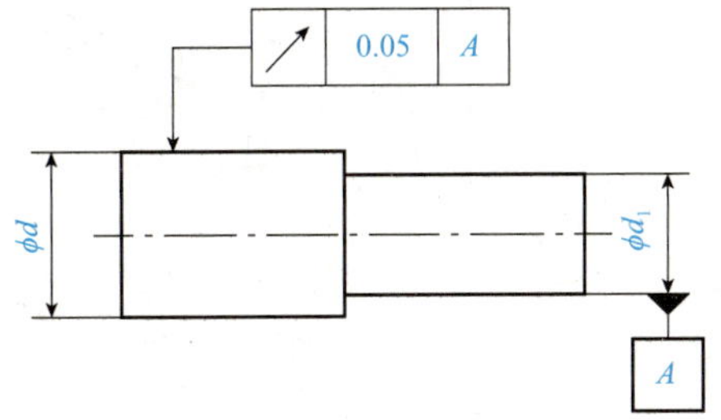
	端面圆跳动	公差带为与基准轴线同轴的任一半径的圆柱形截面上,间距等于公差值 t 的两圆所限定的圆柱面区域 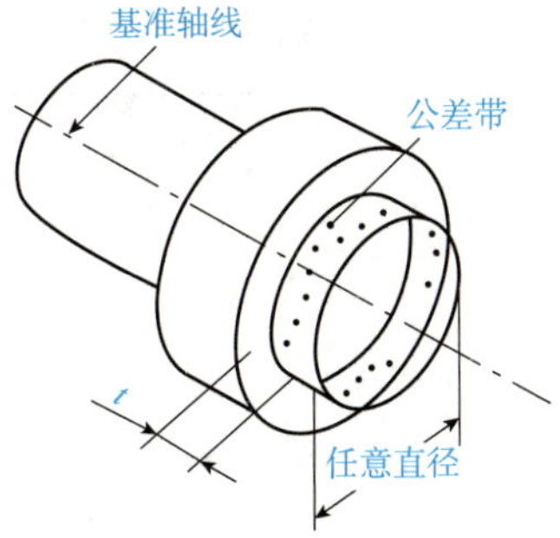	在与基准轴线 D 同轴的任一圆柱形截面上,提取(实际)圆应限定在轴向距离等于 0.1 mm 的两个等圆之间 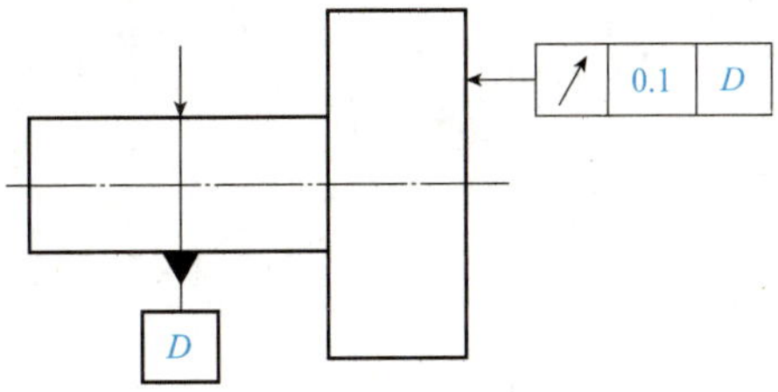
	斜向圆跳动	公差带为与基准轴线同轴的某一圆锥截面上,间距等于公差值 t 的两圆所限定的圆锥面区域(除非另有规定,测量方向应沿被测表面的法向) 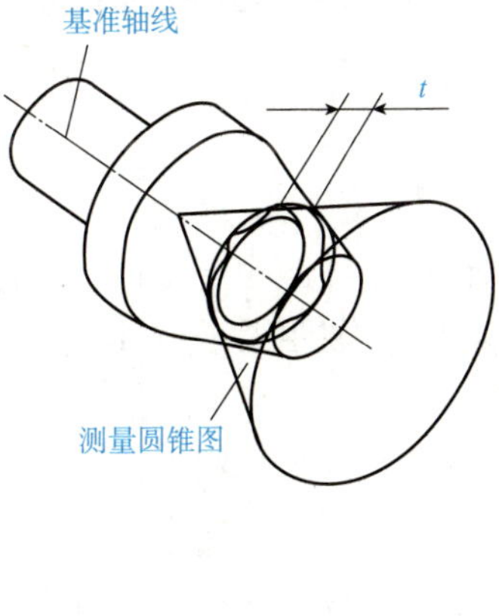	在与基准轴线 A 同轴的任一圆锥截面上,提取(实际)线应限定在素线方向间距等于 0.05 mm 的两不等圆之间 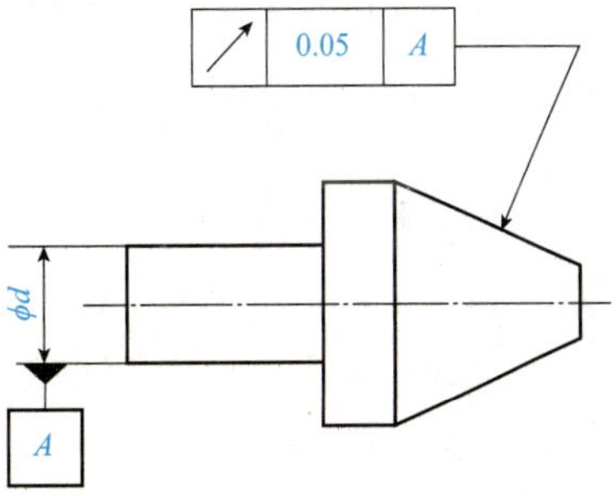

径向圆跳动公差带定义图中标注:t、基准轴线、横截面

径向圆跳动标注示例图中标注:0.05 A、ϕd、$\phi d'$、A

端面圆跳动公差带定义图中标注:基准轴线、公差带、t、任意直径

端面圆跳动标注示例图中标注:0.1 D、D

斜向圆跳动公差带定义图中标注:基准轴线、t、测量圆锥图

斜向圆跳动标注示例图中标注:0.05 A、$\phi d'$、A

项目 2
公差配合与技术测量

037

续表

特征		公差带定义	标注示例和解释
全跳动	径向全跳动	公差带为半径差等于公差值 t，与基准轴线同轴的两圆柱面所限定的区域	提取(实际)表面应限定在半径差等于 0.1 mm，与公共基准轴线 A—B 同轴的两圆柱面之间
	端面全跳动	公差带为间距等于公差 t，垂直于基准轴线的两平行平面所限定的区域	提取(实际)表面应限定在间距等于 0.05 mm，垂直于基准轴线 A 的两平行平面之间

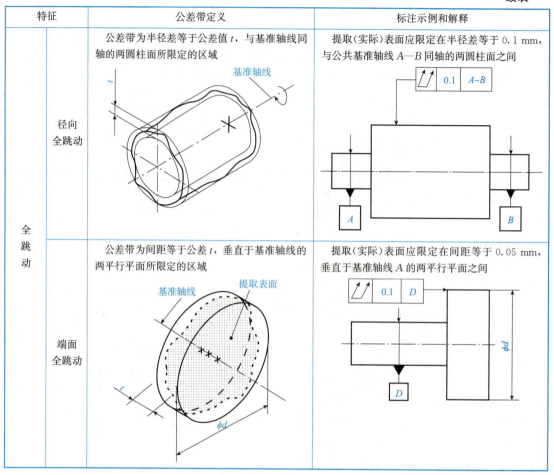

⚙ 任务 2.4　表面粗糙度

在机械加工过程中，刀具或砂轮切削后遗留的痕迹、切削过程中切屑分离时的塑性变形及机床振动等原因，会使被加工零件的表面总是存在微观几何形状误差。

2.4.1　表面粗糙度概述

1. 表面粗糙度的概念

完工零件实际表面轮廓包含三类几何形状误差：波距小于 1 mm 的属于表面粗糙度，波距为 1~10 mm 属于表面波度(中间几何形状误差)，波距大于 10 mm 的属于形状误差(宏观几何形状误差)。

零件表面上具有较小间距的峰、谷所形成的微观几何形状误差称为表面粗糙度。

2. 表面粗糙度对零件使用性能的影响

(1)对摩擦和磨损的影响。零件表面越粗糙，摩擦系数就越大，相对运动的表面磨损就越快。

(2)对配合性质的影响。对于间隙配合，相对运动的表面因不平而迅速磨损，致使间隙增大；对于过盈配合，表面轮廓峰顶在装配时易被挤平，使实际有效过盈减小，致使连接强度降低。因此，表面粗糙度影响配合性质的可靠性和稳定性。

（3）对疲劳强度的影响。零件表面粗糙会引起应力集中，疲劳强度降低，导致零件表面产生裂纹而损坏。

（4）对接触刚度的影响。零件表面越粗糙，两表面间的实际接触面积就越小，单位面积受力就越大，受到外力时易产生接触变形，接触刚度变低，影响机器的工作精度和抗振性。

（5）对耐腐蚀性能的影响。粗糙的零件表面，易使腐蚀性物质存积在表面的微观凹谷处，并渗入金属内部，致使腐蚀加剧。因此，提高零件表面粗糙度的质量，可以增强其耐腐蚀的能力。

此外，表面粗糙度对零件接合面的密封性能、流体阻力、外观质量和表面涂层的质量等都有一定的影响。

2.4.2 表面粗糙度的评定参数

为了满足对零件表面不同的功能要求，国家标准《产品几何技术规范（GPS） 表面结构 轮廓法　术语、定义及表面结构参数》（GB/T 3505—2009）从表面微观几何形状幅度、间距和形状三个方面的特征，规定了相应的评定参数。

（1）评定轮廓的算术平均偏差 Ra。在一个取样长度内纵坐标值 $Z(x)$ 绝对值的算术平均值，如图 2-28 所示，用 Ra 表示。

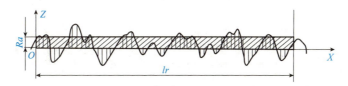

图 2-28　轮廓的算术平均偏差

测得的 Ra 值越大，则表面越粗糙。Ra 能客观地反映表面微观几何形状误差，但因受到计量器具功能限制，不宜用作过于粗糙或太光滑表面的评定参数。

（2）轮廓的最大高度 Rz。在一个取样长度内，最大轮廓峰高 Z_p 和最大轮廓谷深 Z_v 之和的高度，如图 2-29 所示，用 Rz 表示。由于幅度参数（Ra、Rz）是标准规定必须标注的参数（两者只需取其一），故又称为基本参数。

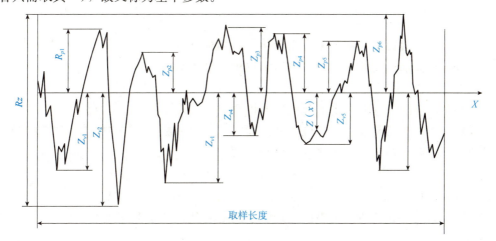

图 2-29　轮廓的最大高度

Ra 是各国普遍采用的一个参数，在表面粗糙度的常用参数值范围内（Ra 为 $0.025\sim6.3\ \mu m$，Rz 为 $0.1\sim25\ \mu m$）推荐优先选用 Ra。

2.4.3 表面粗糙度的标注

1. 表面粗糙度的符号

应按国家标准《产品几何技术规范（GPS）技术产品文件中表面结构的表示法》（GB/T 131—2006）的规定将表面粗糙度的各种技术要求用表面粗糙度符号和代号形式标注在图样上。图样上所标注的表面粗糙度符号、代号，是该表面完工后的要求和按功能的需要给出的表面特征的各项要求的完整表达。

表面粗糙度符号和意义及说明见表 2-9。

表 2-9　表面粗糙度符号和意义及说明（摘自 GB/T 131—2006）

符号	意义及说明
基本图形符号	表示对表面结构有要求的图形符号。当不加注粗糙度参数值或有关说明（如表面处理、局部热处理状况等）时，仅适用简化代号标注，没有补充说明时不能单独使用
完整图形符号	表示表面可用任何工艺方法获得的完整图形符号
完整图形符号	表示表面是用去除材料的方法获得的完整图形符号。例如，车、铣、钻、磨、剪切、抛光、腐蚀、电火花加工、气割等
完整图形符号	表示表面是用不去除材料的方法获得的完整图形符号。例如，铸造、锻造、冲压变形、热轧、粉末冶金等或用于保持原供应状况的表面（包括保持上道工序的状况）
	在上述三个符号的长边与横边的拐角处加一个小圆，表示所有表面具有相同的表面粗糙度要求

2. 表面粗糙度符号的组成

为了明确表明表面粗糙度要求，除标注表面粗糙度符号和数值外，还要求标注补充要求，如加工纹理、加工方法等，如图 2-30 所示。

（1）位置 a、b：注写两个或多个表面结构要求。在位置 a 注写第一个表面结构要求，在位置 b 注写第二个表面结构要求。如果要注写三个或更多的表面结构要求，图形符号应在垂直方向扩大，以空出足够的空间。扩大图形符号时，a 和 b 的位置随之上移。

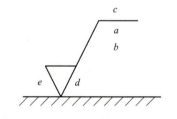

图 2-30　表面粗糙度符号的组成

（2）位置 c：注写加工方法、表面处理、涂层或其他加工工艺要求等，如车、磨、铣等加工表面。

（3）位置 d：注写纹理及其方向，如"="""×""M"等。

（4）位置 e：注写所要求的加工余量，以毫米(mm)为单位给出数值。

表面粗糙度高度参数的标注示例见表 2-10。

表 2-10　表面粗糙度高度参数的标注示例(摘自 GB/T 131—2006)

代号	意义	代号	意义
$\sqrt{}$ $Ra3.2$	用任何方法获得的表面粗糙度，Ra 的上限值为 3.2 μm	$\sqrt{}$ $Ra_{max}3.2$	用任何方法获得的表面粗糙度，Ra 的最大值为 3.2 μm
$\sqrt{}$ $Ra3.2$	用去除材料方法获得的表面粗糙度，Ra 的上限值为 3.2 μm	$\sqrt{}$ $Ra_{max}3.2$	用去除材料方法获得的表面粗糙度，Ra 的最大值为 3.2 μm
$\sqrt{}$ $Ra3.2$	用不去除材料方法获得的表面粗糙度，Ra 的上限值为 3.2 μm	$\sqrt{}$ $Ra_{max}3.2$	用不去除材料方法获得的表面粗糙度，Ra 的最大值为 3.2 μm
$\sqrt{}$ $URa3.2$ $LRa1.6$	用去除材料方法获得的表面粗糙度，Ra 的上限值为 3.2 μm，Ra 的下限值为 1.6 μm	$\sqrt{}$ $Ra_{max}3.2$ $Ra_{min}1.6$	用去除材料方法获得的表面粗糙度，Ra 的最大值为 3.2 μm，Ra 的最小值为 1.6 μm
$\sqrt{}$ $Rz3.2$	用任何方法获得的表面粗糙度，Rz 的上限值为 3.2 μm	$\sqrt{}$ $Rz_{max}3.2$	用任何方法获得的表面粗糙度，Rz 的最大值为 3.2 μm
$\sqrt{}$ $URz3.2$ $LRz1.6$	用去除材料方法获得的表面粗糙度，Rz 的上限值为 3.2 μm，Rz 的下限值为 1.6 μm(在不引起误会的情况下，也可省略标注 U、L)	$\sqrt{}$ $Rz3.2$ $Rz1.6$	用去除材料方法获得的表面粗糙度，Rz 的最大值为 3.2 μm，Rz 的最小值为 1.6 μm
$\sqrt{}$ $Rz_{max}3.2$ $Rz_{min}1.6$	用去除材料方法获得的表面粗糙度，Ra 的上限值为 3.2 μm，Rz 的上限值为 1.6 μm	$\sqrt{}$ $URa3.2$ $URz1.6$	用去除材料方法获得的表面粗糙度，Ra 的最大值为 3.2 μm，Rz 的最大值为 1.6 μm

3. 表面粗糙度在零件图上的标注方法

（1）一般规定。

1）零件每一个表面的粗糙度轮廓技术参数只标注一次，并尽可能用粗糙度代号标注在相应的尺寸及其公差的同一视图上。除非另有说明，所用标注的表面粗糙度要求是对完工零件表面的要求。

2）表面粗糙度代号上的各种符号、数字的注写和读取方向与尺寸注写和读取方向一致。

（2）常规标注方法。

1）表面粗糙度代号的尖端可以指向可见轮廓线、尺寸线、尺寸界限或它们的延长线，其符号应必须从材料外指向接触零件表面，如图 2-31 所示。必要时表明粗糙度符号，也可以用带箭头或黑点的指引线引出标注，如图 2-32 所示。

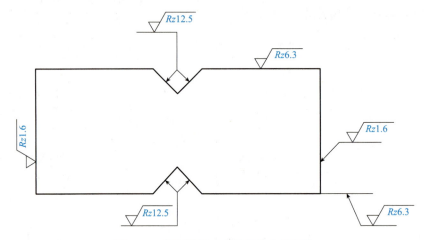

图 2-31　表面粗糙度在轮廓线上的标注

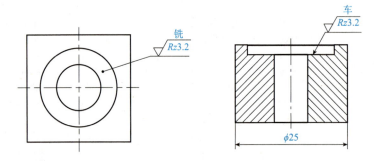

图 2-32　用指引线引出标注表面粗糙度

2）在不引起误解的情况下，表面粗糙度可标注在给定的尺寸线上（图 2-33）或形位公差框格上方（图 2-34）。

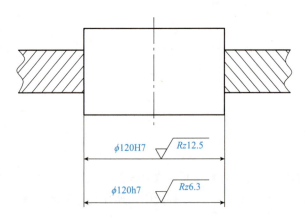

图 2-33　表面结构要求标注在尺寸线上

3）键槽、倒角和圆角的表面粗糙度的标注方法，如图 2-35 和图 2-36 所示。

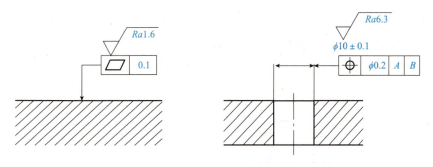

图 2-34　表面结构要求标注在形位公差框格上方

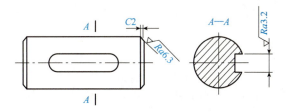

图 2-35　键槽的表面粗糙度注法

（3）简化注法。当零件除注出表面外，其余所有表面具有相同的表面粗糙度要求时，其符号、代号可在图样上统一标注，并采用简化注法，如图 2-37 所示，表示除 Rz 值为 1.6 和 6.3 的表面外，其余所有表面粗糙度均为 $Ra3.2$，两种注法意义相同。

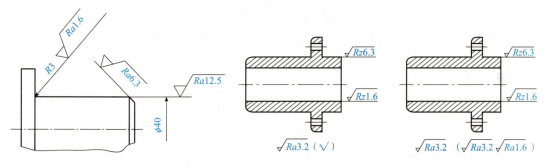

图 2-36　圆角和倒角的表面粗糙度注法　　　　图 2-37　简化注法

✿ 任务 2.5　常用测量器具的选用和零件的基本测量方法

所谓测量，是把被测的量与具有计量单位的标准量进行比较，从而确定被测量的量值的过程。技术测量是机械加工中保证有关国家标准的贯彻执行，以确保产品质量的重要环节。所以必须学会正确地选择和使用常用的测量工具。

2.5.1　游标类量具

常用的游标类量具有游标卡尺、游标深度尺、游标高度尺、游标测齿卡尺和游标角度规等，前四种用于测量长度，后一种用于测量角度。下面以游标卡尺为例介绍其结构、读数原理和注意事项。

1. 机械游标卡尺

（1）机械游标卡尺的结构。游标卡尺是一种常用的量具，具有结构简单、使用方便、精度中等和测量尺寸范围大等优点。游标卡尺的结构如图 2-38 所示。

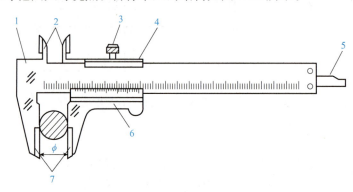

图 2-38 游标卡尺

1—主尺；2—内测量爪；3—紧固螺钉；4—副尺；5—深度尺；6—游标尺；7—外测量爪

游标卡尺的主尺上有毫米刻度，游标尺上的分度值有 0.1 mm、0.05 mm 和 0.02 mm 三种。

（2）机械游标卡尺的读数。在测量物体时，尽管游标尺的分度值有所不同，但是测量结果的整数部分读取方法是相同的，只是小数部分读取方法略有不同。下面以分度值为 0.02 mm 的游标卡尺为例进行说明。如图 2-39 所示，此尺的整数部分的读数为 8 mm，游标尺的第 29 条刻线与主尺上的某条刻线对齐，则小数部分即为（29×0.02）mm，游标卡尺的读数结果为 8.58 mm。若没有正好对齐的线，则以最接近对齐刻度的线读数。

如有零误差，最后的测量结果一定要减掉或加上误差值。读数结果用公式（2-16）计算：

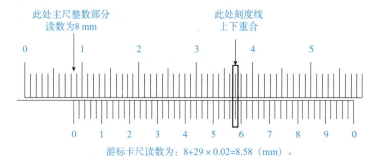

游标卡尺读数为：8+29×0.02=8.58（mm）。

图 2-39 游标卡尺的读数

$$L = M + m \pm \delta \tag{2-16}$$

式中　L——测量数值（mm）；

　　　M——整数部分数值（mm）；

　　　m——小数部分数值（mm）；

　　　δ——零误差的数值（mm）。

当游标尺上的"零"刻度线在主尺"零"刻度线左侧时，要加上 δ 值；反之，要减去 δ 值。

（3）机械游标卡尺的正确使用方法。

1）测量前，先将游标卡尺擦拭干净，对游标卡尺进行零位校准，如图 2-40 所示。检查卡尺的两个测量面和测量刃口是否平直无损，把主尺和游标尺上的测量爪的测量面合并且无明显的间隙，如主尺"零"刻度线与游标尺"零"刻度线位置对齐，且游标尺的最后一条刻度线与主尺上的 49 mm 处的刻度线对齐（以分度值为 0.02 mm 的游标卡尺为例），则游标卡尺良好。否则游标卡尺本身存在误差，测量时要将误差加上或减掉。

2）游标卡尺可以用来测量零件的外径、内径、长度、宽度、厚度、深度和孔距等，如图 2-41 所示。以测量外径为例说明游标卡尺的测量方法：

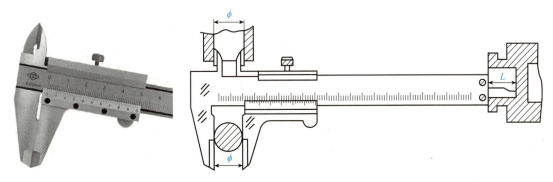

图 2-40　游标卡尺校零　　　　　　　　　　图 2-41　游标卡尺的使用

①将被测物体擦拭干净。

②旋松游标卡尺上的紧固螺钉，校准零位。

③移动游标尺的尺框，使两个外测量爪之间的距离略大于被测物体的直径。

④将被测物体待测部位置于两个外测量爪之间，用手轻轻推动游标尺尺框，至两个外测量爪与被测物体接触为止。

⑤视线与尺面垂直，读取测量数值。

⑥为了获得正确的测量结果，可以多测量几次，即在零件的同一截面上的不同方向进行测量。对于较长的零件，则应当在全长的各个部位进行测量，以获得一个比较正确的测量结果。

2. 其他种类的游标卡尺

（1）数显游标卡尺。如图 2-42 所示，数显游标卡尺读数直观清晰、使用方便、测量效率高。它主要由尺体、传感器、控制运算部分和数字显示部分组成。数显游标卡尺按照传感器的不同分为磁栅式数显游标卡尺和容栅式数显游标卡尺两大类。数显游标卡尺由电池提供电能，其测量原理是利用电磁感应方式工作的。

（2）带表游标卡尺。如图 2-43 所示，它是利用齿条齿轮啮合传动带动指针显示数值，整数部分的读数与机械游标卡尺相同，小数部分用指针表读取，比机械游标卡尺更为快捷准确。带表游标卡尺不怕油和水，但是在使用过程中需要注意防振和防尘。振动轻则会导致指针偏移零位，重则会导致内部机芯和齿轮脱离，影响示值。灰尘会影响精度，大的铁屑进入齿条，不小心拉动会导致传动齿崩裂，卡尺报废。

2.5.2　螺旋测微（千分尺类）量具

千分尺有外径千分尺、内径千分尺、深度千分尺、螺纹千分尺和公法线千分尺等几种，分别测量或检验零件的外径、内径、深度、厚度及螺纹的中径和齿轮的公法线长度等。常用的量程有 0～25 mm、25～50 mm、50～75 mm、100～125 mm 等规格。本书仅介绍外径千分尺。

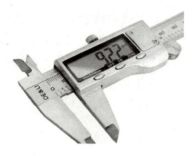

图 2-42 数显游标卡尺

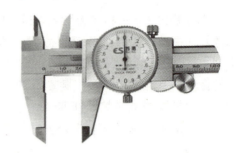

图 2-43 带表游标卡尺

1. 机械千分尺

(1)机械千分尺的结构。机械千分尺是比游标卡尺更精确的精密量具之一。其测量准确度为 0.01 mm。机械千分尺的结构如图 2-44 所示。

(2)读数原理。机械千分尺的读数原理是通过螺旋传动，将被测尺寸转换成丝杆的轴向位移和微分筒的圆周位移，并以微分筒上的刻度对圆周位移进行计量，从而实现对螺距的放大细分。

微分筒每转一周，测砧就相对于测微螺杆移动一个螺距 p。一般 $p=0.5$ mm，而微分筒一周上的刻度数为 50 等分，故微分筒上的刻度每转过一格，则测微螺杆就移动 0.01 mm。因此，每一等分所对应的分度值为 0.01 mm。

读数的整数部分由固定套筒上的刻度给出，读数的小数部分由微分筒上的刻度给出，但要注意是否过"5"，即过没过固定套筒上的半格刻线。如图 2-45 所示，微分筒的左边缘在固定套筒上露出来的刻线，读出整数或半毫米数，图中整数部分为 12 mm；从微分筒上找到与固定套筒中线对齐的刻线，将此刻线乘以 0.01 就是被测量的小数部分，不足一格数，可用估算法确定，该图中中线对准微分筒上 39 与 40 刻线之间，则小数部分即为 0.395，最后一位是估算的读数。由以上分析可得图 2-45 中千分尺的读数为 12.395 mm。

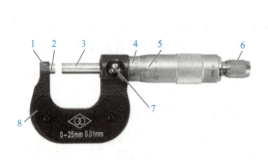

图 2-44 机械千分尺

1—尺架；2—测砧；3—测微螺杆；4—固定套筒；
5—微分筒；6—限荷棘轮；7—锁紧装置；8—隔热板

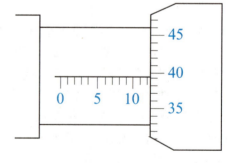

图 2-45 千分尺读数示例

(3)千分尺的正确使用方法。正确使用千分尺，可以保证精密量具的精度和产品质量，因此，必须重视千分尺的正确使用方法。

1)使用前先将千分尺的两个测砧擦拭干净，松开锁紧装置，旋转微分筒的旋钮，当测微螺杆快接近测砧时(若测量上限大于 25 mm，在两测砧面之间放入校对量杆或相应尺寸的量块），改为旋转限荷棘轮，当测微螺杆与测砧接触后会听到"喀喀"声，此时停止转动，观察微分筒前端面与固定套筒"0"刻线及中线是否重合，如重合则千分尺良好。

2）用千分尺测量零件时，最好在取下零件前进行读数，这样可以减少测砧面的磨损，如果必须取下零件再读数，应用锁紧装置锁紧测微螺杆后，再轻轻滑出零件。

3）为了获得正确的测量结果，可以多次测量。

4）用千分尺测量零件时，切忌用力旋转微分筒来增加测力压力，使测微螺杆过分压紧零件表面，致使精密螺纹因手力过大而发生变形，从而影响千分尺的精度。

（4）千分尺的保管与维护。

1）要轻拿轻放。

2）禁止将千分尺当夹具使用。

3）使用后将测砧、微分筒擦拭干净，避免切屑粉末、灰尘影响。

4）将测砧分开，拧紧固定螺钉，以避免长时间接触而生锈。

5）禁止用油石、砂纸等硬物摩擦测量面、测微螺杆等部位。

6）将千分尺装入专用盒，禁止将千分尺放在潮湿、有酸性、磁性、高温或有振动等场所。

7）禁止在千分尺固定套筒和微分筒之间注入酒精、煤油、凡士林和普通润滑油等物品。

2. 其他种类的千分尺

（1）带表千分尺。如图 2-46 所示，带表千分尺是测量大中型外径尺寸的高精度量具。它可以用微分筒一端和表头一端分别测量工件尺寸。尤其是使用表头一端测量时，读数更直观、方便，同时具有刚度好、变形小、精度高的优点。

（2）数显千分尺。如图 2-47 所示，数显千分尺用于精密零件尺寸的直接测量和比较测量。它具有精度稳定、可靠性好、体积小、功耗低、使用方便等优点。

图 2-46　带表千分尺

图 2-47　数显千分尺

数显千分尺在使用前需校对起始值是否正确。微分筒不得旋出固定套筒，以防止内部零件卡住。在千分尺的任何部位不得施加电压或用电笔刻字，以免损坏电子元件，长期不用时应取出电池。

2.5.3　指示表类量具

常用的指示表类量具为百分表。

（1）百分表的结构。如图 2-48 所示，百分表主要由表盘、小指针、大指针、测量杆、测量头等部分组成。百分表是利用齿条-齿轮传动机构，将测头的直线移动转变为指针的旋转运动的一种测量仪器。它主要用于装夹工件时的找正、检查工件的形状和位置（如圆度、平面度、垂直度、跳动等）误差和测量零件的内径等。百分表的分度值为 0.01 mm，测量范围一般有 0～3 mm、0～5 mm、0～10 mm 三种。

（2）百分表的读数。读数时视线要垂直于表盘，偏斜读数会造成读数误差。先读小指针转过的刻度（毫米整数），再读大指针转过的刻度（小数部分），并将大指针转过的刻度值乘以 0.01，即得到小数部分的数值，然后将整数部分和小数部分相加，即得到所测量的数值。

（3）内径百分表的正确使用方法。

1）使用前检查。检查表蒙是否透明，检查是否有灰尘和湿气侵入表内，检查测量杆活动的灵敏性，检查百分表的量程是否符合相应的要求。

2）零位调整。测量前要用手转动表盘，将百分表大指针指到表盘的"零"位，然后轻轻提拉测量杆，放松后重新检查大指针所指"零"位是否有变化，反复几次，直到校准为止。

图 2-48　百分表

3）测量。将百分表可靠地固定在表架上，轻提测量杆，移动工件至测量头下面（或将测量头移至工件上），缓慢放下与被测表面接触。

4）视线要垂直于表盘，然后读数。

（4）百分表的保管与维护。

1）水平放置在专用盒内，严禁重压。

2）百分表使用后，应解除所有的负荷，用干净的抹布将表面擦拭干净，并在容易生锈的金属表面涂抹一层工业凡士林。

3）严防水、油和灰尘等进入表内，禁止随便拆卸表的后盖。

4）百分表不使用时，应使测量杆处于自由状态，以免使表内弹簧失效。

5）测量杆上不要加油，以免油污进入表内，影响表的转动机构和测量杆移动的灵活性。

任务实施

1. 实施条件

将实训任务工单、轴类零件或盘类零件图纸、工件（和图纸对应的轴类、盘类零件）、测量工具（游标卡尺、千分尺、百分表等）摆放在工作台上。

2. 实施步骤

（1）小组合作识读图纸和实训任务工单内容。

（2）实训操作，记录相关数据，并将其填写在表 2-11 中。

表 2-11　公差配合与技术测量实训任务工单

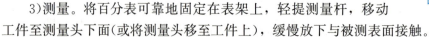

基本信息	姓名		班级		学号		组别	
	考核日期		规定时间		完成时间		总评成绩	
实训目的	1. 通过识读零件图，熟悉尺寸公差、几何公差和相关技术要求在图样上的标注。 2. 通过零件的测量，掌握常用测量工具，如游标卡尺、千分尺和百分表的用途及测量方法。 3. 熟悉实训任务工单的使用流程。 4. 培养学生养成规范操作习惯，提高沟通交流能力，具有团队合作意识和精益求精的工匠精神							

基本信息	姓名		班级		学号		组别	
	考核日期		规定时间		完成时间		总评成绩	

实训要求	1. 小组合作完成此次实训任务，实训期间不许私自审组。 2. 工件和测量工具在使用过程中要轻拿轻放，使用完毕后要放回原位。 3. 组长进行任务分工，分工要明确(如要指定测量、记录人员)

实训内容

1. 识读零件图，熟悉测量工具。

(1)零件名称：

(2)工作台上摆放的测量工具：

2. 自行选定测量工具，测量零件图中 $\phi 30^{+0.018}_{+0.002}$ 的尺寸，并判断其加工是否合格。

(1)测量工具名称：

(2)实际尺寸：

(3)此尺寸是否合格：

3. 自行选定测量工具，测量零件图中 $\phi 32^{+0.018}_{+0.002}$ 轴段上的键槽长度。

(1)测量工具名称：

(2)实际尺寸：

(3)此尺寸是否合格：

4. 用百分表检测零件图中 $\phi 30^{+0.018}_{+0.002}$ 轴段上径向圆跳动误差。

测量数据结果：

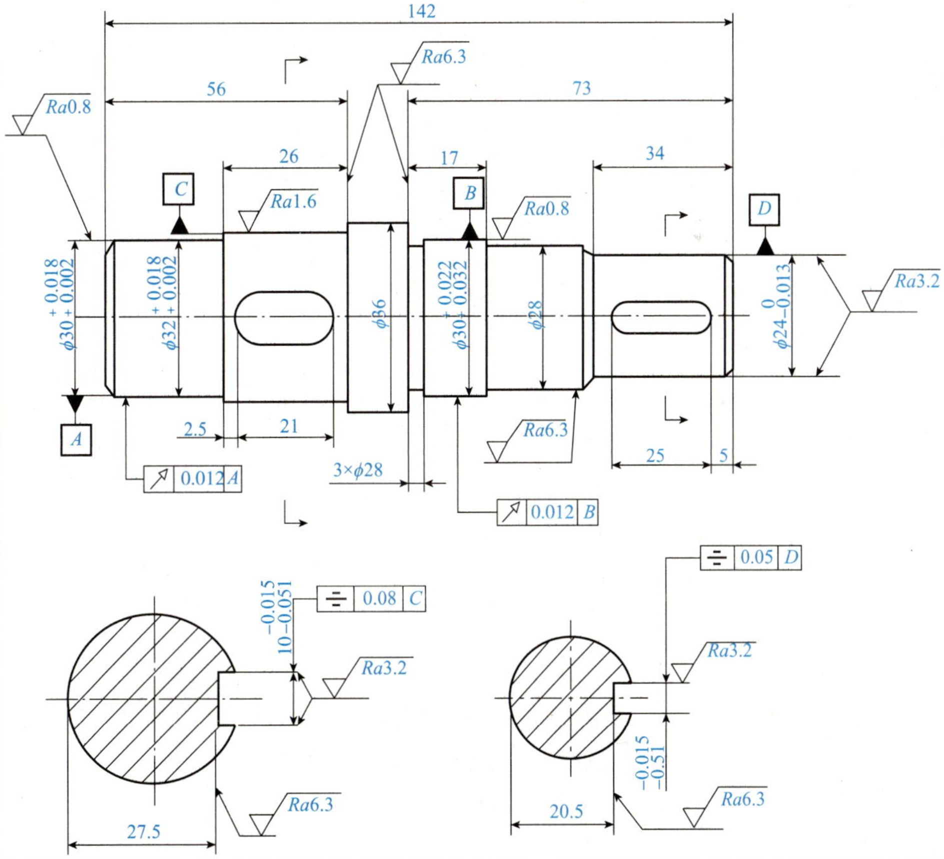

实训总结	

新时代呼唤"大国工匠"

新时代，科学家的梦想、工程师的蓝图和技能人员的产品是并列的。技能人员肩负着让好的想法、好的创意变成现实可用的产品的重任。新时代的产业工人，对知识的要求越来越高，"产业工人也要用知识创造事业"。技能人员也需要进行技术创新，这就需要其成为复合型高技能人才，为祖国的发展贡献自己的力量。

2017 年，中国中车在给澳大利亚生产双层轨道客车时遇到了难题，即 10 个车钩座焊接同时被外方检测出质量不合格，制约了客车的正常生产。李万君到现场一看，判定是外方制定的标准和操作方法规范出了差错，才导致产品不合格。最后经过试验发现，外方的标准规范不合理，最终，外方不仅按照我们的标准进行焊接，还修改了自身的标准规范。

改革开放几十年，我们的产业工人不仅能帮助中国的产品走出去，也能推动中国的标准走向世界。

这批产业工人用坚持、专注的工匠精神成就了中国速度、中国精度。在他们看来，坚持、专注并非他们独有，而是对劳模精神的传承。

1. 有关尺寸的知识

(1)公称尺寸(基本尺寸)(D、d)。

(2)极限尺寸：上极限尺寸(D_{max}、d_{max})和下极限尺寸(D_{min}、d_{min})。

(3)实际尺寸(D_a、d_a)。

2. 尺寸合格条件

实际尺寸在极限尺寸范围内，即对孔：$D_{min} \leqslant D_a \leqslant D_{max}$；对轴：$d_{min} \leqslant d_a \leqslant d_{max}$。

3. 有关偏差的知识

(1)极限偏差：上极限偏差(ES、es)和下极限偏差(EI、ei)。

对孔：$ES = D_{max} - D$　$EI = D_{min} - D$；对轴：$es = d_{max} - d$　$ei = d_{min} - d$。

(2)实际偏差(E_a、e_a)。

4. 有关公差的知识

(1)公差。

孔的公差用"T_h"表示；轴的公差用"T_s"表示。它们的计算公式：

孔的公差：$T_h = |D_{max} - D_{min}| = |ES - EI|$

轴的公差：$T_s = |d_{max} - d_{min}| = |es - ei|$

(2)公差带。

5. 有关配合的知识

间隙配合、过渡配合和过盈配合。

6. 标准公差和基本偏差

标准公差系列和基本偏差系列是公差标准的核心，也是学习本项目的重点。公差标准就是以标准公差和基本偏差为基础制定的。标准公差决定了公差带的大小，基本偏差决定了公差带的位置。

7. 几何公差

几何公差研究的对象是几何要素，几何公差是零件图技术要求中的主要内容之一，在标注与识读过程中要根据几何要素特征进行分析。国家标准规定的几何公差特征共有19项，要熟悉各项目的符号，有无基准要求、公差带特征，并能够在零件图上进行正确标注。

8. 表面粗糙度

表面粗糙度直接影响产品的质量，尤其是对高速、高温、高压和重载条件下工作的机械零件，以及高精度和密封要求严格的产品工作性能影响更大。因此，在保证零件尺寸、形状和位置精度的同时，对表面粗糙度也有相应的要求。

9. 技术测量

要实现产品的互换性，除合理地规定公差外，还需要在加工过程中，进行正确的测量和检验。技术测量的几何量有长度、角度、表面粗糙度、几何形状和相互位置；技术测量的常用工具有游标类量具、螺旋测微（千分尺类）量具、指示表类量具等。

一、技能测试

图 2-49 为典型圆柱齿轮减速器中的圆柱齿轮轴零件图。通过识读此图解决表 2-12 中相关问题。

技术要求

1.未注公差尺寸按GB/T 1804–2000。

2.公差原则按GB/T 4249—2018。

3.未注几何公差按GB/T 1184–1996。

图 2-49　齿轮轴

表 2-12　公差配合与技术测量作业表

基本信息	姓名		班级		学号		组别	
	考核日期		规定时间		完成时间		总评成绩	
序号	技能测试						评分标准	得分
1	齿轮轴的尺寸换算练习							
	尺寸标注	公称尺寸	极限尺寸		极限偏差		公差	
			上极限	下极限	上偏差	下偏差		
	$26_{-0.2}^{0}$						12	
	$\phi 66.606_{-0.19}^{0}$						12	
	$\phi 40k6$						12	
	$8N9$						12	
	$\phi 30m7$						12	
2	写出齿轮轴零件图中①、②、③所指形位公差标注的含义							
	形位公差项目名称	特征符号	公差带大小	解释(被测要素、基准要素及要求)				
	①						8	
	②						8	
	③						8	

基本信息	姓名		班级		学号		组别	
	考核日期		规定时间		完成时间		总评成绩	
序号	技能测试						评分标准	得分
	团队合作						6	
	语言表达						5	
	工单填写						5	
	教师评语							

二、理论测试

题号	一	二	三	总分
分数				

(一)填空题(每空 5 分，共计 50 分)

1. 国家标准中规定有_____和_____两种配合制。

2. 国家标准在公称尺寸≤500 mm 内规定了_____个公差等级。

3. 国家标准规定，用孔和轴的公差带代号以_____的形式组成配合代号，其中，分子为_____的公差带代号，分母为_____的公差带代号。

4. 表面粗糙度的两个重要的评定参数，其中评定轮廓的算术平均偏差用_____表示，评定轮廓的最大高度用_____表示。

5. 游标卡尺可以用来测量零件的外径、_____、长度、宽度、厚度、深度和孔距等。

6. 百分表主要用于装夹工件时的找正、检查工件的_____(如圆度、平面度、垂直度、跳动等)误差和测量零件的内径等。

(二)选择题(每小题 5 分，共计 25 分)

1. 孔的公称尺寸(   )与之相配合的轴的公称尺寸。

    A. 大于   B. 小于   C. 等于

2. 公差带的大小是由(   )来确定的。

    A. 标准公差   B. 基本偏差   C. 公差带代号

3. 一般情况下，优先使用的配合基准制为(   )。

    A. 基轴制   B. 基孔制   C. 任意   D. 基准制

4. 与滚动轴承内圈配合的轴的基准制通常依标准件滚动轴承而定，采用(   )。

    A. 基轴制   B. 基孔制

    C. 基轴制或基孔制   D. 过盈

5. 孔的尺寸减去轴的尺寸所得的代数差为正时的配合为(   )。

    A. 间隙配合   B. 过盈配合   C. 过渡配合   D. 紧配合

(三)判断题(每小题 5 分，共计 25 分)

1. $\phi58H7/g6$ 的孔、轴配合采用的是基轴制。   (   )

2. 活塞销和连杆衬套孔的配合采用的是基轴制。   (   )

3. 在尺寸公差带图中，零线以上的为正偏差，零线以下的为负偏差。 (   )

4. 公称尺寸必须小于或等于上极限尺寸，而大于或等于下极限尺寸。 (   )

5. 从互换性的角度看，设计规定的公差值越小越好。   (   )

项目 3

机械工程材料的选用

项目引入

材料是指具有特定性质，能用于制造各种有用器件的物质，是人类生存和发展所必需的物质基础。有了低成本钢铁及相关材料，汽车工业就得到了迅猛发展；有了由半导体等材料制成的各类电子元器件，各类电子电器消费品才会不断出新；有了低消耗的光导纤维，才发展起来现代的光纤通信；有了各种高强度和超高强度材料的发展，才使发展大型结构件、提高零部件强度级别、减轻设备自重成为可能。那么机械工程材料有哪些？又是如何进行选用的？本项目介绍机械工程材料的选用。

学习目标

1. 知识目标

熟知金属材料的主要性能，钢铁材料的性能、牌号及应用特点；了解非铁金属及非金属材料的类型、性能及应用；熟知零件失效与材料性能之间的关系。

2. 能力目标

能够根据材料的性能，合理选用满足工作条件的零部件，以延长机械零部件的使用寿命。

3. 素养目标

具有职业意识，责任心强，养成遵守职业道德和职业规范的行为习惯。

知识准备

工程材料主要是指用于机械、车辆、船舶、建筑、化工、能源、仪器仪表、航天航空等工程领域中的材料，用来制造工程构件和机械零件；也包括一些用于制造工具的材料和具有特殊性能（如耐腐蚀、耐高温等）的材料。一般，工程材料按化学成分分为金属材料、非金属材料、高分子材料和复合材料四大类。

✿ 任务 3.1　金属材料的性能

金属材料具有许多良好的性能，因此被广泛地用于制造各种构件、机械零件、工具和日常生活用品。金属材料的性能包含使用性能和工艺性能两个方面。使用性能是指金属材料在使用条件下所表现出来的性能，包括力学性能、物理性能和化学性能；工艺性能是指金属材料在制造过程中适应加工的性能，包括铸造性能、锻造性能、焊接性能、切削加工性能和热处理性能。此外，有些机件需要在高温条件下长期服役（如发动机叶片、发动机气缸和其中的活塞等），这些机件的材料需要具有良好的耐高温性能。

3.1.1　金属材料的力学性能

金属材料的力学性能是指金属材料在受外力作用时表现出来的性能，包括强度、塑性、硬度、冲击韧性及疲劳强度等。

在工程上，将零件或构件工作时所承受的外力称为载荷，其形式如图 3-1 所示。

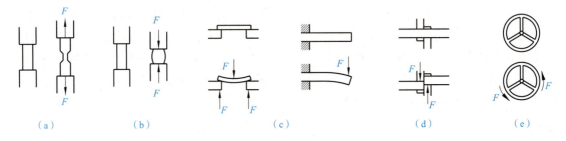

图 3-1　载荷的形式

(a)拉伸载荷；(b)压缩载荷；(c)弯曲载荷；(d)剪切载荷；(e)扭转载荷

1. 强度

金属材料抵抗塑性变形或断裂的能力称为强度。根据载荷的不同，可分为抗拉强度（R_m）、抗压强度（σ_{bc}）、抗弯强度（σ_{bb}）、抗剪强度（τ）和抗扭强度（τ_b）等几种。

抗拉强度通过拉伸试验测定。将一截面为圆形的低碳钢拉伸试样（图 3-2）在材料试验机上进行拉伸，测得应力-应变曲线，如图 3-3(a) 所示。

图 3-3 中，σ 为应力，ε 为应变。

$$\sigma = \frac{F}{A_0} \tag{3-1}$$

$$\varepsilon = \frac{\Delta l}{l_0} = \frac{l - l_0}{l_0} \times 100\% \tag{3-2}$$

式中　F——所加载荷（N）；

　　　A_0——试样原始截面面积（mm^2）；

　　　l_0——试样的原始标距长度（mm）；

　　　l——试样变形后的标距长度（mm）；

　　　Δl——伸长度（mm）。

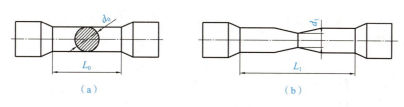

图 3-2　圆形拉伸试样

(a)拉伸前；(b)拉伸后

(1)应力-应变曲线分析。

1)OE 为弹性变形阶段。试样的变形量与外加载荷成正比，载荷卸掉后，试样恢复到原来的尺寸。

2)ES 为屈服阶段。此时不仅有弹性变形，还发生了塑性变形，即载荷卸掉后，一部分变形恢复，还有一部分变形不能恢复，不能恢复的变形称为塑性变形。

3)SB 为强化阶段。为使试样继续变形，载荷必须不断增加，随着塑性变形增大，材料变形抗力也逐渐增加。

4)BZ 为颈缩阶段。当载荷达到最大值时，试样的直径发生局部收缩，称为"颈缩"，此时变形所需的载荷逐渐降低。

5)Z 点试样发生断裂。

(2)金属材料的强度指标。

1)弹性极限(σ_e)。表示材料保持弹性变形，不产生永久变形的最大应力，是弹性零件的设计依据。

2)屈服强度[R_d(σ_s)]。表示金属开始发生明显塑性变形的抗力，有些材料(如铸铁)没有明显的屈服现象[图 3-3(b)]，则用条件屈服极限来表示，即产生 0.2％残余应变时的应力值，用 $R_{r0.2}$($\sigma_{0.2}$)表示。

3)抗拉强度[R_m(σ_b)]。表示金属受拉时所能承受的最大应力。

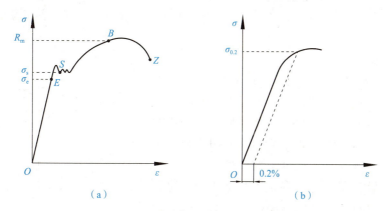

图 3-3　低碳钢和铸铁的应力—应变曲线

(a)低碳钢；(b)铸铁

2. 塑性

断裂前金属材料产生永久变形的能力称为塑性。用断后伸长率和断面收缩率来表示。

（1）断后伸长率。在拉伸试验中，试样拉断后，标距的伸长量与原始标距的百分比称为断后伸长率，用符号 $A(\delta)$ 表示。

$$A(\delta)=\frac{\Delta l}{l_0}=\frac{l_1-l_0}{l_0}\times 100\% \tag{3-3}$$

式中　l_1——试样拉断后的标距(mm)；

　　　l_0——试样的原始标距(mm)；

　　　Δl——最大伸长量(mm)。

（2）断面收缩率。试样拉断后，颈缩处横截面面积的最大缩减量与原始横截面面积的百分比称为断面收缩率，用符号 $Z(\psi)$ 表示。

$$Z(\psi)=\frac{\Delta S}{S_0}=\frac{S_0-S_1}{l_0}\times 100\% \tag{3-4}$$

式中　S_1——试样拉断后颈缩处最小横截面面积(mm²)；

　　　S_0——试样的原始横截面面积(mm²)；

　　　ΔS——试样颈缩处横截面面积的最大缩减量(mm²)。

金属材料的断后伸长率和断面收缩率数值越大，表示材料的塑性越好。塑性好的金属可以发生大量塑性变形而不破坏，便于通过各种压力加工获得复杂形状的零件。铜、铝、低碳钢等材料的塑性很好，但工业纯铁塑性很差，断后伸长率和断面收缩率几乎为 0，不能进行塑性变形加工。塑性好的材料，在受力过大时，由于首先产生塑性变形而不致发生突然断裂，因此比较安全。

3. 硬度

金属材料抵抗硬的物体压入其表面的能力称为硬度。

硬度是各种零件和工具必须具备的性能指标。机械制造业所用的刀具、量具和模具等应具有足够的硬度，才能保证使用性能和寿命。常用的机械零件齿轮等，也要具有一定的硬度，以保证足够的耐磨性和使用寿命。

硬度测试的方法很多，最常用的有布氏硬度试验法、洛氏硬度试验法和维氏硬度试验法三种。

（1）布氏硬度。

1）布氏硬度值的测定。使用一定直径 D(mm) 的球体(淬火钢球或硬质合金球)，以规定的试验力压入试样表面，经规定的保持时间后卸除试验力，以其压痕面积除以加在钢球上的载荷，所得之商即为金属的布氏硬度值。图 3-4 为布氏硬度试验原理图。

布氏硬度值用球面压痕单位表面积上所承受的平均压力来表示，用符号 HBS(HBW) 来表示。通常布氏硬度值不标出单位。

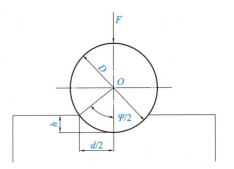

图 3-4　布氏硬度试验原理图

2）布氏硬度的表示方法。

符号 HBS(HBW) 之前数字表示布氏硬度值，符号后面按球体直径/试验力/试验力保持时间(10～15 s 不标注)顺序表示。

例如，200 HBW10/1 000/30 表示用直径为 10 mm 的硬质合金球，在 9 800 N(1 000 kgf)

的试验力作用下，保持时间 30 s 时测得布氏硬度值为 200。

3)应用范围及特点。布氏硬度主要用于测定各种退火状态下的钢材、铸铁、有色金属等，也用于调质处理的机械零件。

①布氏硬度的优点：采用的试验力大，球体直径也大，因而压痕直径也大，因此，能较准确地反映出金属材料的平均性能。

②布氏硬度的缺点：操作时间较长，对不同材料需要不同压头和试验力，压痕测量较费时，在进行高硬材料试验时，球体本身的变形会使测量结果不准确。因此，用钢球压头测量时，材料硬度值必须小于 450，用硬质合金球压头测量时，材料硬度值必须小于 650。又因压痕较大，不宜测量成品及薄件。

（2）洛氏硬度。

1)洛氏硬度值的测定。洛氏硬度采用金刚石圆锥体或直径为 1.588 mm 的淬火钢球做压头，压入金属表面后，经规定保持时间后卸除主试验力，以测得的压痕深度来计算洛氏硬度值。

图 3-5 是用金刚石圆锥体进行洛氏硬度试验的原理图。洛氏硬度没有单位，试验时硬度值直接从硬度计的表盘上读出。

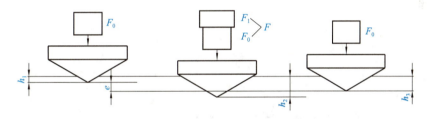

图 3-5　洛氏硬度试验原理图

2)洛氏硬度的标尺和表示方法。根据压头的种类和总载荷的大小不同，洛氏硬度常用的标尺有 HRA、HRB、HRC，其中 C 标尺应用最为广泛。

洛氏硬度表示方法是在标尺符号 HR 前面加洛氏硬度值，HR 后面的字母表示不同洛氏硬度的标尺。如 62HRC，表示用 C 标尺测定的洛氏硬度值为 62。

3)洛氏硬度的特点及其应用。

①洛氏硬度的优点：试验操作方便，可直接从刻度盘上读出硬度值；压痕小，可以测定成品及较薄工件；测试硬度值范围大，可测低硬度材料，也可测高硬度材料。

②洛氏硬度的缺点：压痕较小，当材料的内部组织不均匀时，硬度数据波动较大，测量值的代表性差。

洛氏硬度应用最广泛，适用硬质合金、表面淬火渗碳钢、有色金属、退火钢、正火钢、淬火钢、调质钢等材料。

（3）维氏硬度。

1)维氏硬度值的测定。在实际工作中的维氏硬度值同布氏硬度值一样，不用计算，而是根据相对面夹角为 136°的正四棱锥体金刚石压头压痕对角线长度，从表中查出。图 3-6 所示是用金刚石四棱锥体进行维氏硬度试验的原理。

2)维氏硬度的表示方法。维氏硬度用符号 HV 表示。维氏硬度值的表示方法与布氏硬度相同，例如，640HV30/20 表示用 294.2 N(30 kgf)试验力，保持时间 20 s，测定的维氏硬度值为 640。

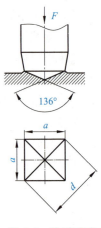

3)维氏硬度的特点及其应用。维氏硬度的载荷范围很宽，通常为49～980 N，理论上不限制；测试薄件或涂层的硬度时，通常选用较小的载荷；压痕轮廓清晰，采用对角线长度计量，精确可靠；操作不如洛氏硬度简便，试验效率低。维氏硬度只适合测定较薄的金属材料、金属薄镀层或化学热处理后的表面层硬度(如镀铬、渗碳、氮化、碳氮共渗层等)。

图 3-6　维氏硬度试验原理

4. 冲击韧性

许多机械零件和工具在工作中，往往要受到冲击载荷的作用，如活塞、锤杆、冲模和锻模等。

金属材料抵抗冲击载荷作用而不被破坏的能力称为冲击韧性。

冲击韧性常用一次摆锤冲击弯曲试验来测定。图 3-7 所示为冲击试验示意。试验所采用的试样是标准试样，可根据国家标准有关规定来选择。常用的有 U 形缺口和 V 形缺口两种试样，如图 3-8 所示。

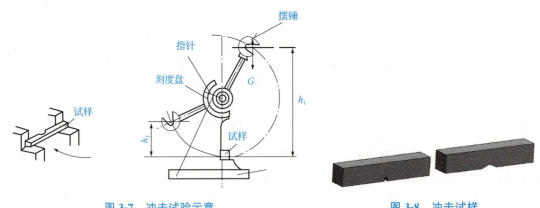

图 3-7　冲击试验示意　　　　　　图 3-8　冲击试样

冲击试验利用能量守恒原理：试样被冲断过程中吸收的能量等于摆锤冲击试样前后的势能差。试样被冲断时所吸收的能量即摆锤冲击试样所做的功，称之为冲击吸收功，用符号 A_K 表示。冲击吸收功(A_K)除以试样缺口处截面面积(S_0)，即可得到材料的冲击韧度，用符号 a_K 表示。冲击韧度越大，表示材料的冲击韧性越好。

5. 疲劳强度

许多机械零件(如轴、齿轮、轴承、叶片、弹簧等)，在工作过程中各点的应力随时间做周期性的变化，这种随时间做周期性变化的应力称为交变应力(也称循环应力)。在交变应力作用下，虽然零件所承受的应力低于材料的屈服强度，但经过较长时间的工作后产生裂纹或突然发生完全断裂的过程称为金属的疲劳。材料承受的交变应力(σ)与材料断裂前承受交变应力的循环次数(N)之间的关系可用疲劳曲线来表示，如图 3-9(a)所示。金属的交变应力越大，则断裂时应力循环次数 N 越少。当应力低于一定值时，试样可以经受无限周期循环而不产生断裂，此应力值称为材料的疲劳极限，也称疲劳强度。实际上，金属材料不可能做无限次交变载荷试验。国家标准规定，对于黑色金属，应力循环次数采用 10^7，对于有色金属材料采用 10^8 或更多的周次。当应力为对称循环时，如图 3-9（b）所示，疲劳强度用 σ_{-1} 表示。

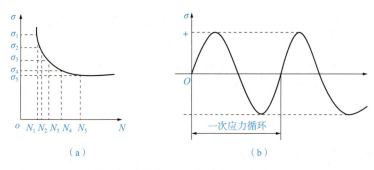

图 3-9　疲劳曲线和对称循环交变应力图

（a）疲劳曲线；（b）对称循环交变应力

金属的疲劳极限受到很多因素的影响，主要有工作条件、表面状态、材质、残余内应力等。改善零件的结构形状、降低零件表面粗糙度以及采取各种方法进行表面强化，都能提高零件的疲劳极限。

3.1.2　金属材料的工艺性能

金属材料的一般加工过程如图 3-10 所示。

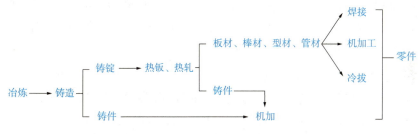

图 3-10　金属材料的一般加工过程

在铸造、锻压、焊接、机械加工等加工过程前后，一般还要进行不同类型的热处理。因此，一个由金属材料制得的零件的加工过程是十分复杂的。工艺性能直接影响零件加工后的质量，是选材和制定零件加工工艺路线时应当考虑的因素之一。

1. 铸造性能

金属材料铸造成型获得优良铸件的能力称为铸造性能，可用流动性、收缩性和偏析倾向等指标来衡量。

（1）流动性。熔融金属的流动能力称为流动性。流动性好的金属容易充满铸件，从而获得外形完整、尺寸精确、轮廓清晰的铸件。

（2）收缩性。铸件在凝固和冷却过程中，其体积和尺寸减小的现象称为收缩。铸件收缩不仅影响尺寸，还会使铸件产生缩孔、疏松、内应力、变形和开裂等缺陷，故铸造用金属材料的收缩率越小越好。

（3）偏析。金属凝固后，铸锭或铸件化学成分和组织的不均匀现象称为偏析。偏析过大会使铸件各部分的力学性能有很大的差异，降低铸件的质量，对于大型铸件危害更大。

2. 锻造性能

金属材料对锻压加工方法成型的适应能力称为锻造性能。锻造性能主要取决于金属材料的塑性和变形抗力。塑性越好，变形抗力越小，金属的锻造性能越好。铜合金和铝合金在室温状态下就有良好的锻造性能。碳钢在加热状态下锻造性能较好，其中低碳钢最好，中碳钢次之，高碳钢较差。低合金钢的锻造性能接近中碳钢，高合金钢的锻造性能较差。铸铁锻造性能差，不能锻造。

3. 焊接性能

金属材料对焊接加工的适应性称为焊接性能，也就是在一定的焊接工艺条件下，获得优质焊接接头的难易程度。在机械工业中，焊接的主要对象是钢材。碳含量是决定焊接性能好坏的主要因素，低碳钢和碳含量低于 0.18％的合金钢有较好的焊接性能，碳含量大于 0.45％的碳钢和碳含量大于 0.35％的合金钢的焊接性能较差。碳含量和合金元素含量越高，焊接性能越差。铜合金和铝合金的焊接性能都较差。灰口铸铁的焊接性能很差。

4. 切削加工性能

切削加工性能一般用切削后的表面质量（如表面粗糙度高低）和刀具寿命来表示。影响切削加工性能的因素很多，主要有材料的化学成分、组织、硬度、韧性、导热性和形变硬化等。金属材料具有适当的硬度（170～230 HBW）和足够的脆性时切削加工性能良好。改变钢的化学成分（如加入少量铅、磷等元素）和进行适当的热处理（如对低碳钢进行正火，对高碳钢进行球化退火）可提高钢的切削加工性能。

5. 热处理工艺性能

钢的热处理工艺性能主要考虑其淬透性，即钢接受淬火的能力。含 Mn、Cr、Ni 等合金元素的合金钢淬透性比较好，碳钢的淬透性较差。铝合金的热处理要求较严格，进行固熔处理时加热温度离熔点很近，温度的波动必须保持在±5 ℃以内。铜合金只有几种可以用热处理进行强化。

✪ 任务 3.2 钢铁材料

钢铁材料又称为黑色金属。它是指以铁为主要元素，碳的含量一般在 4％以下，且含有一些其他元素的铁碳合金。含碳量为 0.021 8％～2.11％的铁碳合金称为钢，含碳量为 2.11％～4％的铁碳合金称为铸铁。

3.2.1 钢

1. 钢的分类

钢的品种繁多，为了便于生产、选用及研究，必须对它们进行合理的分类。国家标准《钢分类》（GB/T 13304—2008）是参照国际标准化组织标准制定的。钢的分类方法如下：

(1)按钢的化学成分分类。

1)碳素钢。含碳量大于0.021 8%小于2.11%，且不含特意加入合金元素的铁碳合金，又称碳钢。

2)合金钢。在碳钢基础上，为了改善钢的性能，在冶炼时有目的地加入一种或几种合金元素的钢。

(2)按钢的含碳量分类。

1)低碳钢C≤0.25%。

2)中碳钢C=0.25%~0.60%。

3)高碳钢C≥0.6%。

(3)按钢的质量等级分类。根据钢中有害元素硫、磷含量多少可分为：

1)普通钢S≤0.050%，P≤0.045%。

2)优质钢S≤0.035%，P≤0.035%。

3)高级优质钢S≤0.025%，P≤0.025%。

(4)按钢的用途分类。

1)结构钢。主要用于制造各种机械零件和工程构件，其含碳量一般小于0.70%。

2)工具钢。主要用于制造各种刀具、模具和量具等，其含碳量一般大于0.70%。

3)特殊性能钢。具有特殊物理、化学性能的钢，如不锈钢、耐热钢、耐磨钢等。

4)专业用钢。各个工业部门专业用途的钢，如汽车大梁用钢、农机用钢、化工机械用钢、锅炉和压力容器用钢等。

(5)按冶炼时脱氧程度的不同分类。

1)沸腾钢。脱氧程度不完全的钢，用字母"F"表示。

2)镇静钢。脱氧程度完全的钢，用字母"Z"表示。

3)特殊镇静钢。比镇静钢脱氧更充分、更彻底的钢，用字母"TZ"表示。

2. 钢的牌号、性能及用途

我国钢产品的牌号采用大写汉语拼音字母、化学元素符号和阿拉伯数字相结合的方法来表示。

(1)碳素钢。

1)碳素结构钢。

①普通碳素结构钢。普通碳素结构钢简称普通碳素钢。

普通碳素钢的牌号由代表屈服强度的汉语拼音首字母"Q"、最小屈服强度数值(单位为MPa)、质量等级代号和脱氧方法符号组成。其中，质量等级分为A、B、C、D四个等级，从左至右质量依次提高。不标脱氧方法的表示镇静钢或特殊镇静钢。

例如，Q235AF表示屈服强度大于235 MPa、质量等级为A级的沸腾钢。

常用普通碳素结构钢的牌号、性能及用途见表3-1。

②优质碳素结构钢。优质碳素结构钢牌号的第一部分为两位数字，表示钢的平均碳含量的万分数。例如，45钢，表示平均碳含量为0.45%的优质碳素结构钢；08钢，表示平均碳含量为0.08%的优质碳素结构钢。

表 3-1 常用普通碳素结构钢的牌号、性能及用途

牌号	性能	用途
Q195	强度较低	载荷小的零件、铁丝、垫圈开口销、拉杆、冲压件和焊接件
Q215		拉杆、套圈、垫圈、渗碳零件和焊接件
Q235	具有中等强度，并具有良好的塑性和韧性，且易于成型和焊接	金属结构件，心部强度要求不高的渗碳或氰化零件，拉杆、连杆、吊钩、车钩、螺栓、螺母、套筒、轴及焊接件
Q275	强度较高	转轴、心轴、链轮、齿轮、吊钩等零件

优质碳素结构钢中含锰量较高时(0.70%～1.20%)，在其牌号后面标出元素符号"Mn"，如 15Mn、65Mn 等。若为沸腾钢，则在数字后加"F"，如 08F 等。

优质碳素结构钢主要用于制造较为重要的机件。

常用优质碳素结构钢的牌号、性能及用途见表 3-2。

表 3-2 常用优质碳素结构钢的牌号、性能及用途

牌号	性能	用途
08F	强度不高，而塑性和韧性高，有良好的抗冲压、拉伸和弯曲性能，焊接性能好	用于制作深拉、冲压等零件，如机罩、管子、垫片；心部强度要求不高的渗碳和氰化零件，如套筒、短轴、离合器盘
08		
20	塑性好，易拉拔、冲压、挤压、锻造和焊接	常用来制造螺钉、小轴及冲压件、焊接件和渗碳件等
35	好的塑性和中等强度，切削加工性能较好	用于制作曲轴、转轴、连杆、套筒、飞轮、机身、法兰、螺栓、螺母
45	强度较高、塑性和韧性尚好、切削加工性能良好，调质后有很好的综合力学性能	用于制作承受载荷较大的小截面调质件和应力较小的大型正火零件，以及心部强度要求不高的表面淬火件，如曲轴、传动轴、齿轮、蜗杆、键、销等
60	强度、硬度和弹性均相当高，切削性、焊接性差	用于制作轧辊、轴、轮箍、弹簧、离合器、钢丝绳等受力较大、要求耐磨性好，具有一定弹性的零件
65Mn	强度高，淬透性较大，脱碳倾向小，但有过热敏感性，易形成淬火裂纹，并有回火脆性	适宜制作较大尺寸的各种扁、圆弹簧与发条，以及其他经受摩擦的农机零件，也可制作轻载汽车离合器弹簧

③铸造碳钢。一般用于制造形状复杂、力学性能要求较高、又难以用锻造或机械加工方法制造的机械零件。又由于力学性能要求较高，不能用铸铁来铸造。

铸造碳钢的牌号是用"铸钢"两汉字的汉语拼音字母字头"ZG"后面加两组数字组成；第一组数字代表屈服强度，第二组数字代表抗拉强度值。如 ZG270-500 表示屈服强度不小于 270 MPa，抗拉强度不小于 500 MPa 的铸造碳钢。

常用铸造碳钢的牌号、性能及用途见表 3-3。

表 3-3　常用铸造碳钢的牌号、性能及用途

牌号	性能	用途
ZG200-400	有良好的塑性、韧性和焊接性	用于受力不大、要求韧性的各种形状的机件，如机床、变速箱壳等
ZG230-450	有一定的强度和较好的塑性、韧性，焊接性良好，可切削加工性尚好	用于受力不大、要求韧性的零件，如机床、机盖、箱体、底板阀体、工作温度在 450 ℃ 以下工作缸、横梁等
ZG270-500	有较高的强度和较好的塑性，铸造性良好，焊接性尚可，可切削加工性差，流动性好，裂纹敏感性较大	用于各种形状的机件，如飞轮、轧钢机架、蒸汽锤、桩锤、联轴器、连杆、箱体、曲轴、横梁等
ZG310-570	强度和切削加工性良好，塑性、韧性较差，硬度、耐磨性较高，焊接性差，流动性好，裂纹敏感性较大	用于负荷较大的零件，各种形状的机件，如联轴器、气缸、齿轮、齿轮圈、棘轮及重负荷机架等
ZG340-640	有高的强度、硬度和耐磨性，切削加工性一般，焊接性差，流动性好，裂纹敏感性较大	用于起重运输机中齿轮、棘轮、联轴器及重要的机件等

2）碳素工具钢。碳素工具钢的牌号以"T"（"碳"的汉语拼音字首）开头，其后的数字表示平均碳含量的千分数，如 T8 表示平均碳含量为 0.8％的碳素工具钢。碳素工具钢锰元素含量较高时，在数字后面加锰元素符号"Mn"。若为高级优质碳素工具钢，牌号后面标以字母A，如 T12A 表示平均碳含量 1.2％的高级优质碳素工具钢。

碳素工具钢生产成本较低，原材料来源方便，易于冷、热加工，在热处理后可获得相当高的硬度，在工作受热不高的情况下，耐磨性也较好，因而得到广泛应用。常用碳素工具钢的牌号、性能及用途见表 3-4。

表 3-4　常用碳素工具钢的牌号、性能及用途

牌号	性能	用途
T7	淬火回火后有较高的强度和韧性，且具有一定的硬度，但热硬性低、淬透性差、淬火变形大，能承受振动和冲击载荷，硬度适中时具有较高的韧性	适于制作切削软材料的刃具和承受冲击载荷的工具，如锻模、凿子、锤子和钳工工具等
T8	淬火加热时容易过热，变形也大，塑性及强度也比较低，不宜制作承受较大冲击的工具，但热处理后有较高的硬度及耐磨性	多用来制作切削刃口在工作时不变热的工具或制造能承受振动和需有足够韧性且有较高硬度的工具，如冲头、凿、钻、斧、锯等
T10	韧性较小，有较高的耐磨性	用于制作不受突然或剧烈振动的工具，如车刀、刨刀、拉丝模、钻头、丝锥等，以及制作切削刃口在工作时不变热的工具，如木工工具（锯、钻等）或小型冲模、锉刀等
T12	韧性不高，具有较高的耐磨性和硬度	用于制作不受冲击载荷、切削速度不高、切削刃口不变热的工具，如车刀、铣刀、刨刀、钻头、铰刀、丝锥、板牙、刮刀、量规、锉刀及断面尺寸小的冷切边模、冲孔模等

（2）合金钢。

1）低合金高强度结构钢。在碳素结构钢的基础上，加入少量（总量小于 3%）合金元素（锰、硅、钒、铌和钛等）而得到的钢，称为低合金高强度结构钢。

低合金高强度结构钢的牌号与普通碳素结构钢的表示方法相同。牌号从 Q295 至 Q460，最常用的是 Q345。

低合金高强度结构钢中含碳量较低，是为了获得良好的塑性、焊接性和冷变形能力。与相同含碳量的普通碳素钢相比，其性能提高 10%～30%。低合金高强度结构钢的强度高，塑性和韧性好，焊接性和冷成型好，耐腐蚀性较好；韧脆转变温度低，成本低，适于冷成型和焊接。在某些情况下，这类钢可代替优质碳素结构钢，大大减轻零件或构件的质量。

低合金高强度结构钢广泛用于桥梁、船舶、高压容器、输油管，以及低温下工作的构件等。

2）合金结构钢。

①机械结构用合金钢。机械结构用合金钢常用的有合金渗碳钢、合金调质钢和合金弹簧钢。

这些钢的牌号依次由两位数字、元素符号和数字组成。前面的两位数字表示钢中平均含碳量的万分数，元素符号表示钢中所含的合金元素，元素符号后面的数字表示该合金元素平均含量的百分数（若平均含量<1.5%，元素符号后不标数字，若平均含量为 1.5%～2.4%、2.5%～3.4% 等，则在相应的合金元素符号后面标注 2、3 等）。合金的具体成分范围可查阅相关手册。

a. 合金渗碳钢。合金渗碳钢是用来制造既有优良的耐磨性、耐疲劳性，又能承受冲击载荷作用的零件。合金渗碳钢的含碳量为 0.10%～0.25%，可保证心部有足够的塑性和韧性，加入铬、镍、锰、硅、硼等合金元素，以提高钢的淬透性，使零件的表层和心部均得到强化，渗碳后硬度为 56～62 HRC。

b. 合金调质钢。合金调质钢是指经调质后使用的钢。它既要有很高的强度，又要有很好的塑性和韧性，即具有良好的综合力学性能。这类钢的含碳量一般为 0.25%～0.50%，含碳量过低，硬度不足；含碳量过高，则韧性不足。它主要用于制作要求综合力学性能好的重要零件。

c. 合金弹簧钢。合金弹簧钢主要用于制造各种机械和仪表中的弹簧。合金弹簧钢具有高的弹性极限、疲劳强度，足够的韧性，良好的淬透性、耐腐蚀性和不易脱碳等，一些特殊用途的弹簧钢还要求有高的屈强比（σ_s/σ_b）。

合金弹簧钢应用最广泛的是 60Si2Mn 钢，其综合力学性能很好，强度高，冲击韧性好，过热敏感性较低，高温性能较稳定。它用于制作高应力的弹簧，以及最重要的、高负荷、耐冲击和耐热（≤250 ℃）弹簧。

常用合金结构钢的牌号、性能及用途见表 3-5。

②轴承钢。铬轴承钢的牌号依次由"滚"字汉语拼音字首"G"、合金元素符号"Cr"和数字组成。其数字表示平均含铬量的千分数。例如，GCr15 表示平均含铬量为 1.5% 的轴承钢。若钢中含有其他合金元素，应依次在数字后面写出元素符号，如 GCr15SiMn 表示平均含铬量为 1.5%，硅和锰的含量均小于 1.5% 的轴承钢。

表 3-5　常用合金结构钢的牌号、性能及用途

牌号	性能	用途
20Cr	具有较高的强度和淬透性，焊接性较好，钢的冷应变塑性高，可在冷态下拉丝，但韧性较差	用来制作截面尺寸小于 30 mm、形状简单、心部强度和韧性要求较高、表面受磨损的渗碳或氰化零件，如齿轮、凸轮活塞销等，渗碳表面硬度为 56～62 HRC
20CrMnTi	渗碳淬火后有良好的耐磨性和抗弯强度，有较高的低温冲击性，韧性好，切削加工性能良好	广泛用于制作渗碳零件，在汽车、拖拉机工业，用于截面尺寸在 30 mm 以下，承受高速、中载或重载以及冲击和摩擦的主要零件，如齿轮、齿轮轴、十字轴
40Cr	调质后有良好的力学性能，截面尺寸在 50 mm 以下时，油淬后有较高的疲劳极限	应用广泛的调质钢。用于轴类零件及曲轴、曲柄、汽车转向节、连杆、螺栓、齿轮等
55Si2Mn	强度大，弹性极限好，屈强比高，热处理后韧性好，焊接性差，冷变形塑性低，切削加工性尚好，淬透性较 65、65Mn 钢高	用作汽车、拖拉机和机车上的减振板簧和螺旋弹簧、气缸安全阀等，还可用作 250 ℃ 以下使用的耐热弹簧
60Si2Mn	综合力学性能很好，强度高，冲击韧性好，过热敏感性较低，高温性能较稳定	用于制作高应力的弹簧，以及最重要的、高负荷、耐冲击和耐热(≤250 ℃)弹簧

常用滚动轴承钢的牌号、性能及用途见表 3-6。

表 3-6　常用滚动轴承钢的牌号、性能及用途

牌号	性能	用途
GCr4	低铬轴承钢，耐磨性比相同含碳量的碳素工具钢高，冷加工塑性变形和切削加工性能尚好，有回火脆性倾向	用于一般载荷不大、形状简单的机械转动轴上的钢球和滚子
GCr15	高碳铬轴承钢的代表钢种，综合性能良好，淬火与回火后具有高而均匀的硬度，良好的耐磨性和高的接触疲劳寿命，热加工变形性能和切削加工性能均好，但焊接性差，对白点形成较敏感，有回火脆性倾向	用于制造壁厚不大于 12 mm，外径不大于 250 mm 的各种轴承套圈，也用于制造尺寸范围较宽的滚动体，如钢球、圆锥滚子、圆柱滚子、球面滚子、滚针；还可用于制造模具、精密量具及其他要求高耐磨性、高弹性极限和高接触疲劳强度的机械零部件
GCr15Mn	在 GCr15 的基础上适当增加硅、锰含量，其淬透性、弹性极限、耐磨性均有明显提高，冷加工塑性中等，切削加工性能较差，焊接性能不好，对白点形成敏感，有回火脆性倾向	用于制作大尺寸的轴承套圈、钢球、圆锥滚子、圆柱滚子、球面滚子等；还用于制作模具、量具、丝锥及其他要求硬度高且耐磨的零部件

3)合金工具钢。合金工具钢主要用来制造尺寸大、精度高和形状复杂的模具、量具以及切削速度较高的刀具。合金工具钢按用途可分为刃具钢、模具钢和量具钢。

合金工具钢的牌号和合金结构钢的区别仅在于碳含量的表示方法。它用一位数字表示平均含碳量的千分数，当碳含量大于等于 1.0% 时，则不予标出。如 9SiCr 为合金工具钢，平均含碳量为 0.90%，主要合金元素为硅、铬，含量均小于 1.5%。Cr12MoV 为合金工具钢，平均含碳量为 0.90%～1.05%，主要合金元素铬的平均含量为 12%，钼和钒的含量均小于 1.5%。高速钢平均含碳量小于 1.0% 时，其含碳量也不予标出，如 W18Cr4V 钢的平均含碳量为 0.7%～0.8%。

常用合金工具钢的钢组、牌号、性能及用途见表 3-7。

表 3-7 常用合金工具钢的钢组、牌号、性能及用途

钢组	牌号	性能	用途
量具、刃具用钢	9SiCr	淬透性良好，耐磨性高，具有回火稳定性，但加工性差	用于制作形状复杂、变形小的刀具，如板牙、丝锥、钻头、铰刀、齿轮铣刀、冷冲模及冷轧辊等
	CrWMn	具有较高的硬度和耐磨性，但热硬性不如 9SiCr，热处理后变形小	主要用来制造较精密的低速刀具，如长铰刀、拉刀等，也可制作高精度、形状复杂的量规
	W18Cr4V	具有高热硬性、高耐磨性和足够的强度	常用于制造切削速度较高的刀具，如车刀、铣刀、钻头等；制造形状复杂、载荷较大的成型刀具，如齿轮型刀、拉刀等
冷作模具钢	Cr12	具有高的硬度、强度和耐磨性	用于制作冷作模具、冲模、冲头、拉丝模、搓丝板、量规等
	Cr12MoV	具有较高的淬透性、硬度、耐磨性和塑性，变形小，但高温塑性差	用于制作各种铸、锻模具及冷切剪刀、圆锯、量规、螺纹滚模等
	9CrWMn	具有较高的淬透性，高硬度、耐磨性和韧性好，变形小	用于制作高精度模具，或工作时不变热的工具及淬火时要求不变形的量具、刃具，如形状复杂的高精度冲模、板牙、拉刀、铣刀、丝锥、量规、样板等
	6W6Mo 5Cr4V	新钢种，具有良好的综合力学性能，冷挤压用钢	制作冷作凹模及上、下冲头等
热作模具钢	5CrMnMo	具有较高淬透性和硬度，良好的韧性、强度和耐磨性	用于制作中型模具
	3Cr2W8V	具有高的热稳定性，高温下具有高硬度、强度、耐磨性和韧性，但塑性较差	用于制作高温高应力下不受冲击的铸、锻模及热金属切刀等
	5CrNiMo	有良好的淬透性	用于制作形状复杂、冲击重载荷的各种大、中型锤锻模
	5CrMo3Si MnVAl	有较高的强韧性、耐冷热疲劳性、淬硬性、淬透性，但耐磨性略有不足	用于冷、热模具及冲头、凹模、压铸模等

4)特殊性能钢。具有特殊物理、化学性能的钢称为特殊性能钢。在机械行业中常用的有不锈钢、耐热钢和耐磨钢等。

特殊性能钢的牌号表示方法和合金工具钢的牌号相同。如不锈钢 2Cr13 表示含碳量为 0.20%，平均含铬量为 13%。当含碳量为 0.03%~0.10% 时，含碳量用 0 表示，含碳量小于等于 0.03% 时，用 00 表示，如 0Cr18Ni9 钢的平均含碳量为 0.03%~0.10%。

①不锈钢。不锈钢是不锈耐酸钢的简称，耐空气、蒸汽、水等弱腐蚀介质或具有不锈性的钢种称为不锈钢，而将耐化学腐蚀介质(酸、碱、盐等化学浸蚀)腐蚀的钢种称为耐酸钢。不锈钢按成分分为铬不锈钢、铬镍不锈钢和铬锰氮不锈钢等，还有用于压力容器的专用不锈钢。

常用不锈钢的牌号、性能及用途见表3-8。

表3-8　常用不锈钢的牌号、性能及用途

新牌号	旧牌号	性能	用途
12Cr13	1Cr13	具有良好的耐腐蚀性、机械加工性	用于韧性要求高、不锈的冲击部件，如刃具、叶片
30Cr13	3Cr13	比12Cr13、20Cr13有更高强度、淬透性和硬度	制作高强度部件，如刃具、喷嘴、阀座、阀门等
32Cr13Mo	3Cr13Mo	在30Cr13钢种加入Mo，改善强度和硬度，耐腐蚀性优于30Cr13	制作较高硬度及高耐磨性的热油泵轴、阀片、阀门轴承、医疗器械弹簧等零件
12Cr17Ni9	1Cr17Ni7	经冷加工有高的强度，大气条件下有较好的耐腐蚀性	用于铁路车辆，传送带、螺栓、螺母

②耐热钢。耐热钢是在高温下具有较高的强度和良好的化学稳定性的合金钢。它包括抗氧化钢和热强钢两类。

常用耐热钢的牌号、特性和用途见表3-9。

表3-9　常用耐热钢的牌号、特性和用途

新牌号	旧牌号	特性和用途
162Cr23Ni13	2Cr23Ni13	承受980 ℃以下反复加热的抗氧化钢。用于加热炉部件、重油燃烧器
45Cr14Ni14W2Mo	4Cr14Ni14W2Mo	700 ℃以下有较高的热强性，用于内燃机重负荷进、排气阀和紧固件，500 ℃以下，用于航空发动机零件
42Cr9Si2	4Cr9Si2	有较高的热强性。750 ℃以下耐氧化。用于内燃机进气阀、轻负载发动机的排气阀
12Cr5Mo	1Cr5Mo	中高温下有好的力学性能，能耐石油裂化过程中产生的腐蚀。用于汽轮机气缸衬套、泵零件、阀、活塞杆、紧固件
14Cr17Ni2	1Cr17Ni2	用于具有较高程度的耐硝酸及有机酸腐蚀的轴类、活塞杆、泵、阀等零件、容器和设备，弹簧、紧固件等

③耐磨钢。耐磨钢主要用于承受严重摩擦和强烈冲击的零件，如挖掘机的铲斗、车辆履带、防弹钢板和保险箱钢板等。性能特点是具有良好的韧性和耐磨性。

高锰钢是典型的耐磨钢，其牌号为ZGMn13，此钢在室温下硬度不高，韧性很好。当其在工作中受到强烈的冲击压力而变形时，表面会产生强烈的硬化使其硬度显著提高，从而获得很高的耐磨性，而心部仍保持高的塑性和韧性。由于高锰钢极易加工硬化，切削加工困难，因此，大多数高锰钢零件是采用铸造成型的。

3.2.2　铸铁

铸铁是碳含量大于2.11％的铁碳合金。工业上常用铸铁的碳含量一般为2.5％～4.0％，除碳外，铸铁中还含有1.0％～12.49％的硅及锰、磷、硫等元素。由于铸铁中碳、硅和杂质元素含量较高，因而其与钢在组织和性能上都有较大的差别。有时为了提高铸铁的力学性能，人们在普通铸铁中加入铬、钼、钒、钛、铜、铝等合金元素，以形成合金铸铁。

铸铁熔炼简单、成本低，与钢相比，虽然铸铁的抗拉强度、塑性及韧性较差，但其具有优良的铸造性能以及良好的减摩性和吸振性，较低的缺口敏感性和良好的切削加工性能，经合金化后还具有良好的耐热性和耐腐蚀性等特点，因此在工业上应用广泛。

根据碳的存在形式，铸铁一般分为白口铸铁、灰铸铁和麻口铸铁。

白口铸铁硬而脆，不易加工，只有少数强韧性要求不高的耐磨件(如磨球、衬板、犁等)使用，在工业上很少应用。麻口铸铁有较大的脆性，工业上也很少使用。工业生产中广泛应用的是灰口铸铁。

按照石墨存在的形态不同，灰口铸铁又可分为灰铸铁、球墨铸铁、蠕墨铸铁和可锻铸铁四种。

1. 灰铸铁

灰铸铁中的碳部分或大部分以片状石墨形式存在，其断口呈暗灰色。根据石墨片的粗细不同，灰铸铁又可分为普通灰铸铁和孕育铸铁两类。普通灰铸铁硬度较低，塑性、韧性较差，但工艺性好，成本低，常用来制造暖气片、机座、气缸、床身等。为提高普通灰铸铁性能，生产中常采用孕育处理的方法生产铸铁，这样的铸铁称为孕育铸铁。其硬度比普通灰铸铁显著提高，但塑性、韧性仍较差，主要用于制造力学性能要求较高、截面尺寸变化较大的大型铸铁件。

我国灰铸铁的牌号以"HT＋数字"来表示，其中"HT"为"灰铁"两字汉语拼音的首字母，后面的数字表示最低抗拉强度(MPa)，如HT150表示最低抗拉强度为150 MPa的灰铸铁。表3-10所示为常用灰铸铁的牌号及用途。

表3-10　常用灰铸铁的牌号及用途

牌号	用途
HT100	手工铸造用砂箱、盖、下水管、底座、外罩、手轮、重锤等
HT150	机械制造业用小型铸件，如手轮、刀架等；机车用一般铸件，如水泵壳、阀体、阀盖等；动力机械中小拉钩、阀门、油泵壳等
HT200	一般运输机械中的气缸体、缸盖等；一般机床中的床身、机座等；通用机械中承受中等压力的泵体、阀体等；动力机械中的轴承座、水套筒等
HT250	运输机械中的薄壁缸体、缸盖；机床横梁、床身、滑板、箱体等；冶金矿山机械中小的轨道板、齿轮；动力机械中小的缸体、缸套、活塞等
HT300	机床导轨、受力较大的机床床身等；通用机械的水泵出口管、吸入盖等；动力机械中的液压阀体、蜗轮、泵壳；大型发动机缸体、缸盖等
HT350	大型发动机气缸体、缸盖、衬套；水泵前缸体、阀体、凸轮等；机床导轨、工作台等摩擦件；需经表面淬火的铸件

2. 球墨铸铁

铁水经过球化处理而使石墨大部分或全部呈球状的铸铁称为球墨铸铁。球墨铸铁强度、塑性和弹性模量均比灰铸铁好，抗磨性比灰铸铁约大 1 倍，减振力比灰铸铁低。它主要用于制造受力比较复杂的零件，如曲轴、齿轮、连杆等。球状石墨对金属基体的危害作用比片状石墨小得多。

球墨铸铁的牌号以"QT＋两组数字"来表示，牌号中的"QT"是"球铁"两字汉语拼音的首字母，后面两组数字分别表示最低抗拉强度（MPa）和最低断后伸长率（％）。球墨铸铁的牌号及用途见表 3-11。

表 3-11　球墨铸铁的牌号及用途

牌号	用途
QT400-17	阀体和阀盖，汽车、内燃机车、拖拉机底盘零件、机床零件等
QT420-10	
QT500-05	机油泵齿轮的轴瓦等
QT600-02	汽油机的曲轴、凸轮，车床主轴，空压机、冷冻机的缸体、缸套等
QT700-02	
QT800-02	
QT1200-01	拖拉机的减速齿轮等

3. 蠕墨铸铁

蠕墨铸铁是在高碳、低硫、低磷的铁水中加入蠕化剂，经蠕化处理后，使石墨变为短蠕虫状的高强度铸铁。这种铸铁的性能介于优质灰铸铁和球墨铸铁之间。冲击韧性及断后伸长率均比球墨铸铁低，而高于灰铸铁。常用于承受循环载荷、要求组织致密、强度要求较高、形状复杂的零件，如气缸套、气缸盖、液压阀等铸铁件。

蠕墨铸铁的牌号以"RuT＋数字"来表示，其中"RuT"表示"蠕"字汉语拼音字母和"铁"字汉语拼音的首字母，后面的数字表示最低抗拉强度（MPa）。蠕墨铸铁的牌号及用途见表 3-12。

表 3-12　蠕墨铸铁的牌号及用途

牌号	用途
RuT420	活塞环、制动盘、钢球研磨盘、泵体等
RuT380	
RuT340	机床工作台、大型齿轮箱体、飞轮等
RuT300	变速器箱体、气缸盖、排气管等
RuT260	汽车底盘零件、增压器零件等

4. 可锻铸铁

可锻铸铁俗称玛钢、马铁。它是由白口铸铁经长时间石墨化退火而获得的高强度铸铁。可锻铸铁中的碳大部分或全部以团絮状形态存在。可锻铸铁退火前很脆，综合力学性能稍逊于球墨铸铁，冲击韧性比灰铸铁高 3～4 倍，是韧性与冲击性最好的一种铸铁，因而被称为可锻铸铁，但其并不能进行锻造生产。可锻铸铁主要用来制造承受冲击和振动的薄壁小型零件，如管件、阀体、建筑脚手架扣件等。

项目 3 机械工程材料的选用

可锻铸铁的牌号以三个字母和两组数字来表示，其中前两个大写字母"KT"表示"可锻铁"两字汉语拼音的首字母，"H"表示"黑心"，"Z"表示珠光体基体，牌号后面两组数字分别表示最低抗拉强度（MPa）和最低断后伸长率值（%）。可锻铸铁的牌号及用途见表 3-13。

表 3-13　可锻铸铁的牌号及用途

牌号	用途
KTH300-06	管道、弯头、接头、三通、中压阀门
KTH330-08	扳手、纺织机盘头
KTH350-10	汽车前后轮壳、铁路扣板、电机壳等
KTH370-12	
KTZ450-06	曲轴、凸轮轴、连杆、齿轮、活塞环、轴套等
KTZ550-04	
KTZ650-02	
KTZ700-02	

✪ 任务 3.3　热处理

3.3.1　热处理概述

金属热处理是将金属或合金工件放在一定的介质中加热到适宜的温度，并在此温度中保持一定时间后，又以不同速度在不同的介质中冷却，通过改变金属材料的表面或内部的显微组织结构来控制其性能的一种工艺。在各种金属材料和制品的生产过程中，热处理是不可缺少的重要环节之一。

1. 热处理的目的

金属材料进行热处理能使其具有所需的力学性能、物理性能和化学性能；提高产品的使用性能，延长使用寿命；改善其工艺性能，提高加工质量，减少刀具的磨损；提高经济效益。

2. 热处理工艺的特点和适用范围

热处理工艺的特点是只改变材料的微观组织来改变其性能，不改变其宏观形状。因此只适用于固态下发生相变的材料，即具有同素异构转变的材料，如 Fe、Co、Ti、Mn、Sn 等。

3. 热处理分类

在工业上实际应用的热处理工艺，尽管其形式和工艺参数各不相同，但就其热处理的基本过程来说，无论哪一种热处理工艺，都是由加热、保温和冷却三个阶段组成的，并且整个工艺过程都可以用加热速度、加热温度、保温时间、冷却速度等几个基本工艺参数来描述，如图 3-11 所示。

根据加热和冷却方式及应用特点的不同，钢的热处理工艺方法分类如图 3-12 所示。

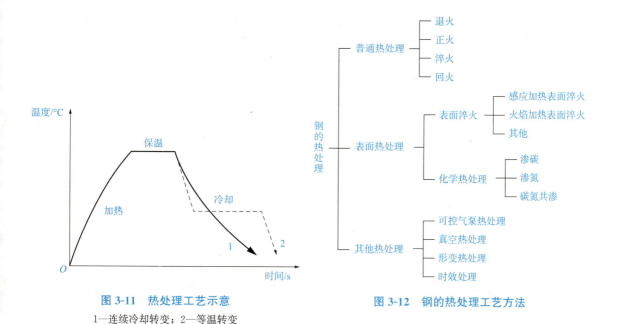

图 3-11　热处理工艺示意
1—连续冷却转变；2—等温转变

图 3-12　钢的热处理工艺方法

生产中比较重要的机械零件，其制造过程：毛坯(铸造或锻造)→退火或正火→机械(粗)加工→淬火＋回火→机械(精)加工等工序。按照热处理在工艺路线中的作用及工序位置，热处理工艺常可分为预先热处理和最终热处理。预先热处理一般安排在机械加工之前，处理的对象常为毛坯，通常采用退火或正火。最终热处理的对象是成品或半成品，通常采用淬火(或表面淬火、化学热处理)、回火等。

3.3.2　普通热处理

1. 钢的退火和正火

(1)退火工艺及其应用。将钢加热到适当的温度，保温一定时间，然后缓慢冷却，以获得接近平衡组织的热处理工艺称为退火。退火最大的工艺特点是缓慢冷却。退火可使钢的硬度降低，属于软化处理。退火的目的通常为使钢的化学成分和组织均匀、细化晶粒、调整硬度、消除内应力、改善切削加工性能及为淬火做好组织准备等。

(2)正火工艺及其应用。正火是将钢加热到 A_{c3} 或 A_{cm} 以上 30 ℃～50 ℃，保温至其完全奥氏体化后出炉，在空气中冷却，以得到较细珠光体类组织的热处理工艺。

正火与退火的主要区别是正火加热温度较退火高，冷却速度比退火快，得到的组织较细小，强度和硬度有所提高，操作简便，生产周期短，成本较低。低碳钢和低碳合金钢经正火后，可提高硬度，改善切削加工性能(170～230 HBS 范围内金属切削加工性较好)；对于过共析钢，可消除二次渗碳体网，为球化退火做好组织准备；对于使用性能要求不高的零件，以及某些大型或形状复杂的零件，当淬火有开裂危险时，可采用正火作为最终热处理。

在机械零件和模具等加工过程中，退火和正火一般作为预先热处理被安排在毛坯生产之后，粗或半精加工之前。

2. 钢的淬火

淬火是将钢加热到临界点 A_{c3} 或 A_{c1} 以上一定温度，保温后以大于临界冷却速度的速度冷却，使奥氏体转变为马氏体的一种热处理工艺。它是热处理工艺中最重要和应用最为广泛的关键工序，可以显著提高钢的硬度和强度，是钢件热处理强化最重要的手段之一。淬火的目的是获得尽可能多的马氏体，以保证钢在回火后具有良好的力学性能。在生产中，重要的机械零件都要进行淬火处理。

常用的淬火冷却介质有油、水、盐水、碱水等，其冷却能力由油至碱水依次增加。

3. 钢的回火

回火是将淬火钢重新加热到不超过 A_{c1} 的某一温度，保温一定时间，使淬火组织转变成稳定的回火组织，然后以适当方式冷却至室温的一种热处理工艺。钢件淬火后不能直接使用，一般要经过回火处理。

(1)回火的目的。

1)消除内应力。通过回火减小或消除工件在淬火时产生的内应力，防止工件在使用过程中的变形和开裂。

2)获得所需的力学性能。通过回火可提高钢的韧性，适当调整钢的强度和硬度，使工件具有较好的综合力学性能。

3)稳定组织和尺寸。回火可以使钢的组织稳定，从而保证工件在使用过程中尺寸稳定。

(2)回火的分类及应用。回火时，回火温度是决定钢的组织和性能的主要因素，按照回火温度的不同可将回火分为以下三种。

1)低温回火(150 ℃～250 ℃)。低温回火的目的是在保持淬火钢高硬度和高耐磨性的前提下，降低其淬火内应力和脆性，提高工件的韧性。低温回火主要用于各种高碳钢制造的工具、模具、滚动轴承以及渗碳和表面淬火零件。低温回火后的工件硬度一般为 58～64 HRC。制造刀具和量具用的碳素工具钢回火温度常低于 200 ℃。

2)中温回火(250 ℃～500 ℃)。中温回火的目的是得到回火托氏体组织。这种组织具有高的弹性极限和屈服极限，同时也具有良好的韧性，中温回火后的工件硬度一般为 35～50 HRC。中温回火主要用于弹簧和热作模具的热处理。生产中某些结构零件采用淬火后进行中温回火代替传统的调质工艺，如此可提高这些零件的强度和冲击疲劳强度，中温回火的应用范围因而有所扩大。

3)高温回火(500 ℃～650 ℃)。高温回火后得到的组织为回火索氏体。这种组织具有良好的综合力学性能，即强度、塑性和韧性都比较好。高温回火后的工件硬度一般为 250～350 HBS。生产中常将淬火后进行高温回火称为调质处理。调质处理广泛用于各种重要的机械零件(特别是在交变载荷下工作的连接件和传动件)，如连杆、螺栓、齿轮及轴等。此外调质处理还可以用于某些精密零件，如丝杆、量具、模具等的预先热处理，这是由于均匀、细小的回火索氏体组织能有效地减少工件淬火变形和开裂倾向。

3.3.3 表面热处理

许多机器零件(如齿轮、凸轮、曲轴等)是在弯曲、扭转载荷下工作，同时受到强烈的摩擦、磨损和冲击，这时应力沿工件断面的分布是不均匀的，越靠近表面应力越大。这种工件需要一定厚度的表层得到强化，表层硬而耐磨，心部仍可保留高韧性状态，要同时满足这些要求，仅仅依靠选材是比较困难的，用普通的热处理也无法实现。这时可通过表面热处理的手段来满足工件的使用要求。

1. 钢的表面淬火

表面淬火的基本原理是利用快速加热使零件表面在很短的时间内达到淬火温度，在热量尚未传至心部时立即快速冷却淬火，使零件表面获得硬而耐磨的马氏体组织，而心部保持原有的塑性、韧性较好的退火、正火或调质组织不变。表面淬火可使零件具有内韧外强、表面耐磨的特点，使零件综合性能整体提高。

表面淬火方法有感应加热表面淬火、火焰加热表面淬火、电接触加热表面淬火、电子束加热表面淬火及激光加热表面淬火等，其中应用最广的是前两种。图 3-13 所示为感应加热示意。

2. 钢的化学热处理

化学热处理是将钢件置于某种化学介质中加热并经较长时间保温，使介质中的活性原子渗入工件表面，以改变工件表层的化学成分和组织，从而使工件表面获得某些特殊的力学性能或物理

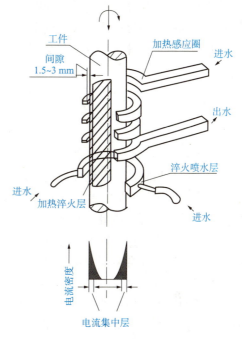

图 3-13　感应加热示意

化学性能的热处理方法。与表面淬火相比，化学热处理的主要特点是工件表面层不仅有组织的变化，而且还有化学成分的变化。

化学热处理和表面淬火都属于表面热处理，但化学热处理后钢件表面可获得比表面淬火更高的硬度、耐磨性和疲劳强度。通过适当的化学热处理还可以使工件表层具有减摩、耐腐蚀等特殊性能。因此，化学热处理在生产中得到了越来越广泛的应用。

（1）钢的渗碳。渗碳是将钢加热至高温奥氏体状态（900 ℃～930 ℃），向其表面渗入碳原子的过程。

有很多重要的零件（如汽车变速箱齿轮、活塞销、摩擦片等）都是在交变载荷、冲击载荷、大的接触应力和强烈磨损条件下工作的，因此要求零件表面具有高的硬度、高耐磨性和高的疲劳极限，而心部具有较高的塑性、韧性和足够的强度。中碳钢经过表面淬火后的硬度和耐磨性仍难于满足这类零件的耐磨性要求；高碳钢淬火后零件表面虽能够获得高硬度和高耐磨性，但整体韧性太差，综合性能不好。

为了解决上述问题，生产中这类零件选用 $w_c = 0.10\% \sim 0.25\%$ 的低碳钢或低碳合金钢进行渗碳处理，使其表面形成一定深度的高碳层，经淬火、低温回火后，使零件表层具有高硬度、高耐磨性及高的接触疲劳强度；而心部仍保持低碳成分和低碳组织，使零件仍具有良好的塑性和韧性。因此，渗碳可使一种材料制作的机器零件同时兼有高碳钢和低碳钢的性能，从而使这些零件既能承受磨损和较高的接触应力，同时又能抵抗弯曲应力及冲击载荷。

（2）钢的渗氮。在钢件表面渗入氮原子，形成富氮硬化层的化学热处理工艺称为渗氮，通常也称为氮化。渗氮目的是提高工件的表面硬度、耐磨性、疲劳极限及耐腐蚀性等。渗氮主要用于耐磨性、耐腐蚀性和精度要求高的零件。

(3)碳氮共渗。碳氮共渗是向工件表面同时渗入碳原子和氮原子的化学热处理工艺，也叫作氰化。其主要目的是提高工件表面的硬度和耐磨性。常用的是气体碳氮共渗，具有温度低，时间短，变形小，硬度高，耐磨性好，生产效率高等优点。气体碳氮共渗用钢大多为低碳或中碳的碳钢、低合金钢及合金钢，主要用于机床和汽车上的各种齿轮、蜗轮及轴类等零件。

✴ 任务 3.4 有色金属材料

除黑色金属(钢、铁)以外的所有金属材料称为有色金属材料。

与黑色金属相比，有色金属具有许多优良性能，如铝、铜、镁、钛等金属及其合金具有比强度(强度/密度)高、导电性或导热性好、耐腐蚀性及耐热性高等性能。因其有着钢铁材料无法替代的性能，因此，在机电、仪表，特别是航海、航空、航天等领域具有重要的作用。此外还有钨、钼、钽、铌等金属及其合金的熔点高，是制造耐高温零件及电真空元件的理想材料；钛及其合金是理想的耐腐蚀材料等。虽然有色金属因其价格高，产量和用量都很低，在机械制造业中仅占5％左右，但由于它们具有钢铁材料无法替代的特殊性能，因而在现代工业中是不可缺少的材料。在机械工业中应用较多的有色金属材料有铝及铝合金、铜及铜合金、钛及钛合金和轴承合金等。

3.4.1 铝及其合金

1. 铝及铝合金的特点

(1)密度小、比强度高。密度仅为钢铁材料的1/3左右；比强度比一般高强度钢高得多。

(2)优良的物理、化学性能。铝的导电性好，仅次于银、铜和金；抗氧化能力强，磁化率低，接近非磁性材料。

(3)加工性能良好。塑性很好，可以冷成型；切削加工性能和铸造性能好。

铝及铝合金是仅次于钢铁材料的常用金属材料，在工业和民用中都有大量的应用。

2. 纯铝

根据《变形铝及铝合金牌号表示方法》(GB/T 16474—2011)，铝含量不低于99.00％时称为纯铝。

(1)纯铝的牌号。纯铝的牌号用1×××表示，系列中第二位字母(或数字)用来区分原始纯铝与改型铝，最后两位数字表示含铝的纯度，如1A50的第一位数字为"1"表示纯铝，第二位字母为"A"(或数字为"0")表示原始纯铝，最后两位数字"50"表示其纯度为99.50％；又如1B30表示经过改型的99.30％纯铝，其杂质必须特别控制。

(2)纯铝的分类及用途。纯铝按含铝量可分为工业纯铝、工业高纯铝和高纯铝三种。

1)工业纯铝(纯度为99.0％～99.85％)，牌号有1070A、1060、1050A、1035、1200。其中，1070A、1060和1050A用于高导电体、电缆、导电机件和防腐机械；1035和1200用于器皿、管材、棒材、型材和铆钉等。

2)工业高纯铝(纯度为99.95％～99.996％)，用于制造铝箔、包铝及冶炼铝合金。

3)高纯铝(纯度为＞99.99％)，用于特殊化学机械、电容器片和科学研究等。

3. 铝合金

纯铝的强度低，不宜用来制作承受载荷的结构零件，在铝中加入硅、铜、镁、锌、锰等元素制成较高强度的铝合金。通过冷变形强化或热处理，还可进一步提高其强度。铝合金的比强度高，耐腐蚀性和切削加工性好，在航空、汽车、造船、建筑、化工、机械等各工业部门有广泛应用。

(1)铝合金的分类。铝合金按其成分和工艺特点的不同可分为变形铝合金和铸造铝合金。

1)变形铝合金。变形铝合金是通过冲压、弯曲、轧、挤压等工艺使其组织、形状发生变化的铝合金。

①变形铝合金的分类。变形铝合金有热处理强化铝合金，包括硬铝合金、超硬铝合金、锻造铝合金；还有热处理不可强化的铝合金，主要是各种防锈铝合金。

②变形铝合金的牌号。变形铝合金的牌号由4位字符组成，用$2\times\times\times\sim8\times\times\times$系列表示。四个字符的说明见表3-14。

表 3-14　变形铝合金牌号的表示方法

牌号示例	第一位数字	第二位数字(字母)	第三、四位数字
$1\times\times\times$	1：工业纯铝		
$2\times\times\times$	2：Al-Cu 合金		
$3\times\times\times$	3：Al-Mn 合金	数字"1～8"：表示原始纯铝或铝合金的改型；	
$4\times\times\times$	4：Al-Si 合金		无实际意义，只表示同一组中纯度不同的铝合金
$5\times\times\times$	5：Al-Mg 合金	字符"A"：原始纯铝或铝合金；	
$6\times\times\times$	6：Al-Mg-Si 合金	"B～Y"：表示原始纯铝或铝合金的改型	
$7\times\times\times$	7：Al-Zn-Mg 合金		
$8\times\times\times$	8：Al-Li，Sn，Zr 或 B 合金		

常用变形铝合金的牌号、性能和用途见表3-15。

表 3-15　常用变形铝合金的牌号、性能和用途

类别	常用牌号	性能	用途
防锈铝	5A02	铝镁系列防锈铝，强度、塑性、耐腐蚀性好，具有较高的抗疲劳强度，热处理不可强化	油介质中工作的结构件及导管，中等载荷的零件装饰件、焊条、铆钉等
	5A05 5B05	铝镁系列防锈铝，耐腐蚀性好，强度与5A02类似，不能热处理强化，退火状态塑性好	5A05多用于在液体环境中工作的零件，如管道、容器等；5B05多用作连接铝合金、镁合金的铆钉
	3A21	铝锰系合金，强度低，退火状态塑性高，冷作硬化状态塑性低、耐腐蚀性好，焊接性较好，不可热处理强化，是一种应用最为广泛的防锈铝	用于在液体或气体介质中工作的低载荷零件，如油箱、导管及各种异型容器

类别	常用牌号	性能	用途
硬铝	2A01	强度低，塑性高，耐腐蚀性差，点焊焊接良好，切削加工性尚可，工艺性能良好	是主要的铆接材料，用来制造工作温度小于100 ℃的中等强度的结构用铆钉
硬铝	2A11	一般称为标准硬铝，中等强度，点焊焊接性良好，可热处理强化，耐腐蚀性不差	用作中等强度的零件，如空气螺旋桨叶片、螺栓铆钉等
硬铝	2A12	高强度硬铝，点焊焊接性良好，可做热处理强化，耐腐蚀性差	用来制造高负荷零件，其工作温度在150 ℃以下的飞机骨架、框隔、翼梁、翼肋、蒙皮等
超硬铝	7A04	属高强度合金，在淬火及退火状态下塑性尚可，可做热处理强化，强度较一般硬铝高很多，但塑性较低，合金点焊焊接性良好，气焊不良，热处理后可切削加工性良好	用于制造主要承力结构件，如飞机上的大梁、桁条、加强框、蒙皮、翼肋、接头、起落架等
超硬铝	7A09	属高强度铝合金，在退火和淬火状态下的塑性稍低于同样状态的2A12，稍优于7A04，板材的静疲劳、缺口敏感、应力腐蚀性能优于7A04	用于制造飞机蒙皮等结构件和主要受力零件
锻铝	6A02	具有中等强度，退火和热态下有高的可塑性，淬火自然时效后塑性尚好，且这种状态下的耐腐蚀性可与3A21相比	制造承受中等载荷、要求有高塑性和高耐腐蚀性，且形状复杂的锻件和模锻件，如发动机曲轴箱、直升机桨叶
锻铝	2A50	热态下塑性较高，易于锻造、冲压。强度较高，在淬火及人工时效时与硬铝相近，工艺性能较好，但有挤压效应	用于制造要求中等强度且形状复杂的锻件和冲击件

2)铸造铝合金。铸造铝合金是以熔融金属充填铸型，获得各种形状零件毛坯的铝合金。

①铸造铝合金的性能。具有密度低、比强度较高，耐腐蚀性和铸造工艺性好，受零件结构设计限制小等优点。

②铸造铝合金的牌号。铸造铝合金的牌号用 ZAl 加三位阿拉伯数字组成。"Z"为"铸"字汉语拼音的字头，"Al"为"铝"的元素符号，第一位数字表示合金系列，其中 1、2、3、4 分别表示铝硅、铝铜、铝镁、铝锌系列，ZAl 后面第二、三位数字表示合金的顺序号。优质合金在其代号后附加字母"A"。

(2)常用铸造铝合金的牌号、性能和用途见表 3-16。

表 3-16　常用铸造铝合金的牌号、性能和用途（摘自 GB/T 1173—2013）

类别	常用牌号	性能	用途
铝硅合金	ZAlSi7Mg	耐腐蚀性、力学性能和铸造性能良好，易气焊	用于制作形状复杂、承受中等载荷、工作温度不高于200 ℃的零件，如飞机零件、仪器零件、抽水机壳体、水冷发动机气缸体等
铝硅合金	ZAlSi5Cu1Mg	强度高、切削加工性好	用于制作形状复杂、承受较高静载荷，以及要求焊接性良好、气密性高或在225 ℃以下工作的零件，如发动机的气缸盖、油泵壳体、曲轴箱、内燃机活塞等

类别	常用牌号	性能	用途
铝铜合金	ZAlCu5Mn	焊接性和切削加工性良好，铸造性能差，耐腐蚀性差	用于制作在 175 ℃～300 ℃下工作的零件，如支臂、挂梁，也可用于制作低温下（－70 ℃）承受高载荷的零件
	ZAlCu4	强度较高，塑性好，可切削加工性和焊接性能良好，耐腐蚀性差，耐热性不高，铸造性能差，气密性一般	用于铸造形状简单、承受中等静载荷或冲击载荷、工作温度不高于 200 ℃并要求切削加工性良好的小型零件，如曲轴箱、支架、飞轮盖等
铝镁合金	ZAlMg10	可热处理强化，耐腐蚀性良好，强度高、塑性和韧性良好，可切削加工性和抛光性好，耐热性不高，焊接性较差，铸造性能差	用于制作承受冲击载荷、高静载荷及耐海水腐蚀、工作温度不高于 200 ℃的零件
	ZAlMg5Si1	耐腐蚀性良好，铸造性能尚可，在铸态下有一定的力学性能，可切削加工性和抛光性好，耐热性和焊接性均好于 ZAlMg10	用于铸造同腐蚀介质接触和在较高温度（220 ℃）下工作、承受中等载荷的船舶、航空及内燃机车零件
铝锌合金	ZAlZn11Si7	铸造性好，耐腐蚀性差	用于制造工作温度低于 200 ℃、形状复杂的大型薄壁零件及承受高的载荷而不便热处理的零件
	ZAlZn6Mg	可热处理强化，耐腐蚀性好，经时效处理后，可获得较高的综合力学性能，切削加工性良好，铸造性尚可，焊接性一般，热强性较低，密度大	用于制作高强度的零件及承受高的静载荷和冲击载荷而又经热处理的零件，如空压机活塞、飞机起落架

3.4.2　铜及铜合金

在有色金属中，铜的产量仅次于铝。铜及其合金在我国有悠久的使用历史，而且使用范围很广。

1. 纯铜

根据《铜及铜合金术语》（GB/T 11086—2013）的规定，纯铜是指纯度高于 99.70％的工业用金属铜，俗称紫铜。纯铜的熔点为 1 083 ℃，密度为 8.93 g/cm³（比钢的密度大 15％左右）。纯铜具有高的导电性、导热性和耐腐蚀性，还具有良好的化学稳定性，在大气、淡水及冷凝水中均有优良的耐腐蚀性能；但在海水中耐腐蚀性差，易被腐蚀。

工业纯铜中含有质量分数为 0.1％～0.5％的杂质（如 Pb、Bi、O、S、P 等），它们使铜的导电能力降低。纯铜的强度低，不适于做结构材料。工业上结构零件用的是铜合金。铜合金的分类方法主要有三种：

（1）按照成型方法可分为铸造铜合金和压力加工铜合金。

（2）按照合金系可分为黄铜、青铜和白铜。

（3）按照功能（或特性）可分为结构用铜合金、导电热用铜合金、耐磨铜合金、记忆铜合金、超塑性铜合金、艺术(装饰)铜合金等。

2. 铜合金

以下按合金系的分类对铜合金进行介绍。

(1)黄铜。Cu-Zn 合金或以 Zn 为主要加入合金元素的铜合金称为黄铜。黄铜的含锌量为 0~50%,它具有较好的力学性能,并易加工成型,在大气和海水中有较好的耐腐蚀性,价格低且色泽美丽,是应用最广的铜合金。

黄铜按其所含合金元素种类分为普通黄铜(只以 Zn 为合金元素)和特殊黄铜(含其他合金元素);按生产方式分为压力加工黄铜和铸造黄铜。

1)普通黄铜的牌号以"H+铜含量"表示,"H"是"黄"的汉语拼音字头,如 H70 表示含铜量为 70%的黄铜。

2)特殊黄铜的牌号用"H+第二添加元素化学符号+铜含量-除锌以外的各添加元素含量(数字间以"-"隔开)"表示,如 HMn58-2 表示含铜量为 58%、含锰量为 2%的特殊黄铜,称为锰黄铜。

3)铸造黄铜。铸造黄铜含有较多的 Cu 及少量合金元素(如 Pb、Si、Al 等),它的熔点比纯铜低,流动性较好,具有良好的铸造成型能力,铸件组织致密,偏析较小,耐磨性好,耐大气、海水的腐蚀性能也较好。用于制作在淡水、海水、蒸汽中工作的零件,如阀体、阀杆、泵管接头等。

铸造黄铜的牌号用"ZCuZn+数字(锌的百分含量)+其他元素符号+数字(其他元素的百分含量)"表示,如 ZCuZn40Mn2 表示含锌量为 40%、含锰量为 2%的特殊铸造黄铜。

(2)白铜。以铜为基体金属、以镍(Ni)为主加元素合金称为白铜。

根据国家标准《铜及铜合金牌号和代号表示方法》(GB/T 29091—2012)的规定,普通白铜的牌号用"B+镍含量"表示,如 B30 表示镍含量为 30%的普通白铜。复杂白铜以"B+第二主添加元素符号+镍含量+各添加元素含量(数字间以"-"隔开)"命名,如 BMn3-12 表示镍含量为 3%、锰含量为 12%、余量为 Cu 的复杂白铜。

工业白铜有较好的强度和优良的塑性,能进行冷、热变形(冷变形能提高强度和硬度),耐腐蚀性很好,电阻率较高,主要用于制造船舶仪器零件、化工机械零件及医疗器械等。锰白铜可用于制作热电偶丝。

(3)青铜。青铜是人类历史上应用最早的合金。除黄铜和白铜以外的其他铜合金(含有 Sn、Al、Si、Pb、Be、Mn 等元素)称为"青铜"。由于合金呈青白色而得名青铜。青铜在铸造时体积收缩量很小,流动性好,耐腐蚀性好,并有极高的耐磨性,从而得到广泛的应用。

青铜按生产方式分为压力加工青铜和铸造青铜两类。

压力加工青铜的牌号是用"Q+第一主添加元素符号+各添加元素含量(数字间以"-"隔开)"表示。如 QAl5 表示铝含量为 5%的铝青铜,QSn4-3 表示锡含量为 4%、锌含量为 3%的锡青铜。

铸造青铜的牌号表示是由"Z"和铜的元素符号、主要合金元素符号以及表明合金元素名义含量的数字组成;当合金元素多于两种时,合金牌号中应列出足以表明合金主要特性的元素符号及其名义含量的数字。例如 ZQSn10-5 表示锡含量为 10%、铅含量为 5%,其余为铜的铸造锡青铜。此外,青铜的牌号还可以用"ZCu+主加合金元素符号及质量分数+其他元素及质量分数+…"表示，例如 ZCuSn10Pb5 表示锡含量为 10%、铅含量为 5% 的铸造锡青铜。

3.4.3　钛及钛合金

钛及钛合金质量小、强度高(抗拉强度最高可达 1 400 MPa，和某些高强度合金钢相近)，具有良好的低温性能[在−253 ℃(液氢温度)下强度高]，还有良好的塑性和韧性，且有优良的耐蚀性、耐高温性能。虽然钛资源丰富，但钛及钛合金的加工条件较复杂，而且要求严格，成本高，在很大程度上限制了它们的应用。

1. 纯钛

钛是灰白色轻金属，其密度小(4.507 g/cm³，约为铜的 50%)，熔点为 1 668 ℃；热膨胀系数小，使它在高温工作条件下或热加工过程中产生的热应力小；导热性差，加工钛的摩擦系数大($\mu=0.2$)，使切削、磨削加工困难；塑性好，强度低，易于加工成型，可制成板材、管材、棒材和线材等。钛在大气中十分稳定，表面生成致密氧化膜，使它具有耐腐蚀作用并有光泽，但当加热到 600 ℃ 以上时，氧化膜就失去保护作用。钛在海水和氯化物中具有优良的耐腐蚀性，在硫酸、盐酸、硝酸、氢氧化钠等介质中都有良好的稳定性，但不能抵抗氢氟酸的侵蚀作用。

钛具有良好的工艺性能，锻压后退火处理的钛可碾压成 0.2 mm 厚的薄板或冷拔成细丝。其切削加工性能和不锈钢类似。钛可在氢气中进行焊接，焊后进行正火，焊缝强度与原材料相近。钛在高温下是极为活泼的金属，所以钛的冶炼工艺较为严格和复杂，致使成本提高。

工业纯钛中常含少量的氮、碳、氧、氢、铁和镁等杂质元素，这些杂质元素能使钛的强度、硬度显著增加，塑性、韧性明显降低。工业纯钛按杂质含量不同共分为三种，即 TA1、TA2、TA3，编号越大，杂质越多。工业纯钛可用于制作在 350 ℃ 以下工作、强度要求不高的零件。

2. 钛合金

在钛中加入合金元素，可形成钛合金。

根据组织的状态，钛合金可分为三类：α 型及近 α 型钛合金、β 型及近 β 型钛合金和(α+β)型钛合金，其牌号分别用 TA、TB 和 TC 加上编号表示。

(1)α 钛合金。用于使用温度不超过 500 ℃ 的零件，如导弹的燃料罐、航空发动机压气机的叶片和管道、超声速飞机的涡轮机匣和宇宙飞船的高压低温容器等。

(2)β 钛合金。主要用于制造各种整体热处理(固溶、时效)的板材冲压件和焊接件，如压气机叶片、轮盘、轴类等重载荷旋转以及飞机的构件等。

(3)(α+β)钛合金。使用量最多(占钛及其合金总用量的 50% 以上)，应用最广的牌号是 TC4，其成分为 Ti-6Al-4V。TC4 合金适用于制造 400 ℃ 以下和低温下工作的零件，如火箭发动机外壳、航空发动机压气机盘和叶片、压力容器、化工用泵、火箭和导弹的液氢燃料箱部件等。

3.4.4 镁合金

纯镁的力学性能较低，实际应用时，一般在纯镁中加入一些合金元素，制成镁合金。镁经过合金化及热处理之后，其强度可达 300～350 MPa，密度小、比强度和比刚度高，是航空工业的重要金属材料。镁合金的导热和导电性好，兼有良好的阻尼减振和电磁屏蔽性能，易于加工成型，废料容易回收。

1. 镁合金分类

按成型工艺，镁合金可分为铸造镁合金和变形镁合金，两者在成分、组织性能上存在很大差异。

（1）铸造镁合金。铸造镁合金是指采用铸造的方式制备和生产出铸件直接使用的镁合金，主要用于汽车零件、机件壳罩和电器构件等。

按合金化学元素分为 Mg-Al-Zn 系铸造镁合金，Mg-Al-Zr 系铸造镁合金和 Mg-RE-Zr 系铸造镁合金。

1）铸造镁合金的牌号。铸造镁合金牌号由镁及主要合金元素的化学元素符号组成（混合稀土用 RE 表示），主要合金元素后面跟有表示其含量的数字，在合金牌号前面冠以字母"Z"表示铸造合金。如 ZMgAl10Zn 表示主加元素铝的名义含量为 10％、次加元素 Zn 的名义含量为 1％的铸造镁合金。

2）铸造镁合金的性能与应用。铸造镁合金在航天、航空工业上应用较多，其他工业领域（如仪表、工具等）也有应用。铸造镁合金除了密度小外，还由于铸造工艺能满足零部件结构复杂的要求，能铸造出外形上难以进行机械加工、刚度高的零部件。铸造镁合金具有优良的切削加工性能，很高的振动阻尼容量，能承受冲击载荷，可制作承受振动的部件。

（2）变形镁合金。变形镁合金是指用挤压、轧制、锻造和冲压等塑性成型方法加工的镁合金，主要用于薄板、挤压件和锻件等。

1）变形镁合金的牌号。变形镁合金的牌号以"英文字母＋数字＋英文字母"的形式表示。前面的英文字母是其最主要的合金组成元素代号，其后的数字表示其主要的合金组成元素的大致含量。最后面的英文字母为标识代号，用以标识各具体组成元素相异或者元素含量有微小差别的不同合金。例如，牌号 ZK40A 的字母和数字代表的含义如下：字母 Z 代表名义质量分数最高的合金元素为锌，字母 K 代表名义质量分数次高的合金元素为锆，数字 4 表示锌的质量分数大致为 4％，数字 0 表示锆的质量分数小于 1％，字母 A 为标识代号。

2）变形镁合金的性能与应用。

①Mg-Mn 系合金具有良好的耐腐蚀性和焊接性，使用温度不超过 150 ℃，主要用于制作飞机蒙皮、壁板及宇航结构件。

②Mg-Al-Zn-Mn 系合金具有良好的室温力学性能和焊接性，主要用于制造飞机舱门、壁板及导弹蒙皮。

③Mg-Zn-Zr 系合金具有较高的拉伸与压缩屈服极限、高温瞬时强度及良好的成型和焊接性能，但塑性中等，主要用于制造飞机操作系统的摇臂、支座等。

④Mg-Li 系合金是新型的镁合金，其密度小、强度高、塑性及韧性好、焊接性好、缺口敏感性低，在航空、航天工业中具有良好的应用前景。

3.4.5 滑动轴承合金

滑动轴承是汽车、拖拉机、机床等机器中的重要部件，如汽车发动机的主轴承、曲柄销轴承、活塞销轴承等。制造滑动轴承的轴瓦及其内衬的耐磨合金称为滑动轴承合金。

1. 滑动轴承对轴承合金的性能要求

(1)在轴瓦工作温度下具有足够的疲劳强度、抗压强度、硬度及足够的塑性和韧性。

(2)具有低的摩擦系数、良好的磨合性和亲油性。

(3)具有良好的导热性、耐腐蚀性及较小的膨胀系数。

(4)具有良好的工艺性能，即易于铸造和切削加工。

(5)价格低，易于获得。

2. 滑动轴承合金的分类

根据基体材料的不同，常用的滑动轴承合金有锡基轴承合金、铅基轴承合金、铝基轴承合金、铜基轴承合金等。

(1)锡基轴承合金。锡基轴承合金是以锡为基础，加入锑、铜等元素组成的合金，又称巴氏合金。其优点是具有良好的塑性、导热性和耐腐蚀性，而且摩擦系数和膨胀系数小，适合制作重要轴承，如汽轮机、发动机和压气机等大型机器的低速轴瓦；缺点是疲劳强度低，工作温度较低(不高于150 ℃)，价格较高。

锡基轴承合金的牌号表示方法与其他铸造非铁金属相同，例如 ZSnSb4Cu4 表示含锑的平均质量分数为 4%、铜的平均质量分数为 4% 的锡基轴承合金。巴氏合金的价格较高，且力学性能较差，通常是采用铸造的方法将其镶铸在钢的轴瓦上形成双金属轴承。

(2)铅基轴承合金。铅基轴承合金是以铅为基体，加入锑、锡、铜等元素组成的合金。铅基轴承合金的强度、硬度、导热性和耐腐蚀性均比锡基轴承合金低，而且减摩系数较大，但价格低。它适合制造中、低载荷的轴承，如汽车、拖拉机曲轴轴承、铁路车辆轴承等。典型牌号是 ZPbSb16Sn16Cu2。

(3)铜基轴承合金。铜基轴承合金通常有锡青铜和铅青铜。铜基轴承合金具有高的疲劳强度和承载能力，优良的耐磨性，良好的导热性，摩擦系数低，能在 250 ℃ 以下正常工作。它适合制造高速、重载下工作的轴承，如高速柴油机、航空发动机轴承等。典型牌号是 ZCuPb30。

(4)铝基轴承合金。铝基轴承合金是以铝为基础，加入锡等元素组成的合金。这种合金的优点是导热性、耐腐蚀性、疲劳强度和高温强度均高，而且价格低。缺点是膨胀系数较大，抗咬合性差。以高锡铝基轴承合金应用最广泛，适合制造高速、重载的发动机轴承。

⊛ 任务 3.5 非金属材料

非金属材料由于资源丰富、能耗低，具有优良的理化性能和力学性能，广泛应用于国民经济各个领域，如机械、化工、交通运输、航空航天及电子、通信等领域。工程上常用的非金属材料包括高分子材料、陶瓷材料、复合材料和其他新型材料。

3.5.1 高分子材料

高分子材料也称为聚合物材料，是以高分子化合物为基体，再配有其他添加剂所构成的材料。

高分子材料按来源分为天然高分子材料和合成高分子材料两大类。天然高分子材料有蚕丝、羊毛、纤维素、淀粉、蛋白质、天然橡胶等；合成高分子材料主要是指塑料、合成橡胶和合成纤维，此外还包括胶粘剂、涂料以及各种功能性高分子材料。工程上的高分子材料多指由人工合成的各种有机高分子材料。高分子材料具有较小的密度，较高的力学性能、耐磨性、耐腐蚀性和电绝缘性等。

1. 塑料

塑料是指以聚合物为主要成分，在一定条件（温度、压力等）下可塑成型并且在常温下保持其形状不变的材料。

（1）塑料根据加热后的情况可分为热塑性塑料和热固性塑料。

1）热塑性塑料。

①性能特点。受热软化、熔融，具有可塑性，可塑制成一定形状的制品，冷却后坚硬；再热又可软化，塑制成另一形状的制品，可以反复重塑，而其基本性能不变。

②优点。成型工艺简便，形式多种多样，生产效率高，可以直接注射或挤压、吹塑成所需要形状的制品，而且具有一定的物理、力学性能。

③缺点。耐热性和刚性都较差，最高使用温度一般只有120 ℃左右，使用时不能超过温度极限，否则就会引起变形。

④种类。常用的有聚乙烯、聚丙烯、聚氯乙烯、聚苯乙烯及其共聚物 ABS 塑料、聚甲醛、聚碳酸酯、聚酰胺（尼龙）、聚砜等。

常用热塑性塑料的特点及用途见表 3-17。

表 3-17　常用热塑性塑料的特点及用途

塑料名称	特点	用途
硬聚氯乙烯 （PVC）	1. 耐腐蚀性能好，除强氧化性酸（浓硝酸、发烟硝酸）、芳香族及含氟的碳氢化合物和有机溶剂外，对一般的酸、碱介质都是稳定的。 2. 机械强度高，特别是冲击韧性优于酚醛塑料。 3. 电性能好。 4. 软化点低，使用温度为－10 ℃～＋55 ℃	1. 可代替铜、铅、不锈钢等金属材料制作耐腐蚀设备与零件。 2. 可制作灯头、插座、开关等
改性聚苯乙烯 （PS）	1. 有较好的韧性和一定的抗冲击性能。 2. 有优良的透明度（与有机玻璃相似）。 3. 化学稳定性及耐水、耐油性能都较好，并易于成型	制作透明结构零件，如汽车用各种灯罩、电气零件等
ABS	1. 具有良好的综合性能，即高的冲击韧性和良好的机械强度。 2. 优良的耐热、耐油性能和化学稳定性。 3. 尺寸稳定，易于成型和机械加工，且表面还可镀金属。 4. 电性能良好	1. 制作一般结构或耐磨受力传动零件，如齿轮、轴承等，也可制作叶轮。 2. 制作耐腐蚀设备与零件。 3. 用 ABS 制成的泡沫夹层板可制作小轿车车身

塑料名称	特点	用途
聚碳酸酯 （PC）	1. 力学性能优异，尤其是具有优良的冲击韧性。 2. 蠕变性相当小，故尺寸稳定性好。 3. 耐热性高于尼龙、聚甲醛，长期工作温度可达130 ℃。 4. 疲劳强度低，易产生应力开裂，长期允许负荷较小，耐磨性欠佳。 5. 透光率达89%，接近有机玻璃	1. 制作耐磨受力的传动零件。 2. 制作支架、壳体、垫片等一般结构零件。 3. 制作耐热、透明结构零件，如防爆灯、防护玻璃等。 4. 制作各种仪器仪表的精密零件
聚酰胺（PA） 尼龙66（PA-66）	疲劳强度和刚性较高，耐热性较好，耐磨性好，但吸湿性差，尺寸稳定性不够，摩擦系数小	适用在中等载荷、使用温度不高于120 ℃、无润滑或少润滑条件下工作的耐磨受力传动零件
聚酰胺（PA） MC尼龙（PA-MC）	强度、耐疲劳性略低于尼龙66，吸湿性低于尼龙66，耐磨性好，能直接在模型中聚合成型。适宜浇铸大型零件，如大型齿轮、蜗轮、轴承及其他受力零件等	适用在较高载荷、较高使用温度（最高使用温度低于120 ℃）、无润滑或少润滑条件下工作的零件
聚砜 （PSU）	1. 耐高温，也能在低温下保持优良的力学性能，故可在−100 ℃～+150 ℃下长期使用。 2. 在高温下能保持常温下所具有的各种力学性能，蠕变值很小。冲击韧性好，具有良好的尺寸稳定性。 3. 化学稳定性好。 4. 电绝缘、热绝缘性能良好。 5. 用F-4填充后，可制作摩擦零件	适用高温下工作的耐磨受力传动零件，如汽车分速器盖、齿轮等，以及电绝缘零件、耐热零件

2）热固性塑料。

①性能特点。在一定的温度下，经过一定时间的加热或加入固化剂后，即可固化成型。固化后的塑料质地坚硬、性质稳定，不再溶于溶剂，也不能用加热的方法使它再软化，强热则分解、破坏。

②优点。无冷流性、抗蠕变性强，受压不易变形，耐热性较强，即使超过其使用温度极限，也只是在表面产生碳化层而不失去其原有骨架形状。

③缺点。树脂性质较脆、机械强度不高，必须加入填料或增强材料，以改善性能，提高强度，成型工艺复杂，大多只能采用模压或层压法，生产效率低。

④种类。常用的热固性塑料有酚醛、氨基、环氧、有机硅等。

其中酚醛塑料的特点是具有良好的耐腐蚀性能；热稳定性好，一般使用温度为−30～130 ℃；与一般热塑性塑料相比，它的刚性大，弹性模量均为60～150 MPa，用布质和玻璃纤维层压塑料，力学性能更高，具有良好的耐油性；冲击韧性不高，质脆，不宜在机械冲击、剧烈振动、温度变化大的情况下使用。基于上述特点，酚醛塑料适合制作耐腐蚀化工设备与零件、耐磨受力传动零件（如齿轮、轴承等）、电器绝缘零件等。

（2）塑料按其用途及性能特点可分为通用塑料、工程塑料和特种塑料。

1）通用塑料。特点是产量大、用途广、价格低，但性能一般，主要用于非结构材料，如聚乙烯、聚丙烯、聚氯乙烯、聚苯乙烯、酚醛树脂等，广泛用于薄膜、管材、塑钢门窗、汽车灯罩、家用电器等。

2)工程塑料。特点是具有较高的力学性能，可承受较宽的温度变化范围和较苛刻的环境条件，并能够在此条件下长期使用，且可作为工程构件的塑料，如 ABS 塑料、尼龙、聚砜等。其广泛应用于电子电气、汽车、建筑、办公设备、机械、航空航天等行业。

3)特种塑料。通过改变性能满足特种性能要求的塑料，如医用塑料、耐腐蚀氟塑料、导电塑料、导磁塑料等。特种塑料可用于航空、航天等特殊应用领域。

2. 橡胶

橡胶是指具有可逆形变的高弹性聚合物材料，在室温下富有弹性，在很小的外力作用下能产生较大的形变，除去外力后能恢复原状，并在很宽的温度范围（−50 ℃～150 ℃）内具有优异的弹性。橡胶还具有良好的绝缘性、气密性、水密性、隔声性、阻尼性、耐磨性，广泛用于制作弹性材料、密封材料、绝缘材料、减振防振材料、传动材料等。

橡胶按原料的来源可分为天然橡胶和合成橡胶。

(1)天然橡胶。从橡胶树、橡胶草等植物中提取胶质后加工制成。天然橡胶具有很好的弹性、较高的力学强度、抗撕裂性、耐屈挠疲劳性能、防水性、电绝缘性、隔热性以及良好的加工工艺性能。其缺点是耐氧和耐臭氧老化性、耐油和耐溶剂性不好，容易老化。天然橡胶可以单用，制成各种橡胶制品；也可以与其他橡胶并用，以改进其他橡胶的性能。其广泛应用于轮胎、胶管、胶带、电线电缆的绝缘层和护套及各种工业橡胶制品，是用途最广的橡胶品种。

(2)合成橡胶。人工将各种单体经聚合反应合成的橡胶。按性能和用途不同，合成橡胶可分为通用橡胶和特种橡胶。用以替代天然橡胶来制造轮胎及其他常用橡胶制品的合成橡胶称为通用橡胶，如丁苯橡胶、顺丁橡胶、乙丙橡胶、乙基橡胶、氯丁橡胶等；特种橡胶是指具有特殊性能，专门用来制作各种耐寒、耐热、耐油、耐臭氧等制品的合成橡胶，如丁腈橡胶、硅橡胶、氟橡胶、丙烯酸酯橡胶等。

常用合成橡胶的特点和用途见表 3-18。

表 3-18　常用合成橡胶的特点和用途

橡胶名称	特点	用途
顺丁橡胶 （BR）	弹性与耐磨性优良，耐老化性佳，耐低温性优越，在动负荷下发热量小，易于金属粘合。但强力较低，抗撕裂性差，加工性能与自黏性差	一般多与天然橡胶或丁苯橡胶混用，主要制作轮胎胎面、减振制品、输送带和特殊耐寒制品
丁腈橡胶 （NBR）	耐热性好，气密性、耐磨性及耐水性等均较好，粘结力强。但耐寒性及耐臭氧性较差，强力及弹性较低，耐酸性差，电绝缘性不好，耐极性溶剂性能也较差	用于制作各种耐油制品，如耐油的胶管、密封圈、储油槽衬里等，也可用于制作耐热输送带
硅橡胶 （SI）	既耐高温（最高 300 ℃），又耐低温（最低−100 ℃），是目前最好的耐寒、耐高温橡胶；同时电绝缘性优良，对热氧化和臭氧的稳定性很高，化学惰性大。缺点是机械强度较低，耐油、耐溶剂和耐酸碱性差，较难硫化，价格较高	主要用于制作耐高、低温制品（如胶管、密封件等）及耐高温电缆电线绝缘层。由于其无毒无味，还可用于食品及医疗工业

橡胶名称	特点	用途
氟橡胶（FPM）	耐高温（可达 300 ℃），不怕酸碱，耐油性是耐油橡胶中最好的，抗辐射及高真空性优良；其他如电绝缘性、力学性能、耐化学药品腐蚀、耐臭氧、耐大气老化作用等都很好，是性能全面的特种合成橡胶。缺点是加工性差，价格高昂，耐寒性差，弹性和透气性较差	主要用于耐真空、耐高温、耐化学腐蚀的密封材料、胶管及化工设备衬里

3. 纤维

纤维是指长度比本身直径大上百倍的均匀条状或丝状的高分子材料，分为天然纤维和化学纤维两大类。

天然纤维是直接从自然界得到的，如棉、麻、羊毛、蚕丝等。

化学纤维又分为人造纤维和合成纤维。人造纤维是用含有天然纤维或蛋白纤维的物质，经过化学加工后制成的纺织纤维，主要用于纺织的人造纤维有黏胶纤维、醋酸纤维、铜氨纤维。

合成纤维是将一些本身不含纤维素或蛋白质的物质（如石油、煤等）先合成单体，再用化学合成与机械加工的方法制成的纤维。合成纤维具有优良的物理、化学性能和力学性能，如强度高、密度小、弹性高、耐磨性好、吸水性差、保暖性好、耐酸碱性好、不会发霉或虫蛀等。某些特种纤维还具有耐高温、耐辐射、高强力、高模量等特殊性能。合成纤维广泛应用于国防工业、航空航天、交通运输、医疗卫生、通信等领域。合成纤维分为通用合成纤维、高性能合成纤维和功能合成纤维。

4. 胶粘剂

能将两个制件胶接在一起，并在其粘合处具有足够强度的物质称为胶粘剂（或粘合剂）。通常，相对分子量不大的高分子材料都可作为胶粘剂，如作为胶粘剂的热塑性树脂有聚乙烯醇、聚乙烯醇缩甲醛、聚丙烯酸酯等；作为胶粘剂的热固性树脂有环氧树脂、酚醛树脂、不饱和聚酯等；作为胶粘剂的橡胶有氯丁橡胶、丁基橡胶、聚硫橡胶等。

胶粘剂一般是多组分体系，除了主要成分外，还有许多辅助成分，辅助成分可以对主要成分起到一定的改性或提高品质的作用。常用的辅助成分有固化剂、促进剂、硫化剂、增塑剂、填充剂、溶剂、稀释剂、防老剂等。

5. 涂料

涂料是一种涂于物体表面能形成坚韧保护膜的物质，可使被涂物体的表面与大气隔离，起到保护、装饰及其他特殊的作用（如示温、发光、导电、杀菌等）。

涂料品种很多，但它们的基本组成物质差不多，主要有成膜物质、颜料、溶剂及各种辅助物质（如催干剂、增塑剂、稳定剂等）。

成膜物质是构成涂料的基础，是使涂料黏附于物体表面成为涂膜的主要物质。所用的合成树脂基本上与塑料、橡胶、纤维类似，只是涂料用树脂的分子量较低。颜料能赋予涂料一定的颜色，某些颜料还能改进涂料的性能，如红丹涂料具有防锈作用，可抑制钢铁的腐蚀。

有机溶剂在涂料中占 30%～80%，其作用是溶解合成树脂，降低涂料的黏度，便于施工。

3.5.2 陶瓷

陶瓷材料是指用天然或合成化合物经过成型或高温烧结制成的一类无机非金属材料。它具有高熔点、高硬度、高耐磨性、耐氧化等优点，可用作结构材料、刀具材料，由于陶瓷还具有某些特殊的性能，又可作为功能材料。

陶瓷制品的分类、特点与用途见表 3-19。

表 3-19　陶瓷制品的分类、特点与用途

分类名称		制造原料	主要性能	用途
传统陶瓷（普通陶瓷）	日用陶瓷	黏土、石英、长石等	有较好的热稳定性、致密性、强度和硬度	生活器皿
	建筑陶瓷	黏土、长石、石英等	有较好的吸湿性、耐磨性、耐酸碱腐蚀性	铺设地面、输水管道、装置卫生间等
	电瓷	一般采用黏土、长石、石英等配制	介电强度高，抗拉、抗弯强度较好，耐冷热急变	隔电、机械支持及连接配电、输电线路
	化工陶瓷（耐酸陶瓷）	黏土、焦宝石（熟料）、滑石、长石等	耐腐蚀性好，不易氧化，耐磨，不污染介质	石油化工、冶炼、造纸、化纤等工业防腐设备
	多孔陶瓷（过滤陶瓷）	原料品种多，如刚玉、碳化硅、石英等均可做骨料	具有微孔结构，能过滤、净化流体，耐高温，耐化学腐蚀	液体过滤、气体过滤、散气、隔热保温、催化剂载体、辐射板
新型陶瓷（特种陶瓷）	装置瓷	高铝原料或滑石、菱镁矿、尖晶石等	介电常数和介质损耗小，机械强度较高	无线电设备中的高频绝缘子、插座、瓷轴等
	电容器陶瓷	原料有二氧化钛、钛酸盐、锡酸盐等	介电常数大，高频损耗小，比体积电阻和介电强度高	电容器的介质
	透明铁电陶瓷（光电陶瓷）	主要成分为掺镧的锆钛酸铅或铪钛酸铅	具有电控光散射和双折射效应	光阀、光闸或电控多色滤色器
	压电陶瓷	钛酸钡、钛酸钙、钛酸铅、锆酸铅，外加各种添加物	具有光色散效应	光存储和显示材料
	磁性陶瓷（铁氧体）	生产方法多，主要采用氧化物法，以各种氧化物作原料	有良好的压电性能，能将电能和机械能互相转换	滤波器、电声器件、超声和水声换能器等
	电解质瓷	氧化铝、氧化锆（掺有金属氧化物作稳定剂）、氧化铈、氧化钍等	比金属磁性材料的涡流损失小、介质损耗低、高频磁导率高	高频磁芯、电声器件、超高频器件、电子计算机中的磁性存储器等

分类名称		制造原料	主要性能	用途
新型陶瓷（特种陶瓷）	半导体陶瓷	原料主要采用氧化物，再掺入各种金属元素或金属氧化物	常温下对电子有良好的绝缘性，在一定温度和电场下对某些离子有良好的离子导电性	钠硫电池的隔膜材料、电子手表和高温燃料的电池材料、氧量分析器的检测元件
新型陶瓷（特种陶瓷）	导电陶瓷	氧化锶、氧化铬、氧化镧等复合而成	具有半导体的特性，对热、光、声、磁、电压或某种气体变化等有特殊的敏感性	各种敏感元件，如热敏电阻、光敏电阻、压敏电阻、力敏电阻以及各种气敏元件、湿敏元件、半导体电容器等
新型陶瓷（特种陶瓷）	高温、高强度、耐磨、耐腐蚀陶瓷	氧化物陶瓷，以氧化铝或氧化铍、氧化锆为主要成分。非氧化物陶瓷，以氧化硅、氮化硼、碳化硅、碳化硼等为主要成分	电导率高，热稳定性好	磁流体发电的电极材料
新型陶瓷（特种陶瓷）	透明陶瓷	氧化物透明陶瓷以氧化铝、氧化钇、氧化镁等为主要成分。非氧化物透明陶瓷以氟化镁、硫化锌等为主要成分	热稳定性好、荷重软化温度高、导热性好、高温强度大，化学稳定性高、抗热冲击性好，硬度高、耐磨性好，高频绝缘性好，有的还具有良好的高温导电性及耐辐照、吸收热中子截面大等特性	电炉发热体、炉膛、高温模具、特种冶金坩埚、高温器皿、高温轴承、火花塞、燃气轮机叶片、浇注金属用喉嘴、火箭喷嘴、热电偶套管、金属切削刀具及其他耐磨、耐腐蚀零件等
新型陶瓷（特种陶瓷）	玻璃陶瓷（微晶玻璃）	原料主要有氧化铝、氧化镁、氧化硅，外加晶核剂	可以通过一定波长范围光线或红外光，具有较好的透明度	高温透镜、红外检测窗和红外元件、高压钠光灯灯管及其他高温碱金属蒸气灯灯管、防弹窗、高温观察窗
新型陶瓷（特种陶瓷）	玻璃陶瓷（微晶玻璃）	原料主要有氧化铝、氧化镁、氧化硅，外加晶核剂	力学强度高、耐热、耐磨、耐腐蚀、线胀系数为零，并有良好的电特性	望远镜镜头、精密滚珠轴承、耐磨耐高温零件、微波天线、印制电路板等

3.5.3 复合材料

复合材料是指由两种或两种以上不同物质以不同方式组合而成的材料。它能发挥各种材料的优点，克服单一材料的缺陷，扩大材料的应用范围。

复合材料的基体材料分为金属和非金属两大类。金属基体常用的有铝、镁、铜、钛及其合金。非金属基体主要有合成树脂、橡胶、陶瓷、石墨、碳等。增强材料主要有玻璃纤维、碳纤维、硼纤维、芳纶纤维、碳化硅纤维、石棉纤维、晶须、金属等。

1. 复合材料的分类

(1)按其组成分为金属与金属复合材料、非金属与金属复合材料、非金属与非金属复合材料。

(2)按其结构特点分为纤维增强复合材料、夹层复合材料、细粒复合材料、混杂复合材料。

(3)按其用途分为结构复合材料和功能复合材料两大类。

复合材料还可分为常用复合材料和先进复合材料。

常用复合材料如玻璃钢,是用玻璃纤维等性能较低的增强体与普通高聚物(树脂)构成。由于它的价格低,得以广泛应用,如船舶、车辆、化工管道和储罐、建筑结构、体育用品等。

先进复合材料指用高性能增强体(如碳纤维、芳纶等)与高性能耐热高聚物构成的复合材料,后来又把金属基、陶瓷基和碳(石墨)基以及功能复合材料包括在内。它们虽然具有优良性能,但价格相对较高,主要用于国防工业、航空航天、精密机械、深潜器、机器人结构件和高档体育用品等。

2. 复合材料的性能特点及其应用

复合材料具有密度小、强度高、加工成型方便、弹性优良、耐化学腐蚀和耐候性好等特点,已逐步取代木材、金属、合金,广泛用于航空航天、汽车、机械制造、电子电气、化工、纺织、医学、建筑、健身器材等领域,如飞机机翼、卫星天线、太阳能外壳、汽车车身、汽车传动轴、发动机机架及其内部构件、化工设备、纺织机、高速机床医用 X 光机等。

3. 复合材料的创新

当今社会,人们的目光逐渐转向人与自然的关系上,环境与能源问题成为世界上每一个国家能否生存和发展的关键。随着人们环保意识的不断提高以及环保法规的相继出台,绿色汽车已经成为未来汽车发展的必然趋势,因而如何使汽车满足环境保护的要求,复合材料在汽车材料发展中扮演着非常重要的角色。

复合材料的创新主要包括复合材料的技术发展、工艺发展、产品发展和复合材料的应用等。

任务实施

1. 实施条件

陈列室展柜中摆放锉刀、普通车刀、连杆、游标卡尺、量块、气缸体、活塞、小型弹簧、小型滚动轴承等物体。

2. 实施步骤

(1)在所陈列的零件和工具中找出汽车发动机活塞,了解活塞的构造,查阅资料认识其组成部分及选用材料。

(2)为表 3-20 中指定工具和零件选用合适的材料(利用计算机、手机等辅助上网查询),并在表中填写选用材料的牌号和选用材料名称。

表 3-20　几种常用工具、零件材料的选用

序号	零部件名称	选用材料牌号	选用材料名称
1	锉刀		
2	普通车刀		
3	游标卡尺		
4	量块		
5	连接连杆盖和连杆体的螺栓		
6	气缸体		
7	活塞		
8	小型弹簧		
9	小型滚动轴承		

新材料在汽车上的应用

　　汽车材料是汽车在设计时保证汽车品质和质量的关键因素，是提升汽车品牌市场竞争力的核心，汽车材料在很大程度上推动了汽车技术的发展。自 19 世纪 80 年代起到今后相当长的一段时间内，汽车材料的使用会紧紧地关注着节能、环保、舒适、安全和低成本这五个主题，因此汽车材料的发展也将更加注重轻量化和多元化。汽车材料对轻量化的要求更为迫切，这就使得汽车材料的应用有了明显的变化。近些年，汽车设计师们更多地将目光投向高强度钢、铝钛镁合金、合成塑料、复合材料和稀土永磁材料等这些新材料。

　　我们国家在高强度钢板的生产和使用领域还处于起步阶段，与国际先进水平差距还很大。但传统的钢铁材料正逐步被高强度钢所代替。因为高强度钢的屈服强度是传统冷轧钢板的 1.5～4 倍，这样就可以实现减重 25% 的效果。

　　近 20 年来，由于石油的消耗变得越来越严重，而减轻汽车自重就可以降低油耗，所以如何给汽车瘦身就成了各大汽车生产厂商提高市场份额的关键。根据相关检测实验数据，汽车质量每减少 50 kg，每升燃油行驶的里程可增加 2 km；汽车质量每减轻 1%，燃油消耗就下降 0.7%～1.1%。有资料表明，用铝合金材料代替传统钢材料，汽车的质量就可以减少 30%～40%，使用铝合金材料制造发动机可以使发动机减重 25%，制造汽车车轮可以使车轮减重 45%。所以，汽车实现轻量化及环保、节能、提速和高效运输的重要方法就是使用铝合金材料。目前铝合金主要应用于汽车发动机、轮毂、轮辐、车门、防抱死系统、车身构架等。

　　钛合金具有密度小、强度高和耐腐蚀性好等特点。但由于价格高，在汽车上只用于气门等重要部件上。镁的密度只有 1.81 g/cm³，约为钢的 2/9，且镁合金在形状方面有更好的稳定性，抵抗振动的干扰能力也强于铝材料和钢材料，但镁材料的成本较高，因此主要应用在高端汽车上，比如赛车的方向盘，既减轻了质量，又降低了控制系统的振动，在发生意外时还可以吸收瞬间产生的特高能量，从而保护了驾驶员的安全。

　　磁性材料是一种很特殊的功能性材料，在汽车上的应用非常广泛。新型磁性材料可以减少构件的质量，缩小体积。应用最多的是稀土永磁体和新型软磁材料，被应用于电磁喷射

项目 3　机械工程材料的选用

阀、ABS 电机、启动电机。

复合材料具有较高的模量比、强度比和良好的热强性、耐磨性以及较低的膨胀系数等。热塑性树脂基体复合材料主要有连续纤维增强预浸带、长纤维增强颗粒材料和玻璃纤维毡增强型热塑性复合材料三种。根据材料性能不同，树脂基体主要有碳纤维、硼纤维、玻璃纤维和芳纶纤维等纤维品种。由于热塑性树脂基体复合材料具有生产技术成熟和可回收利用等优势，这种复合材料的发展很快，欧美发达国家在汽车上使用热塑性树脂基体复合材料的比重已经占到树脂基体复合材料总量的 30% 以上。高性能热塑性树脂基体复合材料多用来生产注射件，基体以聚丙烯、聚酰胺为主。产品有阀门、叶轮、座椅支架、汽车踏板、座椅等。

新材料在汽车上的应用满足了人们对节能、环保、安全、舒适、低成本的要求，新材料的不断问世推动着汽车工业的飞速发展，我国汽车工业在新材料的应用方面应该采用引进与自主开发相结合的方针，提高自主开发能力，形成完整的工业体系，赶超世界先进水平。

项目小结

(1)材料的性能：物理性能、化学性能、力学性能(强度、塑性、硬度、冲击韧性和疲劳强度)和工艺性能(铸造性能、压力加工性能、焊接性能、切削加工性能和热处理性能)。

(2)钢铁材料：

1)钢的分类与牌号；钢中常存元素对钢的性能的影响和合金元素在钢中的主要作用；各种结构钢和工具钢的牌号、成分、性能、应用以及对应的热处理；不锈钢、耐热钢、耐磨钢等特殊性能钢的相关知识。

2)铸铁的特点和分类，灰铸铁、可锻铸铁、球墨铸铁和蠕墨铸铁等常用铸铁的牌号、性能、热处理和应用。

(3)热处理：钢的热处理概念、钢的普通热处理(退火、正火、淬火和回火)、钢的表面热处理(表面淬火和化学热处理)。

(4)有色金属：有色金属的概念，铝及铝合金、铜及铜合金、钛及钛合金、镁及镁合金、轴承合金的牌号、性能、特点和应用。

(5)非金属材料：高分子材料、陶瓷和复合材料的概念；高分子材料、陶瓷和复合材料的分类、特点及其应用。

一、技能测试

机械工程材料的选用作业表见表 3-21。

表 3-21 机械工程材料的选用作业表

基本信息	姓名		班级		学号		组别	
	考核日期		规定时间		完成时间		总评成绩	
写出下列给定材料牌号的材料的名称，并写出 1 个用其所制作的零件名称。								
序号	材料牌号		材料名称	零件名称		评分标准	得分	
1	Q235					5		
2	45					5		
3	T12A					5		
4	20CrMnTi					5		
5	60Si2Mn					5		
6	9SiCr					5		
7	GCr15					5		
8	ZGMn13					5		
9	W18Cr4V					5		
10	14Cr17Ni2					5		
11	HT350					5		
12	RuT260					5		
13	ZAlSi5Cu1Mg					5		
14	ZCuZn40Mn2					5		
15	PC					5		
16	NBR					5		
技能操作改进意见和建议						5		
团队合作						5		
语言表达						5		
工单填写						5		
教师评语								

二、理论测试

题号	一	二	三	总分
分数				

(一)填空题(每空 5 分,共计 50 分)

1. 钢淬火后必须进行_____。

2. 生产中常将淬火后进行高温回火称为_____。

3. 热处理不可强化的铝合金,主要是各种_____。

4. 普通热处理包括_____、_____、_____和_____。

5. 陶瓷可用作_____材料、_____材料,还可用作_____材料。

(二)选择题(每小题 5 分,共计 25 分)

1. 金属材料在载荷作用下产生显著变形而不致破坏,并在载荷取消后仍能保持变形后形状的能力叫金属材料的(　　)。

    A. 强度　　　　　　B. 硬度　　　　　　C. 塑性　　　　　　D. 韧性

2. 使钢产生冷脆性的元素是(　　)。

    A. P　　　　　　　B. S　　　　　　　C. Si　　　　　　　D. Mn

3. 钢中碳的质量分数降低时其(　　)。

    A. 塑性随之降低　　　　　　　　　B. 强度随之增大

    C. 塑性增大而强度降低　　　　　　D. 塑性与强度均增大

4. 变形铝合金中,不能由热处理强化的是(　　)合金。

    A. 硬铝　　　　　　B. 锻铝　　　　　　C. 防锈铝　　　　　　D. 超硬铝

5. 目前,复合材料使用量最大的增强纤维是(　　)。

    A. 碳纤维　　　　B. 氧化铝纤维　　　　C. 玻璃纤维　　　　D. 碳化硅纤维

(三)判断题(每小题 5 分,共计 25 分)

1. 布氏硬度适宜测成品或薄件。　　　　　　　　　　　　　　　　　(　　)

2. 铸铁件比钢件的抗氧化性能差。　　　　　　　　　　　　　　　　(　　)

3. 可锻铸铁就是可以锻造加工的铸铁。　　　　　　　　　　　　　　(　　)

4. 零件的加工硬化,有利于提高其耐磨性。　　　　　　　　　　　　(　　)

5. 钢的含碳量越高,焊接性越好。　　　　　　　　　　　　　　　　(　　)

项目 4
常用零部件认知

项目引入

在各种机械、仪器及设备中，经常会用到一些连接件、传动件和支承件，本项目重点学习如螺纹连接件、键、销、轴、轴承、联轴器和离合器等常用零部件。

学习目标

1. 知识目标

了解连接件的功用、类型及其应用场合；熟知螺纹连接件的预紧、防松及拆装方法；熟知轴的功用及轴上零件的定位和固定方法；了解轴承的功用、分类及结构特点；了解滚动轴承的润滑和密封；熟知滚动轴承的拆装方法、固定方法及其调整；了解弹簧、联轴器、离合器和制动器的功用、类型、特点及其应用。

2. 能力目标

能正确识别常用机械零部件；能够正确拆装常用零部件。

3. 素养目标

培养爱岗敬业精神，勤于思考、勇于实践的创新精神。

知识准备

⚙ 任务 4.1　连接

为了便于机器的制造、安装和运输等，机器的各零部件间广泛采用各种不同的连接。

4.1.1　连接的概念

将两个或两个以上的物体接合在一起的形式称为连接。

4.1.2 连接的分类

根据被连接的零件间是否允许产生相对运动连接可分为动连接和静连接两大类。

被连接的零件间可以有相对运动的连接称为动连接，如齿轮和轴之间的滑键连接、导向平键连接和花键连接；被连接的零件间不允许有相对运动的连接称为静连接，如皮带轮和轴、齿轮和轴之间的普通平键连接。

此外，根据拆卸过程中零件是否遭到破坏，连接又分为可拆连接和不可拆连接两大类。

不破坏连接中的任一零件就可拆开的连接称为可拆连接。它一般具有通用性强、可随时更换、维修方便、允许多次重复拆装等特点，如连接齿轮和轴的键连接、连接两个板件的螺纹连接和固定两个构件的销连接；需要破坏连接中的某一部分才能拆开的连接称为不可拆连接。它具有结构简单、成本低、简便易行的特点，常见的有铆接、焊接、胶接和过盈配合连接等（其中小过盈配合连接也可认为是可拆连接）。

✪ 任务 4.2　螺纹连接

4.2.1 螺纹的形成、类型和主要参数

1. 螺纹的形成

在圆柱或圆锥母体表面上制出的螺旋线形的、具有特定截面的连续凸起部分称为螺纹。螺纹的形成如图 4-1 所示。

2. 螺纹的类型

（1）按螺纹在圆柱或圆锥内、外表面分。在圆柱或圆锥外表面上所形成的螺纹称为外螺纹；在圆柱或圆锥内表面上所形成的螺纹称为内螺纹。螺母上的螺纹就是内螺纹［图 4-2(a)］，螺栓上的螺纹就是外螺纹［图 4-2(b)］。

螺旋线

（a）　　　　　　　　　（b）

图 4-1　螺纹的形成　　　　图 4-2　按螺纹在圆柱或圆锥内、外表面分类

(a)内螺纹；(b)外螺纹

（2）按其用途分。用于连接和紧固零件的螺纹称为连接螺纹［图 4-3(a)］，用于传递运动或动力的螺纹称为传动螺纹［图 4-3(b)］。

（3）按螺纹线数分。沿一条螺旋线所形成的螺纹称为单线螺纹；沿两条或两条以上的螺旋线所形成的螺纹称为多线螺纹。单线螺纹多应用于有自锁要求的连接螺纹中，多线螺纹多应用于要求传动效率高的传动螺纹中。

(4)按照螺纹旋向分。判定方法是螺旋线的可见部分自左向右上升的为右旋螺纹[图 4-4(a)]，反之为左旋螺纹[图 4-4(b)]。常用的是右旋螺纹。有特殊要求的用左旋螺纹。

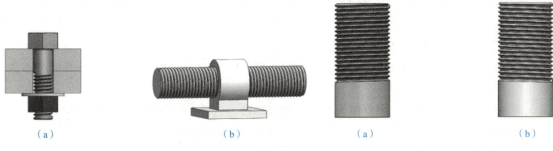

图 4-3 按螺纹用途分类
(a)连接螺纹；(b)传动螺纹

图 4-4 按螺纹旋向分类
(a)右旋螺纹；(b)左旋螺纹

(5)按照螺纹牙型分。螺纹的牙型是指在通过螺纹轴线的剖面上螺纹的轮廓形状。按照螺纹的牙型分，常用的螺纹牙型有三角形螺纹、梯形螺纹、矩形螺纹和锯齿形螺纹，如图 4-5 所示。

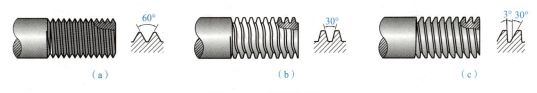

图 4-5 按螺纹牙型分类
(a)三角形螺纹；(b)梯形螺纹；(c)锯齿形螺纹

3. 螺纹的主要参数

螺纹连接和螺旋传动都是由外螺纹和内螺纹相互旋合而成。内、外螺纹是否能够旋合在一起，取决于两者的相关参数是否相同。

下面以图 4-6 所示的普通螺纹为例来说明螺纹的主要参数。

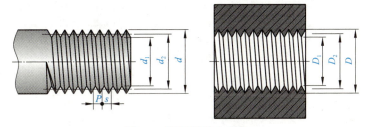

图 4-6 螺纹的基本参数

(1)大径。大径是指螺纹的最大直径，与外螺纹牙顶或内螺纹牙底相切的假想圆柱的直径。外螺纹用字母 d 表示，内螺纹用字母 D 表示。在标准中螺纹大径称为公称直径。

(2)小径。小径是指螺纹的最小直径，与外螺纹牙底或内螺纹牙顶相切的假想圆柱的直径。外螺纹用字母 d_1 表示，内螺纹用字母 D_1 表示。

(3)中径。中径是指通过螺纹轴向剖面内牙型上的沟槽与凸起宽度相等处的假想圆柱的直径。外螺纹用字母 d_2 表示，内螺纹用字母 D_2 表示。

（4）螺距。螺距是指相邻两牙在中径上对应两点间的轴向距离。根据螺距的大小，普通螺纹可分为粗牙普通螺纹（螺距可不标注）和细牙普通螺纹，用字母 P 表示。

（5）导程。导程是指同一螺旋线上，相邻两牙在中径线上对应两点之间的轴向距离。用字母 s 表示。对于单线螺纹，$s=P$；对于线数为 n 的多线螺纹，$s=nP$。

（6）牙型角。牙型角是指在轴向截面内螺纹牙型两侧边的夹角，用 α 表示。

（7）螺纹升角。螺纹升角是指在中径圆柱上螺旋线的切线与垂直于螺纹轴线的平面间的夹角，用 λ 表示。

螺纹的牙型、大径、螺距、线数和旋向称为螺纹的五要素，只有这五要素都相同的外螺纹和内螺纹才能相互旋合。牙型、大径和螺距都符合国家标准规定的螺纹称为标准螺纹；只有牙型符合国家标准规定，直径和螺距均不符合国家标准规定的螺纹称为特殊螺纹；牙型、直径和螺距均不符合国家标准规定的螺纹称为非标准螺纹。

4. 常用螺纹的牙型

常用螺纹的牙型、特点和应用，详见表 4-1。

表 4-1 常用螺纹的牙型、特点和应用

类型		牙型	螺纹特征代号	特点和应用
连接螺纹	普通螺纹		M	牙型角 $\alpha=60°$，自锁性能好，螺牙根部较厚、强度高，应用广泛，同一公称直径，按螺距大小分为粗牙和细牙，常用粗牙。细牙的螺距和升角小，自锁性能较好，但不耐磨、易滑扣，常用于薄壁零件，或受动荷载和要求紧密性的连接，还可用于微调机构等
	圆柱管螺纹		G	牙型角 $\alpha=55°$，公称直径近似为管子孔径，以英寸为单位，螺距以每英寸的牙数表示。牙顶、牙底呈圆弧，牙高较小。螺纹副的内、外螺纹间没有间隙，连接紧密，常用于低压的水、煤气、润滑或电线管路系统中的连接
	圆锥管螺纹		ZG	牙型角 $\alpha=55°$，与圆柱管螺纹相似，但螺纹分布在 1∶16 的圆锥管壁上。旋紧后，依靠螺纹牙的变形连接更为紧密，主要和在高温、高压条件下工作的管子连接，如汽车、工程机械、航空机械，机床的燃料、油、水、气输送管路系统等
传动螺纹	梯形螺纹		Tr	牙型角 $\alpha=30°$，效率虽较矩形螺纹低，但加工较易，对中性好，牙根强度较高，当采用剖分螺母时，磨损后可以调整间隙，故多用于传动
	锯齿形螺纹		B(S)	工作面的牙边倾斜角为 3°，便于铣制；另一边为 30°，以保证螺纹牙有足够的强度。它兼有矩形螺纹效率高和梯形螺纹牙强度高的优点，但只能用于承受单向荷载的传动

4.2.2　螺纹连接的基本类型

螺纹连接的基本类型有螺栓连接、铰制孔用螺栓连接、双头螺柱连接、螺钉连接和紧定螺钉连接，如图 4-7 所示。

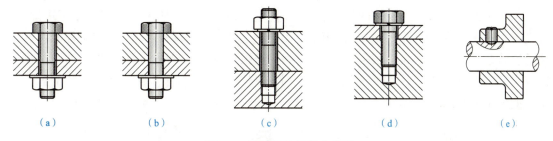

图 4-7　螺纹连接的基本类型

(a)普通螺栓连接；(b)铰制孔用螺栓连接；(c)双头螺柱连接；(d)螺钉连接；(e)紧定螺钉连接

1. 螺栓连接

螺栓连接是将螺栓穿过被连接件的光孔(无须在被连接件上切制螺纹孔)，然后拧紧螺母，将被连接件连接起来。螺栓连接无须加工螺纹孔，因此结构简单，装拆方便，应用广泛。其主要适用于被连接件不太厚并能从被连接件两边进行装配的场合。螺栓连接可分为普通螺栓连接和铰制孔螺栓连接。汽车上普通螺栓连接的应用最为广泛。

还有一种通常利用混凝土将机架或基座固定在地基上的螺栓，称为地脚螺栓。地脚螺栓在基建工程中应用最为广泛，如电线杆等。图 4-8(a)所示为 JA 型地脚螺栓，图 4-8(b)所示为地脚螺栓的安装示意。

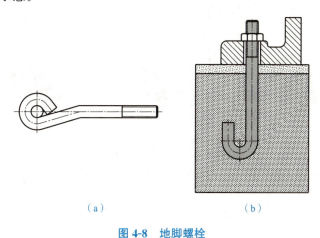

图 4-8　地脚螺栓

(a)JA 型地脚螺栓；(b)安装示意

2. 双头螺柱连接

双头螺柱的两头都制有螺纹，连接时，将双头螺柱的一端旋入被连接件之一的螺纹孔中，另一端贯穿较薄被连接件的通孔，再用螺母拧紧，将被连接件连接起来。如图 4-7(c)所示，拆卸时，只需拧下螺母而不必从螺纹孔中拧出螺柱，即可将被连接件分开，因此不易损

坏螺纹孔。这种连接适用被连接件之一太厚,不宜制成通孔且需经常装拆,或者结构上受限制而导致不能使用螺栓的场合。

3. 螺钉连接

不用螺母即可实现被连接件的连接称为螺钉连接。螺钉连接是将螺钉穿过一被连接件的通孔,然后旋入另一被连接件的螺纹孔中的连接。如图 4-7(d)所示,螺钉连接不用螺母,有光整的外露表面,比双头螺柱连接简单、紧凑。这种连接适用被连接件之一太厚且不经常装拆、受力不大的场合,尤其适于被连接件属易磨损材料(如铝等软性材料)时。常见机械螺钉有十字槽圆柱螺钉、十字槽沉头螺钉、一字槽圆柱螺钉、内六角圆柱螺钉和开槽盘头螺钉,如图 4-9 所示。

（a） （b） （c） （d） （e）

图 4-9 常见螺钉

(a)十字槽圆柱螺钉;(b)十字槽沉头螺钉;(c)一字槽圆柱螺钉;
(d)内六角圆柱螺钉;(e)开槽盘头螺钉

4. 紧定螺钉连接

紧定螺钉连接是将紧定螺钉旋入被连接件之一的螺纹孔中,并以其末端顶住另一被连接件的表面或顶入相应的坑中构成的。如图 4-7(e)所示,这种连接多用于轴与轴上零件的连接,并可传递不大的力和扭矩。常见紧定螺钉有如图 4-10 所示的锥端紧定螺钉、平端紧定螺钉和圆柱端紧定螺钉。

（a） （b） （c）

图 4-10 常见的紧定螺钉

(a)内六角锥端紧定螺钉;(b)内六角平端紧定螺钉;(c)内六角圆柱端紧定螺钉

4.2.3 螺纹连接的预紧及防松

1. 螺纹连接的预紧

在实际工作中,绝大多数螺纹连接在装配时都必须拧紧,从而使连接在承受工作荷载之前就事先受到力的作用,称为预紧。这个预先作用的力称为预紧力。

(1)预紧的目的。

1)增强连接的可靠性、紧密性和刚性。

2)提高连接的防松能力,防止受载后被连接件间出现间隙或发生相对位移。

3)对于受变荷载的螺纹连接，还可提高其疲劳强度。

(2)控制预紧力的方法。由螺栓连接中螺栓受力可知，预紧力不宜过大，预紧力过大可能会使螺栓在装配时或在工作中因偶然过载被拉断。因此，为了保证重要的螺纹连接(如发动机的气缸盖螺栓、连杆螺栓、车轮螺栓)所需的预紧力，又不使连接螺栓过载，在装配时应严格控制预紧力。

螺纹连接的预紧力通常是利用控制拧紧螺母时的拧紧力矩来控制的。常用控制预紧力的方法有两种：一种是采用测力矩扳手[图4-11(a)]；另一种采用定力矩扳手[图4-11(b)]。测力矩扳手可测出预紧力矩；定力矩扳手在装配时达到固定的拧紧力矩时，弹簧受压将自动打滑。

(a)   (b)

图 4-11　预紧力矩扳手

(a)测力矩扳手；(b)定力矩扳手

2. 螺纹连接的拧紧顺序

(1)水平面上螺纹连接的拧紧方法。多螺栓连接时，为了保证每个螺栓预紧力的一致性，必须按照一定的顺序分次逐步拧紧。在拧紧正方形[图4-12(a)]或圆周布置[图4-12(b)]的成组螺栓时，必须对称进行；在拧紧长方形布置[图4-12(c)]的成组螺栓时，应从中间开始，逐渐向两边对称地扩展，并且不要一次完全旋紧，应按顺序分两次或三次旋紧，否则会导致螺纹连接松紧不一致，造成被连接件变形。

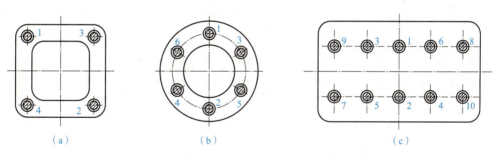

(a)   (b)   (c)

图 4-12　螺纹连接拧紧顺序

(a)正方形分布；(b)法兰圆周分布；(c)两排矩阵分布

(2)装拆垂直面上的成组螺纹连接的方法。以普通螺栓连接为例，在装垂直面上的成组螺栓、螺母时，应按从上到下的顺序进行，在拆垂直面上的成组螺栓、螺母时，应按从下到上的顺序进行。

3. 螺纹连接的防松

松动是螺纹连接中最常见的失效形式之一。一般用于连接的螺纹都是单线螺纹，自锁性好，在受静荷载或工作温度变化不大时，不会自行脱落。但是在高温、变荷载、冲击荷载和振动荷载的作用下，连接可能发生松动或松脱现象，影响正常工作，甚至发生事故。为了保证螺纹连接安全可靠，必须采取有效的防松措施。

常用的方法有摩擦力防松、机械放松和永久性防松。

(1)摩擦力防松。摩擦力防松是使内外螺纹中产生正压力，以形成阻止内外螺纹相对转动的摩擦力。常用的有对顶螺母防松、弹簧垫圈防松和自锁螺母防松。这种防松方法适用静止的外部结构件连接，且对防松要求不严格的场合。

1)对顶螺母防松。如图 4-13(a)所示，利用两螺母的对顶作用，使螺栓始终受到附加的拉力和附加摩擦力。结构简单，成本低，质量大，适用低速重载或荷载平稳的场合。

2)弹簧垫圈防松。如图 4-13(b)所示，垫圈材料为弹簧钢，螺母拧紧后，靠垫圈被压平产生的弹性反力使旋合螺母压紧，同时垫圈斜口的尖端抵住螺母与被连接件的接触面，也有防松作用。这种方法结构简单，使用方便，但在冲击、振动的工作条件下，防松效果较差，用于不重要的连接。

3)自锁螺母防松。如图 4-13(c)所示，螺母一端制成非圆形收口或开缝后径向收口。螺母拧紧后收口胀开，利用收口的弹力压紧旋合螺纹。这种方法结构简单，防松可靠，可多次装拆而不降低防松性能，用于较重要的连接。

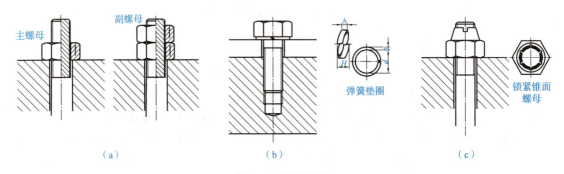

图 4-13 摩擦防松

(a)对顶螺母防松；(b)弹簧垫圈防松；(c)自锁螺母防松

(2)机械防松。采用各种专用的止动元件来限制内外螺纹的相对转动。常用的有开口销防松、止动垫圈防松和串联钢丝防松。这种防松方法可靠，但装拆麻烦，适合在机械内部运动的构件和防松要求较高的连接。

1)开口销防松。如图 4-14(a)所示，开槽螺母拧紧后，将开口销穿入螺栓尾部的小孔和螺母槽，并将开口销尾部掰开与螺母侧面贴紧，靠开口销阻止螺栓与螺母的相对转动而防松。装配有难度，适用于变载、有振动的重要连接处的防松。

2)止动垫圈防松。如图 4-14(b)所示，利用单耳或双耳止动垫圈将螺母或钉头锁紧。防松可靠，只适用连接部分有容纳弯耳的场合。

3)串联钢丝防松。如图 4-14(c)所示，将钢丝穿入一组螺栓头部的孔，将各螺栓串联起来，使其相互制约。使用时必须注意钢丝的穿入方向(图示为右旋螺纹的缠绕方向)，适合螺栓组连接，防松可靠，但装拆不便。

(3)永久性防松。内外螺纹拧紧后，采用某种方法使螺纹变为非螺纹的一种防松方法。常用的有粘结剂防松、冲点法防松和焊点法防松。它适合装配之后不再拆卸的场合。

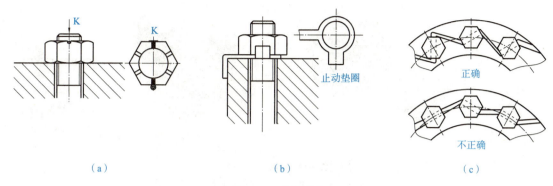

（a） （b） （c）

图 4-14　机械防松

(a)开口销防松；(b)止动垫圈防松；(c)串联钢丝防松

1)粘结剂防松。如图 4-15(a)所示，将粘结剂涂于螺纹旋合表面，拧紧螺母后，粘结剂硬化、固着，防止螺纹间的相对运动。

2)冲点法防松。如图 4-15(b)所示，用冲头在螺栓杆末端与螺母的旋合缝处打冲，破坏螺纹，利用冲点法防松。

3)焊点法防松。如图 4-15(c)所示，螺母拧紧后，将其与螺栓上的螺纹焊住，起永久防松作用。

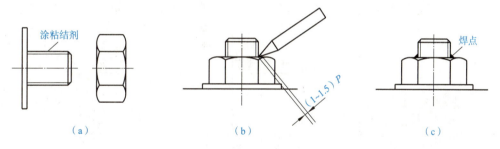

（a） （b） （c）

图 4-15　永久性防松

(a)粘结剂防松；(b)冲点法防松；(c)焊点法防松

✪ 任务 4.3　键、销及其连接

4.3.1　键及其连接

在机械传动中，轴和轴上零件之间运动和动力传递主要是通过键连接来实现的。

1. 键连接的功用

键是标准件，键连接的功用是实现轴与轴上零件(如齿轮、带轮等)之间的周向固定[图 4-16(a)]，并传递运动和动力；有的还具有导向作用[图 4-16(b)]。

汽车上许多部位采用键连接，如发动机、变速器等部件中轮毂(齿轮、带轮、联轴器)与轴的连接。

导向平键

图 4-16　键连接实例

(a)普通平键连接；(b)导向平键连接

2. 键连接的类型

按照装配的松紧程度，键连接可分为松键连接和紧键连接。

(1)松键连接。松键连接是通过挤压力来传递动力的，包括普通平键连接、导向平键连接、滑键连接、半圆键连接和花键连接五种。

1)普通平键连接。

①普通平键的特点。如图 4-17 所示，普通平键的特点是键的横截面呈矩形；两个侧面是工作面，用以传递转矩；键的上表面与轮毂槽的底面之间留有一定的间隙；对中性较好，装拆方便，但不能实现轴上零件的轴向定位。它适用轮毂间无相对轴向运动的静连接。

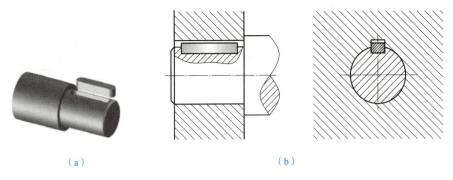

图 4-17　普通平键连接

(a)普通平键的模型；(b)普通平键连接的结构示意

②普通平键的形式。根据键的头部形状不同，普通平键有圆头(A 型)、方头(B 型)和单圆头(C 型)三种形式，如图 4-18 所示。

a. 圆头(A 型)普通平键，轴上键槽用指状铣刀加工，键在键槽中不会发生轴向移动，固定良好，应用最广泛。

b. 方头(B 型)普通平键，轴上键槽用盘形铣刀加工，键卧于槽中，为防止轴向串动，用螺钉固定。

c. 单圆头(C 型)普通平键，轴上键槽也是用指状铣刀加工，多用于轴端。

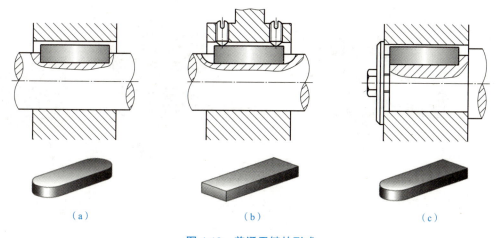

图 4-18　普通平键的形式

(a)A 型；(b)B 型；(c)C 型

③普通平键的材料。普通平键一般采用中碳钢(如 45 钢)制造。

2)导向平键连接。如图 4-16(b)和图 4-19 所示，导向平键是加长的普通平键，根据其端部形状不同有 A 型和 B 型两种。由于导向平键较长，且与键槽配合较松，因此用螺钉将键固定在轴上的键槽中。为了拆卸方便，在导向平键中部设有起键螺孔。导向平键适用于轴上传动零件滑移距离较小的情况。

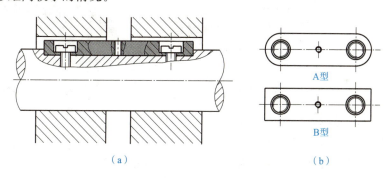

图 4-19　导向平键连接

(a)导向平键连接的结构示意；(b)导向平键的形式

3)滑键连接。当要求轮毂相对轴有较大的轴向滑动时，导向平键不易制造，则必须采用滑键连接。如图 4-20 所示，滑键连接是键固定在轮毂上，与轮毂一起在轴的键槽中做轴向移动。因此，只需在轴上加工长键槽即可。为了使键容易装配，轴上的键槽至少有一端需开通。滑键适用于零件沿轴向滑移的距离较大的场合。

滑键根据头部形状不同分为圆头滑键[图 4-20(a)]和方头滑键[图 4-20(b)]两种。

4)半圆键连接。如图 4-21 所示，半圆键的两侧面为半圆形，轴上键槽是用盘形铣刀加工成的半圆形。工作时，依靠键的两个侧面受到的挤压力传递运动和转矩；键在键槽中能绕其几何中心摆动，以适应轮毂键槽底面的方向，轴与轮毂的同心精度好，但轴上的键槽较深，对轴的强度削弱较大。它常用于锥形轴轴端、轻载、静连接。

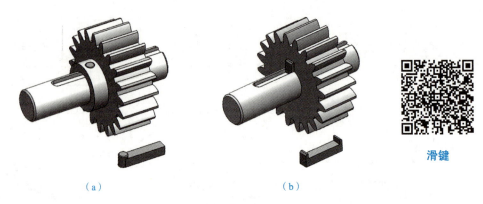

滑键

（a）　　　　　　　　（b）

图 4-20　滑键连接

(a)圆头滑键连接；(b)方头滑键连接

5)花键连接。如图 4-22 所示，花键连接是由带键齿的花键轴（外花键）和带有多个键槽的轮毂（内花键）所组成的一种连接。键的侧面是工作面，工作时，依靠键的侧面挤压传递运动和转矩。

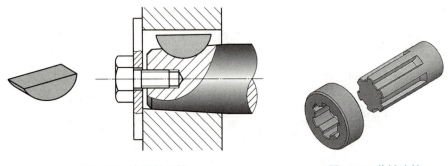

图 4-21　半圆键连接　　　　**图 4-22　花键连接**

花键连接的特点是键齿较多，承载能力强；键槽较浅，应力集中小，对轴和轮毂的强度削弱小；键齿均布，受力均匀；轴上零件与轴的对中性和导向性好；但结构复杂，加工需要专用刀具和设备，成本较高。它适用工作负荷大、定心精度要求较高的场合。

根据键齿的形状不同，常用的花键分为矩形花键和渐开线花键两类，如图 4-23 所示。

（2）紧键连接。紧键连接是通过摩擦力来传递动力的，包括楔键连接和切向键连接两种。

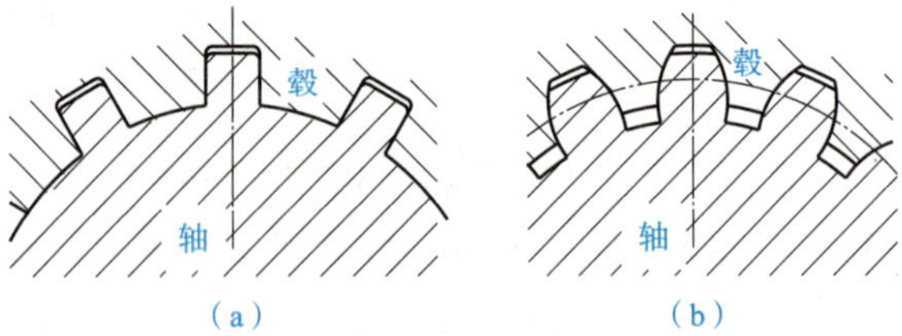

1)楔键连接。如图 4-24 所示，楔键连接的工作面是上、下表面；上、下表面制成 1∶100 的斜度；装配时需要将键打入轴轮毂的键槽内，工作时依靠键与轴和轮毂间的摩擦力传递转矩，可承受单方向较小的轴向力。

（a）　　　　　　　　（b）

图 4-23　花键的类型

(a)矩形花键；(b)渐开线花键

楔键分为普通楔键和钩头楔键两种。

楔键连接的特点是对中性差，在高速、变荷载下易松动，因此，多用于定心精度要求不高、荷载平稳和低速的场合。

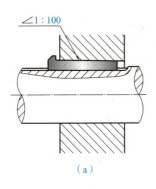 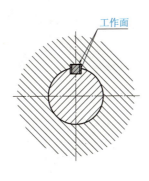 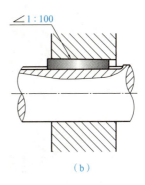

（a）　　　　　　　　　　（b）

图 4-24　楔键连接

(a)钩头楔键连接；(b)普通楔键连接

2)切向键连接。如图 4-25 所示，将一对楔键沿着楔面拼合就构成了切向键。切向键由一对楔键沿斜面拼合而成，上下两工作面互相平行，轴和轮毂上的键槽底面没有斜度。装配时，一对键分别从轮毂的两边打入，使两个工作面分别于轴和轮毂上键槽底面压紧。工作时，依靠工作面的摩擦力传递转矩。

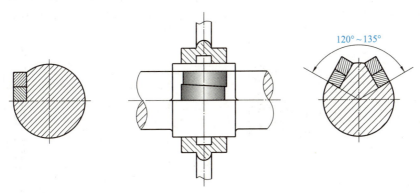

图 4-25　切向键连接

一对切向键只能传递单向转矩，需要传递双向转矩时，可安装两对互成 120°～135°的切向键。

切向键的特点是对中性较差，对轴的强度削弱较大。常用于对中性和运动精度要求不高，重载、低速和轴径大于 100 mm 的场合。

4.3.2　销及其连接

1. 销的类型

如图 4-26 所示，销主要有圆柱销和圆锥销两种，其他形式的销都是由它们演化而来的，如内螺纹圆锥销、槽销、开尾销、开口销等。销已经标准化，使用时，可根据工作情况和结构要求，按标准选择其形式和尺寸规格。

2. 销连接的应用特点

销连接可以用来确定零件间的相互位置、传递动力和转矩，还可以用作安全装置中被切断零件。

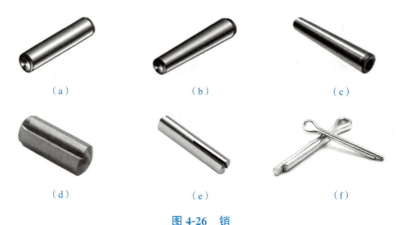

图 4-26　销

(a)圆柱销；(b)圆锥销；(c)内螺纹圆锥销；(d)槽销；(e)开尾销；(f)开口销

(1)定位销。用作确定零件之间相互位置的销称为定位销。通常采用圆锥销。如图 4-27 所示，圆锥销具有 1∶50 的锥度，定位精度高，自锁性好，且可以在同一销孔中，多次拆卸也不影响连接零件的相互位置精度，因此，常被用于经常拆卸的两零件的定位连接。带有螺纹的销(如内螺纹圆锥销和大端带螺尾的圆锥销等)在使用中便于拆卸，一般用于盲孔。

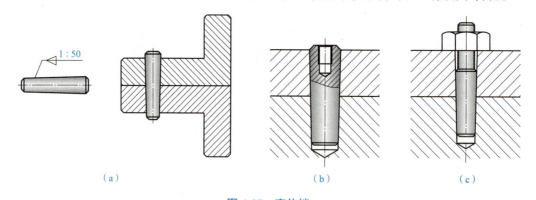

图 4-27　定位销

(a)圆锥销；(b)内螺纹圆锥销；(c)大端带螺尾圆锥销

(2)连接销。用于连接轴和轴上零件，并传递较小的力或转矩的销称为连接销，如图 4-28 所示。连接销可采用圆柱销或圆锥销，一般采用过盈配合或过渡配合固定在被连接件的铰制销孔中。

(3)安全销。当传递的动力或转矩过载时，用于连接的销首先被切断，从而保护被连接零件免受损坏，这种销称为安全销，如图 4-29 所示。销的尺寸通常以过载 20%～30% 时即切断为依据确定。使用时，应考虑销切断后不易飞出和易于更换，为此，必要时可在销上切除槽口。

(4)特殊形式的销。由于工作的特殊需要，在某些场合，还要采用特殊形式的销，如槽销、开尾圆锥销、开口销等。图 4-30(a)所示为开尾圆锥销，适用承受振动和变荷载的连接；图 4-30(b)所示为开口销，是一种防松零件，用于锁紧其他紧固件。

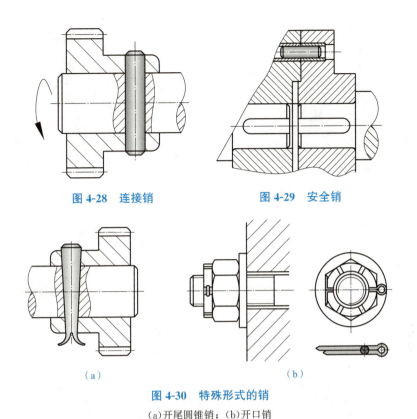

图 4-28　连接销　　　　　　　图 4-29　安全销

（a）　　　　　　　　　　　　　　（b）

图 4-30　特殊形式的销

（a）开尾圆锥销；（b）开口销

✪ 任务 4.4　轴

机械传动中的所有回转零件（如带轮、齿轮、凸轮等），都必须用轴来支承才能工作。因此，轴是机械中非常重要的零件。

4.4.1　轴的功用和分类

1. 轴的功用

轴的功用是支承旋转零件（如自行车车轮、带轮、齿轮、蜗轮等）、传递运动和动力、承受荷载，并保证装在轴上的零件具有确定的工作位置和一定的回转精度。

如汽车减速器中支承齿轮的输入轴和输出轴（图 4-31），自行车的前、后轴（图 4-32）和汽车万向传动装置中的传动轴（图 4-33）等。

2. 轴的分类

轴一般从轴线形状和承受荷载两个方面进行分类。

（1）按照轴线形状分。

1）直轴。如图 4-34 所示，轴线在一条直线上的轴为直轴。直轴根据其结构形状不同可分为光轴、阶梯轴和空心轴。光轴结构简单，加工方便，但轴上零件不易定位和装配；阶梯轴各截面直径不等，便于零件的安装和固定；空心轴在轴体的中间制有一通孔，可以减轻质量、增加刚度，还可利用轴的中空运输润滑液和切削液。

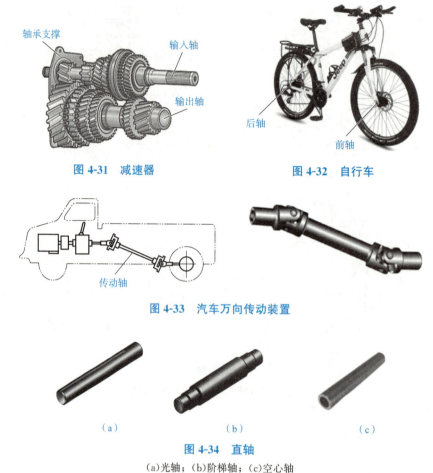

图 4-31　减速器

图 4-32　自行车

图 4-33　汽车万向传动装置

（a）　　　　　　　　　　（b）　　　　　　　　　　（c）

图 4-34　直轴

(a)光轴；(b)阶梯轴；(c)空心轴

2）曲轴。如图 4-35 所示，曲轴用于回转运动和直线往复运动的互相转换，是往复式机械中的专用零件。曲轴主要用于内燃机。

3）挠性轴。如图 4-36 所示，挠性轴具有良好的挠性，它可以把回转运动灵活地传到任何空间位置。挠性轴常用于医疗器械和小型机具的传动。

图 4-35　曲轴

图 4-36　挠性轴

（2）按照承受荷载不同分。

1）心轴。心轴工作时仅承受弯矩作用。按工作时心轴是否与轴上零件一起转动，心轴又分为固定心轴和转动心轴两种。

①固定心轴。固定心轴工作时不随轴上零件一起转动，如图 4-37 所示，自行车和摩托车的前、后轴即为固定心轴。

②转动心轴。转动心轴工作时随轴上零件一起转动，如图 4-38 所示。火车上与车轮连接的车轴即为转动心轴。

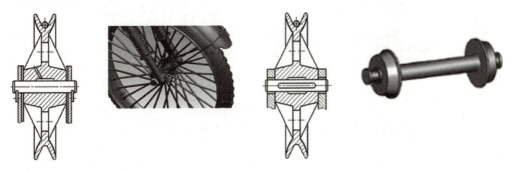

图 4-37　固定心轴　　　　　　　　　　　图 4-38　转动心轴

2）传动轴。传动轴是用来传递动力的轴，只承受转矩作用或很小的弯矩作用，如汽车上的传动轴。

3）转轴。转轴是既支承转动零件，又传递运动和动力的轴；既承受弯矩作用，又承受转矩作用。机器中大多数的轴属于转轴，如减速器中的齿轮轴、自行车的中轴、手表中带动齿轮转动的轴等。

4.4.2　轴的材料和结构

1. 轴的材料

（1）选择轴的材料时应考虑以下因素：

1）轴的强度、刚度及耐磨性要求。

2）轴的热处理方法及机械加工工艺性的要求。

3）轴的材料来源和经济性等。

（2）轴的材料主要采用优质碳素结构钢和合金结构钢。

1）轴的毛坯一般采用热轧圆钢和锻钢。

2）对于直径相差不大的轴，通常采用热轧圆钢。

3）对于直径相差较大或力学性能要求高的轴，采用锻钢。

4）对于形状复杂的轴，也可采用铸钢或球墨铸铁。

5）在高温和腐蚀条件下工作的轴，采用耐热钢和不锈钢。

2. 轴的结构

光轴的结构简单，加工方便，但轴上零件不便固定和装拆。因此，工程上一般采用阶梯轴。本书以阶梯轴为例来介绍轴的结构。图 4-39 所示为阶梯轴的典型结构。

（1）轴的组成部分。轴一般由轴头、轴颈、轴身、轴环和轴肩组成。

1）轴头。轴上支承旋转零件的部分。

2）轴颈。轴上安装轴承的部分。

3）轴身。连接轴头和轴颈的部分，是非配合的轴段。

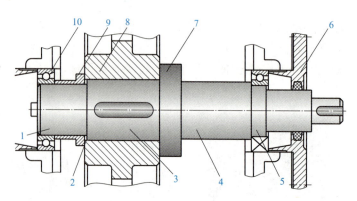

图 4-39 阶梯轴的典型结构

1、5—轴颈；2—轴肩；3—轴头；4—轴身；6—轴承盖；7—轴环；8—齿轮；9—套筒；10—轴承

4）轴环。轴环是直径大于其左右两个直径的轴段，用于确定轴承、齿轮等零件在轴上的轴向位置。

5）轴肩。轴肩是轴两段不同直径之间形成的台阶端面。其作用与轴环相同。

（2）轴的结构应满足的条件。由于轴的结构主要决定于承受荷载情况、轴上零件的布置、定位及固定方式、毛坯类型、加工和装配工艺、轴承类型和尺寸等条件，因此，轴的结构应满足：

1）轴和装在轴上的零件要有准确的工作位置。

2）轴上零件应易于装拆和调整。

3）轴上结构要有利于减小应力集中，以提高疲劳强度。

4）轴应具有良好的加工工艺性。

（3）轴上零件的定位和固定。为了保证轴上的零件有准确的工作位置，需要对轴上的零件进行固定。轴上零件既需要做轴向固定，又需要做周向固定。

1）轴上零件的轴向固定。轴上零件的轴向固定目的是保证零件在轴上有确定的轴向位置，防止零件做轴向移动，并能承受轴向力。常用轴肩、轴环、套筒、圆螺母、圆锥面、弹性挡圈、轴端挡圈和紧定螺钉等零件进行固定。

①轴肩和轴环固定。如图 4-40 所示，具有结构简单、定位可靠，并能承受较大的轴向力等优点，是一种最常用的轴向固定方法，常用于齿轮、带轮、轴承和联轴器等传动零件的轴向固定。

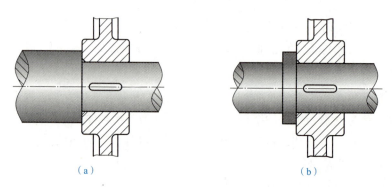

（a）   （b）

图 4-40 轴肩和轴环固定

（a）轴肩固定；（b）轴环固定

②套筒固定。如图 4-41 所示，主要依靠已确定位置的零件来做轴向定位。其特点是结构简单，装拆方便，可避免在轴上开槽、切螺纹或钻孔而削弱轴的强度。它适合相邻两零件间距较小的场合，不适合高转速情况。若零件间距较大，会使套筒过长，增加材料用量和轴部件质量。

③圆螺母固定。当无法采用套筒或套筒太长时，可采用圆螺母做轴向固定，如图 4-42 所示。圆螺母固定通常用在轴的中部或端部，具有装拆方便、固定可靠、能承受较大的轴向力等优点。缺点是需在轴上切制螺纹，且螺纹的大径要比套装零件的孔径小，一般采用细牙螺纹，以减小对轴强度的影响。为防止圆螺母松脱，常采用双螺母或一个螺母加止推垫圈来防松。

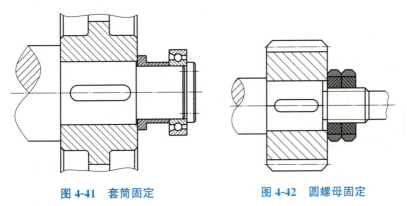

图 4-41　套筒固定　　　　　　图 4-42　圆螺母固定

④圆锥面固定。当零件位于轴端时，可利用圆锥面加挡圈进行轴向固定，如图 4-43 所示。这种固定方法有较高的定心精度，并能承受冲击荷载，但加工锥形表面比加工圆柱面难度大。

⑤弹性挡圈固定。如图 4-44 所示，弹性挡圈固定结构紧凑、装拆方便，但承受的轴向力较小，而且要求切槽尺寸保持一定的精度，以免出现弹性挡圈与被固定零件间存在间隙或弹性挡圈不能装入切槽的现象。

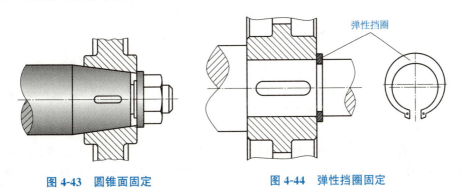

弹性挡圈

图 4-43　圆锥面固定　　　　　　图 4-44　弹性挡圈固定

⑥轴端挡圈固定。当零件位于轴端，承受剧烈的振动和冲击荷载作用时，采用轴端挡圈固定。轴径小时只需一个螺钉锁紧，轴径大时则需要两个或两个以上的螺钉锁紧，如图 4-45 所示。

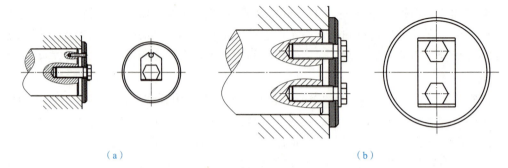

图 4-45　轴端挡圈固定

(a)一个螺钉锁紧；(b)两个螺钉锁紧

⑦紧定螺钉固定。如图 4-46 所示，其结构简单、装拆方便，适用转速较低、轴向力较小的场合。

2)轴上零件的周向固定。为了传递转矩及防止零件与轴产生相对转动，需要对轴上零件做周向固定。常采用键、销和过盈配合，也可采用紧定螺钉作周向固定，如图 4-47 所示。

键连接、销连接和紧定螺钉的内容前面均已介绍，这里不再赘述。

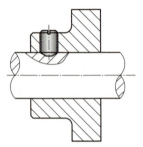

图 4-46　紧定螺钉固定

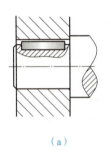 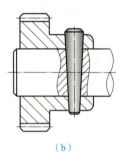 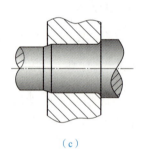 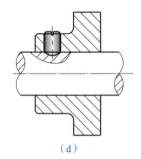

图 4-47　轴上零件周向固定

(a)键连接；(b)销连接；(c)过盈配合；(d)紧定螺钉固定

用过盈配合做周向固定主要用于不拆卸的轴与轮毂的连接。由于包容件轮毂的配合尺寸(孔径)小于被包容件轴的配合尺寸，装配后在两者之间会产生较大压力，通过此压力所产生的摩擦力可传递转矩。过盈配合固定结构简单，对轴的削弱小，对中性好，能承受较大的荷载和有较好的抗冲击性能。

过盈量不大时，一般采用压入法装配。当过盈量较大时，常采用温差法装配，即加热包容件轮毂或(和)冷却被包容件轴，利用材料的热胀冷缩现象以减小过盈量甚至形成间隙进行装配。用温差法装配不易划伤表面，可以获得很高的连接强度。

✺任务 4.5　轴承

轴在带动轴上零件回转过程中总会遇到支承问题、回转精度问题和如何减少摩擦和磨损问题。在机械设备中轴承在此类问题上起到了重要的作用。

4.5.1 轴承的功用和类型

1. 轴承的功用

轴承是机械设备中的重要零部件之一。它的功用是支承轴，保证轴的回转精度，减少回转轴与支承之间的摩擦和磨损。

2. 轴承的类型

按照轴承与轴工作表面间摩擦性质的不同，轴承可分为滑动轴承和滚动轴承两大类。

滑动轴承又分为液体润滑滑动轴承和不完全液体润滑滑动轴承。液体润滑滑动轴承用于高速、重载或旋转精度高的场合；不完全液体润滑滑动轴承用于低速、带有冲击的机械。

滚动轴承摩擦阻力小，润滑方便，可长时间运转；但滚动轴承的制造成本较高，磨损后易产生较大的噪声和振动。滚动轴承已经标准化，其应用范围非常广泛。

4.5.2 滑动轴承

仅承受滑动摩擦的轴承称为滑动轴承。

1. 滑动轴承的类型

根据所承受荷载的方向不同，滑动轴承可分向心滑动轴承和止推滑动轴承两种。

(1)向心滑动轴承。向心滑动轴承只能承受径向荷载。常用结构形式有整体式滑动轴承和对开式滑动轴承。

1)整体式滑动轴承。如图 4-48 所示，轴承用螺栓固定在机架上。滑动轴承座 1 孔中压入用具有减摩材料制成的轴套 2，轴套的两端通常带有凸缘，以防止在轴承座中发生轴向移动；并用紧定螺钉 3 固定，以防止其周向转动。滑动轴承座顶部设有安装润滑装置的螺纹孔 4。轴套上开有油孔，并在内表面上开有油槽 5，以输送润滑油，减小摩擦，简单的轴套内没有油槽，滑动轴承磨损后，只需更换轴套即可。

整体式滑动轴承的应用特点是结构简单，制造成本低。但磨损后无法调整轴颈与轴承之间的间隙，在安装和拆卸时只能沿轴向移动或只有轴承才能装拆，很不方便。所以一般应用于低速、轻载而不经常装拆的场合。

2)对开式滑动轴承。如图 4-49 所示，对开式滑动轴承是由连接螺栓 1、轴承盖 2、对开式轴瓦 3、轴承座 4 和润滑装置 5 组成。轴承座是轴承的基础部分，用螺栓和机架相连接，轴承盖用螺栓和轴承座连接，用于压紧对开式轴瓦。通过轴承盖上的润滑装置，可将润滑油顺着油孔输入轴颈表面。在轴承盖和轴承座接合处制成凸凹形的配合表面，使之能上下对中和防止横向移动。一般轴承盖和轴承座之间留有 5 mm 左右的间隙，通常放入几片很薄的调整垫片，这样当轴瓦磨损后便可按其磨损程度，取出一些调整垫片，使磨损的轴瓦得到调整，轴颈与轴瓦之间仍能保持要求的间隙。

对开式滑动轴承的应用特点是间隙可调，装拆方便，维修简单，克服了整体式轴承的两个主要不足。

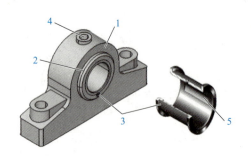

图 4-48　整体式滑动轴承

1—轴承座；2—轴套；3—紧定螺钉；

4—螺纹孔；5—油槽

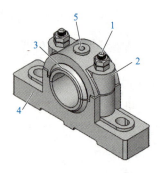

图 4-49　对开式滑动轴承

1—连接螺栓；2—轴承盖；3—对开式轴瓦；

4—轴承座；5—润滑装置

为了将润滑油引入和分布到轴承的整个工作面上，轴瓦上加工有油孔，并在内表面上开油槽，常见油槽形式如图 4-50 所示。油槽一般不开通，以减少润滑油在端部的泄漏，油槽长度一般取轴瓦轴向宽度的 80%。

图 4-50　轴瓦上的油槽形式

（2）止推滑动轴承。止推滑动轴承由轴的端面或轴环传递轴向荷载，端面此时称为止推端面，轴环称为止推环，工作时均与轴承的止推垫圈相接触。止推滑动轴承按止推轴颈支承面的不同可分为端面止推形式和轴环止推形式。

止推端面有实心和空心两种形式，与环形的止推垫圈接触（图 4-51）。实心式止推轴承轴颈端面的中部压强比周边的大，油液不易进入，润滑条件差。空心式止推轴承润滑条件好，磨损均匀。

止推环有单环和多环两种形式（图 4-52），多环止推滑动轴承支承面积较大，适用于推力较大的场合，但对制造精度要求较高。

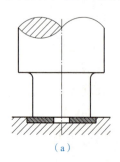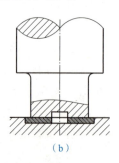

（a）　　　　　　　（b）

图 4-51　端面止推形式

（a）实心止推端面；（b）空心止推端面

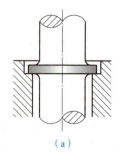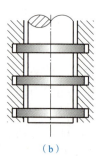

（a）　　　　　　　（b）

图 4-52　轴环止推形式

（a）单环式；（b）多环式

2. 轴瓦(轴套)的材料

(1)对轴瓦(轴套)材料的要求。

1)良好的减摩性和耐磨性。

2)较好的强度和塑性。

3)对润滑油的吸附能力强。

4)良好的导热性。

(2)常用的轴瓦(轴套)材料。常用材料有轴承合金、铜合金、铸铁、粉末冶金和非金属材料等。

1)轴承合金。具有良好的减摩性和耐磨性；但其强度低，价格较高，通常用铸造方法浇铸在强度较高材料的轴瓦(轴套)表面，一般用于高速、重载、冲击不大、负载稳定的重要轴承。

2)铜合金。具有较高的强度、较好的减摩性和耐磨性。铸造黄铜价格低，但减摩性和耐磨性不如青铜，用于冲击小、负载平稳的轴承；铸造青铜用于中速、中重载，以及冲击条件下的轴承。

3)铸铁。常用灰铸铁和耐磨铸铁。灰铸铁用于低速、轻载、不受冲击的轴承；耐磨铸铁用于和经淬火热处理的轴颈相配合的轴承。

4)粉末冶金。又称含油轴承合金，可在较长时间内不需要添加润滑油；价格低，耐磨性好，但韧性差。常用于补充润滑油困难、轻载、低速的轴承。

5)非金属材料(塑料、硬木、橡胶等)。塑料应用最广。其耐磨、耐腐蚀、摩擦系数小，具有良好的吸振和自润滑性能，但承载能力低，热变形大，导热性和尺寸稳定性差，一般用于温度、速度不高，荷载不大，散热条件较好的小型轴承。

4.5.3 滚动轴承

滚动轴承是将运转的轴和轴座之间的滑动摩擦转变为滚动摩擦，从而减少摩擦损失的一种精密的机械元件。

1. 滚动轴承的组成和类型

(1)滚动轴承的组成。如图4-53所示，滚动轴承主要由内圈1、外圈2、滚动体3和保持架4组成。滚动轴承的内、外圈分别与轴颈和轴承座装配在一起。通常内圈随轴颈一起回转，外圈固定不动，但也有外圈回转、内圈固定的应用形式。

常用滚动体的形式如图4-54所示。

(2)滚动轴承的类型。滚动轴承的类型很多。按承受荷载方向分为向心轴承、推力轴承和向心推力轴承(图4-55)；按滚动体形状分为球轴承和滚子轴承；按能否调心分为调心轴承和非调心轴承；按滚动体排列数分为单列、双列和多列轴承。常用滚动轴承的类型及特性见表4-2。

图4-53 滚动轴承的基本结构
1—内圈；2—外圈；
3—滚动体；4—保持架

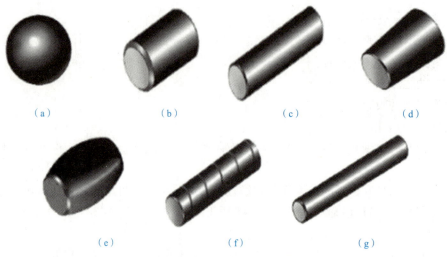

图 4-54 滚动体的形式

(a)球；(b)短圆柱滚子；(c)长圆柱滚子；(d)圆锥滚子；(e)球面滚子；(f)螺旋滚子；(g)滚针

图 4-55 滚动轴承按承受荷载方向分类

(a)向心轴承；(b)推力轴承；(c)向心推力轴承

表 4-2 常用滚动轴承的类型及特性

类型	结构简图及标准号	负荷方向	特点及应用
调心球轴承			主要承受径向荷载，也能承受少量双向的轴向荷载，外圈内滚道为球面，能自动调心，允许角偏差＜3°； 适用弯曲刚度小的轴
调心滚子轴承			能承受较大的径向荷载和少量的轴向荷载。承载能力大，具有自动调心性能，允许角偏差为＜2.5°； 适用重荷载、冲击荷载的场合

类型	结构简图及标准号	负荷方向	特点及应用
圆锥滚子轴承			能同时承受较大的径向和轴向荷载。内外圈可分离，通常成对使用，对称布置安装； 常用于转速不太高、刚性好、轴向和径向荷载很大的轴上，如斜齿轮轴、蜗杆减速器轴、机床主轴
单列推力球轴承			只能承受单向的轴向荷载，极限转速很低； 适用轴向荷载大、转速不高的场合
双列推力球轴承			可承受双向轴向荷载，用于轴向荷载大、转速不高的场合
深沟球轴承			主要承受径向荷载，也能承受少量双向轴向荷载，摩擦阻力小，极限转速高，结构简单，价格低，应用最广泛
角接触球轴承			能同时承受较大的径向力和轴向力，接触角越大，承受轴向荷载的能力越大，适用转速较高，同时承受径向荷载和轴向荷载的场合
圆柱滚子轴承			外圈无挡边，只能承受纯径向荷载，与球轴承相比承载能力较大，尤其是承受冲击荷载的能力，但极限转速较低

2. 滚动轴承的代号

滚动轴承的种类很多，为了便于选用，国家标准规定用代号表示滚动轴承。滚动轴承代号用字母加数字来表示滚动轴承的结构、尺寸、公差等级、技术性能等特征。

(1)滚动轴承代号的构成见表 4-3。

表 4-3　滚动轴承代号的构成(摘自 GB/T 272—2017)

轴承代号					
前置代号	基本代号				后置代号
	轴承系列			内径代号	
	类型代号	尺寸系列代号			
		宽度(或高度)系列代号	直径系列代号		

(2)前置代号。轴承的前置代号用于表示成套轴承的分部件,用字母表示。如用 L 表示可分离轴承的分离内圈或外圈;K 表示轴承的滚动体和保持架组件;R 表示不带可分离内圈或外圈的轴承(滚针轴承只适用于 NA 型);WS、GS 分别表示推力圆柱滚子轴承的轴圈、座圈等。

(3)基本代号。基本代号表示轴承的基本类型、结构和尺寸,是轴承代号的基础。

1)内径系列代号。右起第一、第二位数字表示轴承内径代号。其所代表的内径数值见表 4-4。

表 4-4　轴承内径代号(摘自 GB/T 272—2017)

轴承公称内径 mm		内径代号	示例
0.6~10(非整数)		用公称内径毫米数直接表示,在其与尺寸系列代号之间用"/"分开	深沟球轴承 617/0.6　$d=0.6$ mm 深沟球轴承 618/2.5　$d=2.5$ mm
1~9(整数)		用公称内径毫米数直接表示,对深沟及角接触轴承直径系列 7、8、9 内径与尺寸系列代号之间用"/"分开	深沟球轴承 625　$d=5$ mm 深沟球轴承 618/5　$d=5$ mm 角接触球轴承 707　$d=7$ mm 角接触球轴承 719/7　$d=7$ mm
10~17	10	00	深沟球轴承 6200　$d=10$ mm
	12	01	调心球轴承 1201　$d=12$ mm
	15	02	圆柱滚子轴承 NU 202　$d=15$ mm
	17	03	推力球轴承 51103　$d=17$ mm
20~480(22,28,32 除外)		公称内径除以 5 的商数,商数为个位数,需在商数左边加"0",如 08	调心滚子轴承 22308　$d=40$ mm 圆柱滚子轴承 NU 1096　$d=480$ mm
≥500,以及 22,28,32		用公称内径毫米数直接表示,但在与尺寸系列之间用"/"分开	调心滚子轴承 230/500　$d=500$ mm 深沟球轴承 62/22　$d=22$ mm

2)尺寸系列代号。右起第三、第四位数字表示尺寸系列代号。尺寸系列代号又由直径系列和宽(高)度系列代号两项构成。

右起第三位代表直径系列代号,表示同一内径而其他尺寸不同的轴承,其中 1、2、3、4 分别表示特轻系列、轻系列、中系列和重系列。

右起第四位代表宽(高)度系列代号,表示内、外径相同而宽(高)度不同的轴承,高度用于推力轴承。用数字 0、1、2、3 分别表示窄系列、正常系列、宽系列和特宽系列。窄系列"0",除了圆锥滚子轴承和调心滚子轴承,其他可以省略。

3)轴承类型代号。右起第五位数字或字母表示轴承类型。轴承类型代号见表 4-5。

表 4-5　轴承类型代号

代号	轴承类型	代号	轴承类型
0	双列角接触球轴承	7	角接触球轴承
1	调心球轴承	8	推力圆柱滚子轴承
2	调心滚子轴承和推力调心滚子轴承	N	圆柱滚子轴承 双列或多列用字母 NN 表示
3	圆锥滚子轴承	U	外球面球轴承
4	双列深沟球轴承	QJ	四点接触球轴承
5	推力球轴承	C	长弧面滚子轴承(圆环轴承)
6	深沟球轴承		

（4）后置代号。轴承的后置代号是在基本代号后面增加的补充代号，使用字母和数字表示。后置代号的排序和含义见表 4-6。

表 4-6　轴承后置代号排序和含义

组别	位置1	位置2	位置3	位置4	位置5	位置6	位置7	位置8	位置9
含义	内部结构	密封、防尘与外部形状	保持架及其材料	轴承零件材料	公差等级	游隙	配置	振动及噪声	其他

1）内部结构代号。表示同一类型轴承的内部结构，用字母紧跟着基本代号表示。如角接触球轴承代号中 B、C 和 AC 分别表示接触角为 40°、15°和 25°的内部结构；圆锥滚子轴承代号中 B 表示接触角加大的内部结构；圆柱滚子轴承代号中 E 表示加强型内部结构。

2）公差等级代号。公差等级代号及含义应符合表 4-7 的规定。

表 4-7　滚动轴承常用的定位和固定方法

代号	含义	示例
/PN	公差等级符合标准规定的普通级，代号中省略不表示	6203
/P6	公差等级符合标准规定的 6 级	6203/P6
/P6X	公差等级符合标准规定的 6X 级	30210/P6X
/P5	公差等级符合标准规定的 5 级	6203/P5
/P4	公差等级符合标准规定的 4 级	6203/P4
/P2	公差等级符合标准规定的 2 级	6203/P2
/SP	尺寸精度相当于 5 级，旋转精度相当于 4 级	234420/SP
/UP	尺寸精度相当于 4 级，旋转精度高于 4 级	234730/UP

3）游隙代号。轴承的游隙是指在一个套圈固定的情况下，另一个套圈沿径向或轴向的最大活动量，分为径向游隙和轴向游隙两种。

游隙代号及含义应符合表 4-8 的规定。

项目 **4** 常用零部件认知

表 4-8 游隙代号及含义

代号	含义	示例
/C2	游隙符合标准规定的 2 组	6210/C2
/CN	游隙符合标准规定的 N 组，代号中省略不表示	6210
/C3	游隙符合标准规定的 3 组	6210/C3
/C4	游隙符合标准规定的 4 组	NN 3006 K/C4
/C5	游隙符合标准规定的 5 组	NNU 4920 K/C5
/CA	公差等级为 SP 和 UP 的机床主轴用圆柱滚子轴承径向游隙	—
/CM	电机深沟球轴承游隙	6204-2RZ/P6CM
/CN	N 组游隙。/CN 与字母 H、M 和 L 组合 v 表示游隙范围减半，或与 P 组合，表示游隙范围偏移，如： /CNH——N 组游隙减半，相当于 N 组游隙范围的上半部 /CNL——N 组游隙减半，相当于 N 组游隙范围的下半部 /CNM——N 组游隙减半，相当于 N 组游隙范围的中部 /CNP——偏移的游隙范围，相当于 N 组游隙范围的上半部及 3 组游隙范围的下半部组成	—
/C9	轴承游隙不同于现标准	6205-2RS/C9

3. 滚动轴承的定位与固定

为了避免轴承在承受轴向荷载时相对于轴和轴承座孔产生轴向移动，轴承内圈有必要固定在轴上，外圈有必要固定在轴承座孔内。轴承的定位和固定方法很多，常用的定位和固定方法见表 4-9。

表 4-9 滚动轴承常用的定位和固定方法

简图	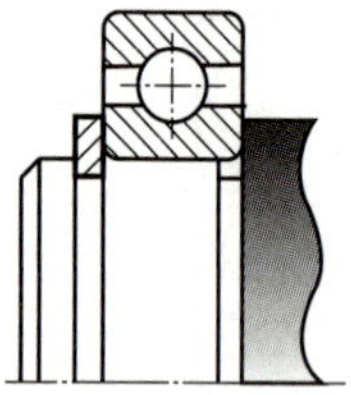	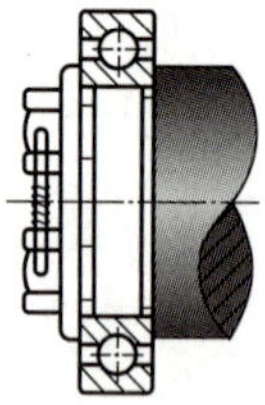	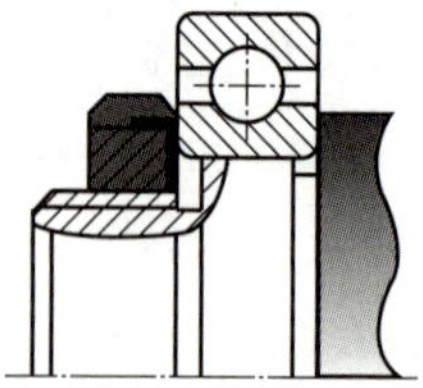	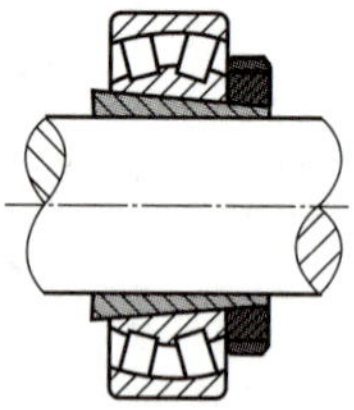
定位和固定方法	轴肩与弹簧挡圈定位 用挡圈嵌在轴的沟槽内紧固	轴肩与轴端挡圈定位 用螺钉固定的轴端挡圈紧固	轴肩、圆螺母及止动垫圈定位 用圆螺母及止动垫圈紧固	锥形套定位 用锥形套定位、止动垫圈和圆螺母紧固

应用	主要用于轴向力不大及转速不高的场合	可用于在高转速下承受大的轴向力，螺钉应有防松措施	主要用于转速高、承受较大轴向力的场合	用于光轴上、内圈为圆锥孔的轴承
简图				
定位和固定方法	弹性挡圈在外圈的制动槽中，嵌入外壳沟槽的孔用弹性挡圈紧固	轴承端盖实现外圈定位，用轴承端盖紧固	孔用弹性挡圈实现外圈定位，用弹性挡圈嵌入轴承外圈的止动槽内紧固	螺纹环定位，用螺纹环紧固
应用	主要用于轴向力不大且需减小轴承装置尺寸时	用于转速高、承受较大轴向力的各类向心轴承、推力轴承和向心推力轴承	用于当外壳不便设凸肩时	用于轴承转速高、轴向力大时，而不适于用轴承端盖紧固的情况

4. 滚动轴承的调整

滚动轴承的调整包括轴承间隙的调整和轴向位置的调整两个方面。

(1)轴承间隙的调整。

1)垫片调整。如图 4-56 所示，采用加、减轴承盖与机座间垫片厚度进行间隙的调整。

2)螺钉压盖调整。如图 4-57 所示，利用螺钉通过轴承压盖移动外圈位置进行调整。

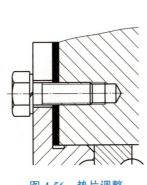

图 4-56　垫片调整

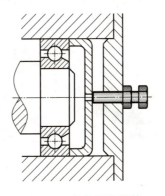

图 4-57　螺钉压盖调整

项目

4

常用零部件认知

（2）轴承轴向位置的调整。为了保证轴上零件获得正确的位置，必要时要能调整整个轴系的轴向位置。图 4-58 所示的蜗杆传动要求蜗轮中间平面通过蜗杆的轴线；图 4-59 所示为圆锥齿轮传动，要求两个节锥顶点相重合。为了达到上述要求，可通过在轴两端的轴承盖处一端增加垫片，另一端减少垫片的方法来实现。

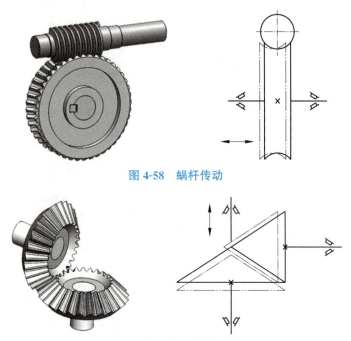

图 4-58　蜗杆传动

图 4-59　圆锥齿轮传动

5. 滚动轴承的拆装

轴承是十分精密的零件，在检修过程中，滚动轴承的拆卸和装配是一个十分重要的环节，不正确的拆卸（如果考虑轴承再利用时）和装配方法可能造成轴承内部损坏和轴的损坏，污染物可能进入轴承或在装配时产生错误。因此，拆装轴承时必须十分小心，轴心必须有适当的支撑，否则拆装力量可能伤及轴承和轴。

（1）拆卸。在拆卸滚动轴承时，要先分析定位和固定方式。拆卸工具的选择，在拆卸用轴肩、轴环或套筒定位的轴承时，用顶拔器或压力机；拆卸用弹性挡圈定位的轴承时，使用卡环手钳，如图 4-60 所示。

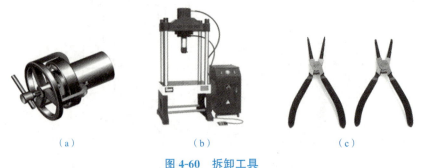

（a）　　　　　　　　　（b）　　　　　　　　　（c）

图 4-60　拆卸工具

（a）顶拔器；（b）压力机；（c）卡环手钳

(2)装配。常用的装配方法有压入法和加热法两种。

1)压入法。压入法是最简单的装配方法之一，适用安装中小型轴承。小型轴承使用手锤和辅助套筒或垫以铜棒或木棒进行安装；中小型轴承安装利用液压机在内、外圈上施加压力。对轴承所施加的压力，平均分布在轴承的内圈和外圈上，切勿单方向施加压力，以防止轴承倾斜而挤压损坏配合表面或安装偏心。

2)加热法。对于尺寸较大的轴承或过盈量较大时，可利用热胀冷缩的原理进行装配，如调心轴承用其他方法装配容易损坏，用加热法比较安全，一般采用油浴加热或电感应加热方法。

6. 滚动轴承的润滑与密封

为了降低滚动轴承工作时的摩擦功的损耗，减少轴颈和轴承间的磨损，有效地发挥滚动轴承的机能，必须对其进行润滑。

(1)滚动轴承的润滑。滚动轴承润滑的目的是减少摩擦、减轻磨损、降温冷却、吸振、防锈和减少噪声等。

目前，轴承的润滑方式主要有脂润滑和油润滑两种。其选择主要取决于速度、荷载、温度等工作条件。最常用的润滑剂为脂润滑。

脂润滑结构简单，油膜强度高，不易流失，便于密封，但润滑脂的黏度大，高速时发热严重，所以只适合在较低速下采用。

当荷载大，速度较高，工作温度高时，脂润滑已不能满足要求，而必须采用油润滑。油润滑还具有冷却、散热和清洗的作用。

为了保持良好的润滑效果及工作环境，防止润滑剂泄出，阻止灰尘、杂质及水分的侵入，滚动轴承必须有可靠的密封结构。

(2)滚动轴承的密封。滚动轴承的密封方法可分为接触式密封和非接触式密封两类。

1)接触式密封。

①毛毡圈密封。如图 4-61(a)所示，采用脂润滑，要求环境清洁、轴颈圆周速度不高于 4~5 m/s、工作温度不高于 90 ℃。

②皮碗(油封)密封。如图 4-61(b)所示，特点是采用脂润滑或油润滑，要求圆周速度不小于 7 m/s，工作温度不高于 100 ℃。

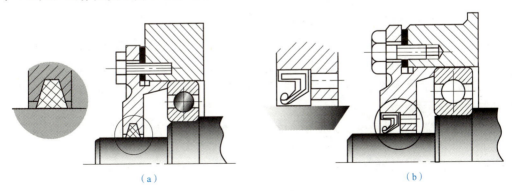

图 4-61 接触式密封

(a)毛毡圈密封；(b)皮碗密封

2）非接触式密封。

①间隙密封。如图 4-62（a）所示，采用脂润滑，适用干燥、清洁环境。

②油路密封。如图 4-62（b）所示，采用脂润滑或油润滑，密封效果可靠。

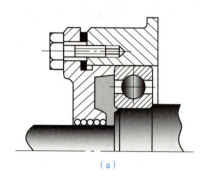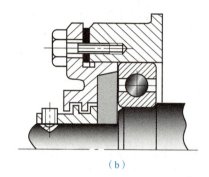

（a）   （b）

图 4-62　非接触式密封
（a）间隙密封；（b）油路密封

选用密封方式时要考虑密封结构的繁简、费用、密封的有效程度和有效期。此外，如密封件选用不当，带来的效果不大。例如，接触式密封的密封件在高速下发热并较快磨损而失去密封作用，磨损生成物又污染轴承；非接触式密封在密封件两侧有压力差时，防尘或密封效果就会变差。

7. 滚动轴承的失效形式

滚动轴承在使用过程中，由于很多原因造成其性能指标达不到使用要求时就产生了失效或损坏。

滚动轴承失效的形式有很多种，常见的失效形式有疲劳点蚀、塑性变形、磨损和套圈、保持架破裂等。

（1）疲劳点蚀。滚动轴承运转时，滚动体和套圈在接触应力的反复作用下，表面材料会发生接触疲劳磨损，金属从基体上呈点状或片状剥落的现象，即为点蚀。点蚀产生的原因错综复杂，影响因素很多，与轴承制造有关的因素有产品设计、材料选用、制造工艺和制造质量等；与轴承使用有关的因素有轴承的选型、安装、配合、润滑、密封和维护等。

（2）塑性变形。静荷载过大或冲击荷载过大，滚动体和套圈会出现塑性变形。这时，轴承的摩擦力矩、振动和噪声都将增加，运转精度降低。

（3）磨损。润滑不良、密封不佳或温度过高会导致滚动体和套圈的过度磨损。密封不佳出现磨粒磨损；润滑不良或温度过高出现胶合磨损。

（4）套圈、保持架破裂。由于安装不良和受到冲击，套圈和保持架会发生破裂，从而导致滚动轴承无法工作。

此外，还有烧伤、滑动压痕、锈蚀、电腐蚀和外物污染等失效形式。

⚙ 任务 4.6　弹簧

弹簧是靠弹性变形工作的弹性零件，也称弹性元件，被广泛地应用于机械和电子行业中。

4.6.1 弹簧的类型

弹簧的种类繁多，按承受荷载分有压缩弹簧、拉伸弹簧、扭力弹簧和弯曲弹簧；按截面形状分有线弹簧和板弹簧；按外观形状分有圆柱螺旋弹簧、圆锥螺旋弹簧、碟形弹簧、平面涡卷弹簧、板弹簧等；按制作过程分有冷卷弹簧和热卷弹簧。

弹簧的主要类型、特点及其应用见表 4-10。

表 4-10　弹簧的主要类型、特点及其应用

弹簧类型		外形图	特点及其应用
螺旋压缩弹簧			结构简单，制造容易，应用广泛。弹簧每圈之间具有足够的间隙，受压力作用后可缩短，当外力消失后又会恢复原长。为了使弹簧承受压力的接触面积增大，常把弹簧两端磨平，应用在不重要场合时可以不磨平
螺旋拉伸弹簧			又称拉力弹簧，应用广泛。弹簧初始状态时簧丝紧密排列，受外力的拉伸后伸长，当外力消失后又会恢复原长。一般两端各有一环圈，以供钩挂使用
扭力弹簧	螺旋扭力弹簧		把簧丝绕制成螺旋状，利用径向绕轴传动的扭力来控制机件，如裤夹上的弹簧。 只有一圈的又称为扣环，多用于软管或硬管的连接处，如洗衣机排水管的连接处
	平面涡卷弹簧		用长而窄的薄片金属绕成螺旋形，储存能量。如钟表中的发条、玩具青蛙的回力弹簧
螺旋锥形弹簧		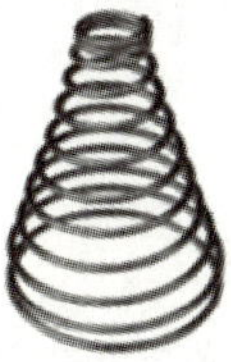	用簧丝绕成圆锥形螺旋圈，可承受压力或拉力，承受压力时，最低可成圆形板状，如手电筒后盖上的压紧电池弹簧
弹簧片			弹簧片因用途不同具有不同的形状和结构，其特点是只在一个方向容易弯曲，在另一个方向却有比较大的拉伸力及弯曲力。弹簧片能够储存能量，还具有减振、夹紧和测量等功能。主要用于检测仪表或自动装置中比较敏感的元件、弹性支撑处、定位装置等细节性位置处

弹簧类型	外形图	特点及其应用
碟形弹簧		刚度大，缓冲吸振能力强，能以小变形承受大荷载，适合轴向空间要求小的场合。在很大范围内，碟形弹簧正取代圆柱螺旋弹簧。用作汽车和拖拉机离合器及安全阀的压紧弹簧，以及用作机动器械的储能元件
空气弹簧		承受压力。隔振效率非常高，体积小，容易安装，用于汽车减振器
板弹簧		用数片长度不等的具有曲度的弹簧钢片组成，通过变形储存能量、吸收振动。应用于汽车底盘、火车车厢下减振

4.6.2　弹簧的主要功用

1. 缓冲和减振

弹簧可以起到缓冲和减振作用，如汽车、火车车厢下的减振弹簧，各种缓冲器的缓冲弹簧等。

2. 控制机构的运动

弹簧可以控制机构的运动，如内燃机中的气门弹簧、离合器、安全带和制动器中的控制弹簧等。

3. 储存及输出能量

弹簧可以储存及输出能量，如钟表弹簧、枪栓弹簧等。

4. 测量力的大小

弹簧可以测量力的大小，如弹簧秤、测力器中的弹簧等。

我国的弹簧类型主要有气门弹簧、悬架弹簧、膜片弹簧、减振弹簧、高温弹簧、卡簧、拉簧、扭簧、压簧、涡卷弹簧及异型弹簧等。

✪ 任务 4.7　联轴器、离合器、制动器

在机械中，将两根轴直接连接起来以传递运动和动力的部件是联轴器和离合器，让运转的机械降低转速或迫使其停止运转的是制动器。

4.7.1　联轴器

1. 联轴器概述

联轴器主要用在轴与轴之间的连接中，使两轴可以同时转动，以传递运动和转矩。有的

联轴器还可以用作安全装置，保护被连接的机械零件不因过载而损坏。用联轴器连接的两根轴，只有在机器停车，经过拆卸才能把它们分离。

由于制造和安装误差或受载后的变形及温度变化等因素的影响，联轴器所连接的两轴线不可避免地要产生相对偏移和偏斜，使两轴线产生相对位移。如图4-63所示，相对位移有轴向位移、径向位移、角度位移和综合位移四种形式。工作时可能引起轴、轴承和联轴器产生附加动荷载和振动。因此，选择联轴器类型时要考虑实际工作对轴间补偿量要求的高低。安装联轴器时也要注意保证两轴的相对位移在允许范围之内。

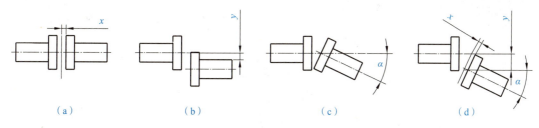

（a） （b） （c） （d）

图4-63 联轴器连接两轴的位移与偏斜

(a)轴向位移；(b)径向位移；(c)角度位移；(d)综合位移

2. 联轴器的分类

联轴器多数已经标准化和系列化，根据联轴器补偿两轴相对位移能力的不同可将其分为刚性联轴器和挠性联轴器两大类。

（1）刚性联轴器。组成刚性联轴器的各零件连接后成为一个刚性整体，工作中没有相对运动，没有补偿两轴偏移的能力。常用的有凸缘联轴器、套筒联轴器和夹壳联轴器等。

1)凸缘联轴器。在刚性联轴器中，凸缘联轴器是应用最广泛的一种。这种联轴器是把两个带有凸缘的半联轴器用键分别与两轴连接，再用螺栓将两个半联轴器连成整体，以传递运动和动力。

凸缘联轴器要求严格对中，其对中方法如图4-64所示。图4-64(a)是通过具有凸台和凹槽的两个半联轴器的相互嵌合来对中，半联轴器之间采用普通螺栓连接；图4-64(b)是通过铰制孔用螺栓与孔的紧配合对中，装拆时不需要做轴向移动，多用于经常拆卸的场合。

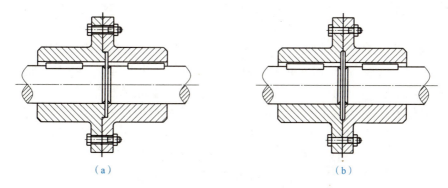

（a） （b）

图4-64 凸缘联轴器

(a)普通螺栓连接；(b)铰制孔连接

凸缘联轴器的特点是结构简单，成本低，传递的转矩较大，但无补偿性能，不能缓冲减振，对两轴安装精度要求较高，广泛应用于刚性大、荷载平稳、低速和大转矩的场合。

2）套筒联轴器。套筒联轴器如图 4-65 所示。用一个公用套筒通过键（半圆键或普通平键）或销将两轴连接在一起，用紧定螺钉来实现轴向固定。

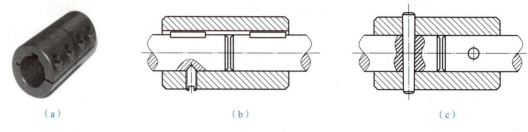

（a）　　　　　　　　（b）　　　　　　　　（c）

图 4-65　套筒轴器

（a）实物；（b）键连接结构；（c）销连接结构

套筒联轴器结构简单，径向尺寸小，容易制造，但装拆时因需做轴向移动而使用不便。适用荷载不大，工作平稳，两轴严格对中并要求联轴器径向尺寸小的场合。

3）夹壳联轴器。夹壳联轴器如图 4-66 所示。将套筒做成剖分夹壳结构，通过拧紧螺栓产生的预紧力使两夹壳与轴连接，并依靠键及夹壳与轴表面之间的摩擦力来传递转矩。

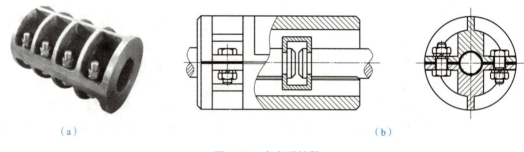

（a）　　　　　　　　　　　　　　　　　（b）

图 4-66　夹壳联轴器

（a）实物；（b）夹壳联轴器结构

特点是中间有一个剖分环，无须沿轴向移动即可方便装拆，但不能连接直径不同的两轴，外形复杂且不易平衡，高速旋转时会产生离心力，常用于低速无冲击荷载及立轴的连接。

（2）挠性联轴器。挠性联轴器分为无弹性元件联轴器和弹性联轴器。无弹性元件的联轴器常用的有齿式联轴器、十字滑块联轴器和万向联轴器；挠性联轴器中的弹性联轴器常用的有弹性圈柱销联轴器、弹性柱销联轴器、膜片联轴器和安全联轴器等。

1）齿式联轴器。齿式联轴器如图 4-67 所示。两个有内齿的外壳和两个有外齿的套筒，两者齿数相同，外齿做成球形齿顶的腰鼓齿。套筒与轴用键连接，两外壳用螺栓连接。当两轴传动中产生轴向、径向和角度等位移时，可以得到补偿。齿式联轴器的优点是转速高，能传递很大的转矩，并能补偿较大的综合位移，工作可靠，对安装精度要求不高。缺点是质量大，制造较困难，成本高，多用于重型机械。

2）十字滑块联轴器。十字滑块联轴器如图 4-68 所示。由端面开有凹槽的两个套筒和两侧各带有凸块（作为滑块）的中间圆盘所组成。十字滑块两侧的凸块相互垂直，分别嵌装在两个套筒的凹槽中。如果两轴线不同心或偏斜，滑块将在凹槽内滑动。凸槽和滑块的工作面间要加润滑剂。

图 4-67　齿式联轴器

1—外壳；2—套筒；3—键槽；4—螺栓

图 4-68　十字滑块联轴器

1—套筒1；2—中间圆盘；3—套筒2

优点是如果两轴线不同心或偏斜，滑块将在凹槽内滑动，能补偿轴不对中和偏斜。缺点是当两轴不同心且转速较高时，滑块的偏心会产生较大的离心力，给轴和轴承带来附加动荷载，并引起磨损。只适用低速运动。

3）万向联轴器。万向联轴器如图 4-69 所示。由分别装在两轴端的叉形接头及与叉形接头相连接的十字形中间连接件组成。这种联轴器允许两轴间有较大的夹角 α（最大可达 45°），机器工作时即使角度发生改变仍能正常传动，但角度过大会显著降低传动效率。

（a）

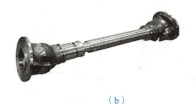
（b）

图 4-69　万向联轴器

（a）单个万向联轴器的模型；（b）成对使用的万向联轴器

1、3—万向接头；2—十字轴

因为单个万向联轴器两轴的瞬时角速度并不是时时相等，会引起动荷载，对使用不利，因此，常将两个万向联轴器成对使用[图 4-69（b）]。安装时应注意必须保证中间轴上两端的叉形接头在同一平面内，且应使主、从动轴与中间轴的夹角相等。

万向联轴器结构紧凑，维护方便，能补偿较大的角度位移，小型的万向联轴器已经标准化。

万向联轴器在汽车上的应用有变速器到主减速器之间与传动轴连接上的应用，主减速器到驱动轮之间与半轴连接上的应用及转向传动装置中的应用等。

4）弹性圈柱销联轴器。弹性圈柱销联轴器如图 4-70 所示。弹性圈柱销联轴器结构上和凸缘联轴器很近似，但是两个半联轴器的连接不用螺栓而是用橡皮或皮革套的柱销。为了补偿轴向位移，安装时预留大小相应的间隙 c，为了更换弹性圈应预留安装空间 A，如图 4-70（b）所示。

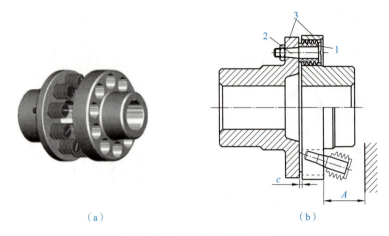

图4-70　弹性圈柱销联轴器

(a)弹性圈柱销联轴器实物；(b)弹性圈柱销联轴器结构

1—弹性套；2—柱销；3—凸缘

弹性圈柱销联轴器质量小、结构简单、装拆方便、成本低，可以补偿综合位移，具有一定的缓冲和吸振的能力，适用正、反转或启动频繁的小转矩的高速轴上。

5)弹性柱销联轴器。弹性柱销联轴器如图4-71所示。弹性柱销联轴器是利用若干非金属材料制成的柱销置于两个半联轴器凸缘的孔中，以实现两轴的连接。柱销通常用具有一定弹性的尼龙制成。为了防止柱销脱出，在柱销两端配置挡圈。

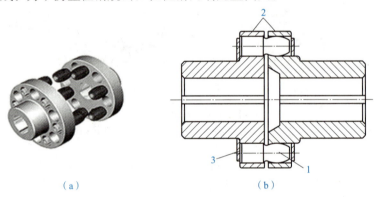

图4-71　弹性柱销联轴器

(a)弹性柱销联轴器实物；(b)弹性柱销联轴器结构

1—弹性柱销；2—凸缘；3—挡圈

这种联轴器的结构更简单，制造、安装方便，寿命长，具有缓冲吸振和补偿较大轴向位移的能力，但允许径向和角度位移量小。它适用轴向窜动量大，经常正反转、启动频繁和转速较高的场合。由于尼龙柱销对温度较敏感，使用弹性柱销联轴器时，其工作温度限制在−20 ℃～+70 ℃的范围内。

6)膜片联轴器。膜片联轴器如图4-72所示。弹性元件为多个环形金属片叠合而成的膜片组，如图4-72(b)所示，膜片圆周上有若干个螺栓孔。用铰制孔螺栓交错间隔与半联轴器连接。

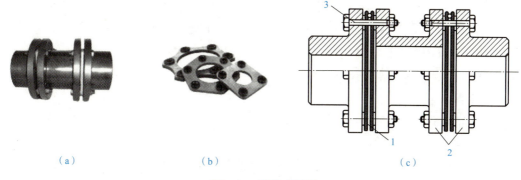

（a）　　　　　　　　（b）　　　　　　　　（c）

图 4-72　膜片联轴器

(a)膜片联轴器实物；(b)膜片组实物；(c)膜片联轴器结构

1—膜片；2—联轴器凸缘；3—螺栓

膜片联轴器结构简单，弹性元件的连接之间没有间隙，不需要润滑，维护方便、质量小、对环境的适应性强，但扭转减振性能差。它主要用于荷载平稳的高速传动，精密设备系统的传动，高温、腐蚀环境等场合，如直升机尾翼轴。

7)安全联轴器。安全联轴器是具有过载安全保护作用的联轴器。当机器过载或受冲击时，联轴器的连接件自动断开，中断两轴的连接，从而避免机器重要零、部件受到损坏。安全联轴器如图 4-73 所示。其结构类似凸缘联轴器，不用螺栓，用钢制销钉连接。销钉装入经过淬火的两段钢制套筒中，过载时即被剪断。由于安全联轴器中的销钉断开后不能恢复工作能力，因此，主要用于偶然性过载的机械设备。

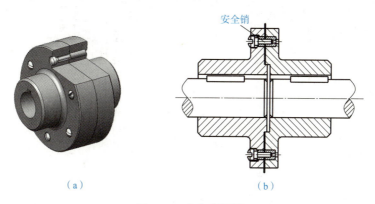

（a）　　　　　　　　　　　（b）

图 4-73　安全联轴器

(a)安全联轴器实物；(b)安全联轴器结构

4.7.2　离合器

1. 离合器概述

离合器是在传递运动和动力的过程中通过各种操纵方式使连接的两轴随时接合或分离的一种机械装置；此外它还可以作为启动或过载时控制传递转矩大小的安全保护装置。用离合器连接的两根轴，在机器工作中就能方便地使它们分离或接合。

对离合器的要求如下：

(1)分离、接合迅速，平稳无冲击，分离彻底，动作准确可靠。

(2)结构简单，质量小，惯性小，外形尺寸小，工作安全，效率高。

(3)接合元件耐磨性好，使用寿命长，散热条件好。

(4)操纵方便省力，制造容易，调整、维修方便。

2. 离合器的分类

离合器的种类很多，部分已标准化，可依据机器的工作条件从有关样本或机械设计手册中选择。

按控制方式不同，离合器可分为操纵离合器和自控离合器两大类。

(1)操纵离合器。必须通过操纵接合元件才具有接合或分离功能的离合器称为操纵离合器。按操纵方式不同，操纵离合器有机械离合器、电磁离合器、液压离合器和气压离合器等。

操纵离合器按照工作原理的不同常用的有牙嵌离合器和摩擦离合器两种。

1)牙嵌离合器。如图4-74所示，牙嵌离合器由两个端面上有牙的半离合器组成，固定套筒用普通平键固定在主动轴上，滑动套筒用导向平键（或花键）与从动轴连接，并通过操纵机构轴向移动滑环使其做轴向移动，从而起到离合作用。为了使两个套筒对中，主动轴Ⅰ的固定套筒上安装有对中环，从动轴Ⅱ在对中环中可自由转动。

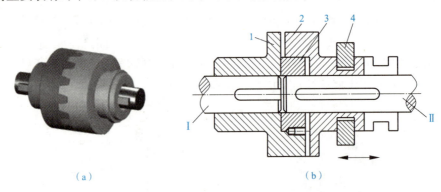

（a） （b）

图4-74 牙嵌离合器

（a）牙嵌离合器模型；（b）牙嵌离合器结构

1—左半离合器；2—右半离合器；3—对中环；4—滑环

牙嵌离合器结构简单、外廓尺寸小，连接后两轴不会发生相对移动，能传递较大的转矩。但接合时有冲击，只能在低速或停车时接合，以避免因冲击折断牙齿。

2)摩擦离合器。摩擦离合器按其结构不同可分为片式离合器和圆锥离合器等。片式离合器有单片离合器和多片离合器两种。与牙嵌离合器相比，摩擦离合器的优点是接合和分离不受主、从动轴转速的限制，接合过程平稳，冲击、振动小，过载时可发生打滑，以保护其他重要的零件不致损坏。缺点是在接合或分离过程中会产生滑动摩擦，发热量较大，磨损较大。

①单片（摩擦）离合器的组成和工作原理。如图4-75

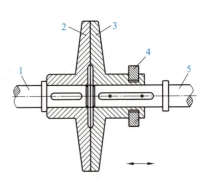

图4-75 单片离合器

1—主动轴；2—圆盘1；3—圆盘2；

4—滑环；5—从动轴

所示，单片（摩擦）离合器主要由两个圆盘组成。圆盘1固定在主动轴1上，圆盘2用导向平键（或花键）与从动轴5连接，并可以在轴上做轴向移动。其工作原理是依靠两盘间的摩擦力传递转矩和运动。滑环4由杠杆来控制离合器的接合或分离。

②多片（摩擦）离合器的组成和工作原理。多片（摩擦）离合器的组成如图4-76所示。多片离合器的外鼓轮2和内套筒4分别用平键与主动轴1和从动轴3连接。离合器有两组摩擦片，一组为外摩擦片6。外摩擦片外缘上有三个凸齿，与外鼓轮内孔的三条轴向凹槽相配，其内孔则不与任何零件接触。外摩擦片随主动轴一起回转；另一组为内摩擦片7。内摩擦片内孔壁上有三个凹槽（也可制成凸齿），与内套筒外缘上三个轴向凸齿（也可制成凹槽）相配，而其外缘不与任何零件接触。内摩擦片随从动轴一起回转。内、外摩擦片相间安装，两组摩擦片均可沿轴向移动。内套筒的外缘上与凸齿相间另开有三个轴向凹槽，槽中装有可绕销轴转动的角形杠杆10，当滑环9向左移动时，角形杠杆通过压板5将两组摩擦片压向调节螺母8，离合器处于接合状态，靠两组摩擦片间摩擦力传递转矩和运动。调节螺母用以调节摩擦片之间的压力。当滑环向右移动时，弹簧片11顶起角形杠杆，使两组摩擦片松开，主动轴与从动轴间的传动被分离。

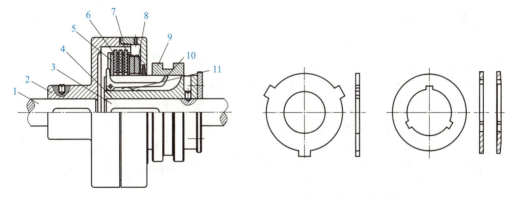

图4-76　多片离合器

1—主动轴；2—外鼓轮；3—从动轴；4—内套筒；5—压板；6—外摩擦片；

7—内摩擦片；8—调节螺母；9—滑环；10—角形杠杆；11—弹簧片

（2）自控离合器。在主动部分或从动部分某些性能参数变化时，接合元件具有自行接合或分离功能的离合器称为自控离合器。自控离合器有离心离合器、安全离合器和超越离合器三种。

1）离心离合器。当轴的转速达到某转速时靠离心力能自行接合的离合器。

2）安全离合器。当传递的扭矩达到某一限定值时，就能自动分离的离合器，有防止系统过载的安全作用。

3）超越离合器。根据主、从动轴间的相对速度差的不同实现接合或分离的离合器。

图4-77所示为超越离合器的一个常用的类型——内星轮滚柱超越离合器。其工作原理是当星轮作为主动件并顺时针转动时，滚柱受摩擦力作用而滚向星轮与外环空隙的收缩部分，被楔紧在星轮和外环间，从而带动外环随星轮一起转动，离合器处于接合状态；当星轮逆时针转动时，滚柱滚向楔形间隙大的一端，离合器处于分离状态。如果外环与星轮同时做顺时针转动，并且外环的角速度大于星轮的角速度时，离合器也处于分离状态，外环并不能带动星轮转动，即从动件外环可以超越主动件星轮转动，因而称为超越离合器。

4.7.3 制动器

1. 制动器概述

制动器是利用摩擦力矩降低机器运转部件的转速或使其停止回转的装置，具有减速、停止机械运转和制动时支持重物等功能。

汽车用制动器有用于行驶中的车辆减速或短距离内停车的行车制动器和用于已经停在路面上的汽车驻留原地不动的驻车制动器。

对制动器的要求：能产生足够的制动力矩；结构简单，外形紧凑；制动迅速、平稳、可靠；制动器零件有足够的强度和刚度，制动带、鼓应具有较高的耐磨性和耐热性；调整、维修方便。

制动器一般设置在机构中转速较高的轴上(转矩小)，以减小制动器的尺寸。

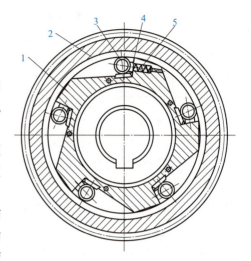

图 4-77　内星轮滚柱超越离合器

1—星轮；2—外圈；3—滚柱；

4—顶杆；5—弹簧

2. 制动器的分类、组成和工作原理

(1)制动器的分类。

1)按结构特征分类有块式、带式、蹄式和盘式四种。

2)按操纵方式分类有手动式、电磁铁式、液压式、液压-电磁式和气压式等。

3)按工作状态分类有常开式和常闭式两种。

常开式制动器是经常处于松闸状态，必须施加外力才能实现制动；常闭式制动器是经常处于合闸即制动状态，只有施加外力才能解除制动状态。起重机械中的提升机构常采用常闭式制动器，而各种车辆的主制动器采用常开式。

(2)常用制动器的组成和工作原理。

1)带式制动器。简单带式制动器如图 4-78 所示，主要由制动轮、制动带、制动杠杆和重锤组成。下面是带式制动器的动态图。在重锤的重力作用下，制动带抱紧在制动轮上处于制动状态，用电磁铁松闸。为了增加摩擦力，在制动钢带的内表面铆有制动衬片(石棉带或木块等)。此外，为了防止制动带从制动轮上滑脱可以将制动轮制成有凸缘结构。

这种制动器结构简单，紧凑，制动效果好，容易调节，但磨损不均匀，散热不良。汽车自动变速器中采用了带式制动器。

2)鼓式制动器。鼓式制动器有双蹄、多蹄和软管多蹄等形式，其中双蹄式应用较广。双蹄式制动器如图 4-79 所示。左、右两制动蹄分别通过两支承销与制动底板相连接，制动鼓与需制动的轴相连接。当压力油进入液压缸时，推动左、右两个活塞分别向左、右移动，带动两制动蹄压紧在制动鼓的内表面上，实现抱闸制动。油路卸压后，弹簧弹力使两制动蹄与制动鼓分开，制动器处于松闸状态。

3)盘式制动器。汽车上采用的盘式制动器如图 4-80 所示。制动时液压油通过进油口进入制动液压缸，推动活塞及其上的摩擦块向右移动，并压到制动盘上，直到制动盘右侧的摩擦块也压到制动盘上夹住制动盘，并使其制动。

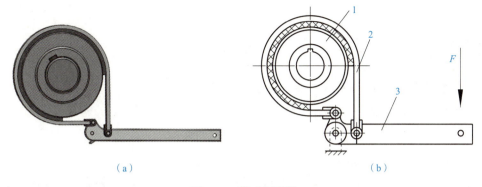

(a)   (b)

图 4-78　带式制动器

(a)带式制动器模型；(b)带式制动器结构

1—制动轮；2—制动带；3—制动杠杆

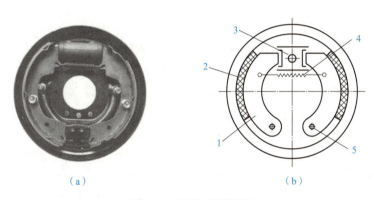

(a)   (b)

图 4-79　双蹄式制动器

(a)双蹄式制动器实物；(b)双蹄式制动器结构

1—制动蹄；2—制动鼓；3—液压缸；4—弹簧；5—支承销

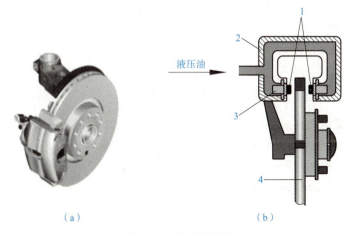

液压油

(a)   (b)

图 4-80　盘式制动器

(a)盘式制动器实物；(b)盘式制动器结构

1—摩擦块；2—刹车钳；3—活塞；4—制动盘

项目 4

常用零部件认知

 **任务实施**

1. 实施条件

(1)带式输送机传动装置模型、常用拆卸工具。

(2)结构图展板(带式输送机传动装置结构简图和一级直齿减速器结构简图)等。

2. 实施步骤

(1)结合展板认识带式输送机传动装置。

(2)学生观看教师拆卸一级直齿减速器,指认轴、轴承、键、联轴器、轴端挡圈、螺栓等零件,并说出这些零件在机器中的作用。

(3)说出齿轮和轴承的轴向定位和固定的方法。

 知识拓展

盘式制动器和鼓式制动器的区别

(1)鼓式制动器的造价低,而且符合传统设计要求。对于重型车来说,由于车速一般不是很高,刹车蹄的耐用程度也比盘式制动器高,在获得相同刹车力矩的前提下,鼓式制动装置的刹车鼓的直径比盘式要小很多,因此,许多重型车至今仍使用四轮鼓式的设计。

(2)盘式制动器的散热性能很好,制动系统的反应也比较快速,可做高频率的刹车动作。与鼓式制动器相比较,盘式制动的构造简单,且容易维修。在同等尺寸下,由于鼓式制动的刹车片与制动鼓的接触面积相比盘式制动要大,因此,鼓式的制动力也要大。

(3)鼓式制动器散热性要差很多,其次制动力稳定性不足,在相同路面上制动变化很大,不易掌控,在连续踩刹车时可能会造成刹车衰退而使刹车失灵。另外,鼓式制动器在使用一段时间后,要定期调刹车蹄的空隙,甚至要把整个刹车鼓拆出清理累积在内的刹车粉。

(4)盘式制动器的造价较高,它不太适合一些特殊环境,比如砂石较多的情况下容易损坏刹车盘。另外,盘式制动的摩擦块与刹车盘之间的摩擦面积较鼓式刹车的摩擦面积小,刹车的力量也很小,而且摩擦块的磨损较大,更换频率较高。

项目小结

(1)机械连接根据被连接的零件间是否允许产生相对运动连接可分为动连接和静连接两大类;根据拆卸过程中零件是否遭到破坏,连接又分为可拆连接和不可拆连接两大类。

(2)螺纹连接主要有螺栓连接、双头螺柱连接、螺钉连接和紧定螺钉连接。其中螺栓连接又分为普通螺栓连接和铰制孔用螺栓连接两种。

(3)键连接由键、轴、轮毂组成。松键连接有普通平键连接、导向平键连接、滑键连接、花键连接和半圆键连接;紧键连接有楔键连接和切向键连接。

(4)销按照形状可分为圆柱销、圆锥销和异型销;按照功用可分为定位销、连接销和安全销。

(5)轴是用来支承齿轮、带轮、车轮等旋转零件并传递运动和动力,按轴所承受的荷载不同可分心轴、传动轴和转轴;按轴的轴线形状分为直轴、曲轴和挠性轴。轴的结构由轴头、轴颈、轴身、轴肩和轴环组成。轴上零件的轴向定位和固定方法主要有轴肩与轴环固定、套筒固定、轴端挡圈固定、圆锥面固定、螺母和止推垫圈固定、弹性挡圈固定和紧定螺钉固定等；轴上零件的周向定位和固定方法有键连接、销连接、过盈配合和紧定螺钉固定等。

（6）轴承的功用是支撑轴及轴上零件，并保证轴的旋转精度；同时减少轴与支撑间的磨损。轴承按其工作时的摩擦性质不同可分为滑动轴承和滚动轴承两大类。轴承按照所承受的荷载方向不同，可分为向心轴承和推力轴承。

（7）滚动轴承主要由内圈、外圈、滚动体和保持架组成。滚动轴承按滚动体的形状可分为球轴承和滚子轴承两种类型。

（8）弹簧的功用有缓冲和吸振；储存、释放能量；测量力的大小；控制构件运动。

（9）弹簧按承受荷载情况可分为压缩弹簧、拉伸弹簧、扭转弹簧和弯曲弹簧四大类。

（10）联轴器主要用于不同部件的轴与轴之间的连接，使它们共同转动以传递运动和转矩。常用刚性联轴器有凸缘联轴器、套筒联轴器和夹壳联轴器等；挠性联轴器有齿式联轴器、十字滑块联轴器、万向联轴器、弹性圈柱销联轴器、弹性柱销联轴器、膜片联轴器和安全联轴器等。

（11）离合器是在传递运动和动力的过程中通过各种操纵方式使连接的两轴随时接合或分离的一种机械装置。离合器还可作为启动或过载时控制传递转矩大小的安全保护装置。离合器可分为操纵离合器和自控离合器两大类。

（12）制动器具有减速、停止机械运转和制动时支持重物等功能。机械制动器是利用摩擦副中产生的摩擦力矩来工作的。制动器按摩擦副元件的结构形式的不同可分为块式、带式、蹄式和盘式四种。

一、技能测试

常用零部件认知应用作业表见表 4-11。

表 4-11　常用零部件认知应用作业表

基本信息	姓名		班级		学号		组别	
	考核日期		规定时间		完成时间		总评成绩	
序号	图例		技能操作要求				评分标准	得分
			技能操作					
1	看图写出各连接的名称 ①（　　　） ②（　　　） ③（　　　）						20	
2	看图写出螺纹连接的防松方法 止动垫圈　涂粘结剂 ①（　　　） ②（　　　） ③（　　　）						20	
3	写出图中序号所示轴组成名称，如1—轴颈 1— 2— 3— 4— 5— 6—						40	
技能操作改进意见和建议							5	
团队合作							5	
语言表达							5	
工单填写							5	
教师评语								

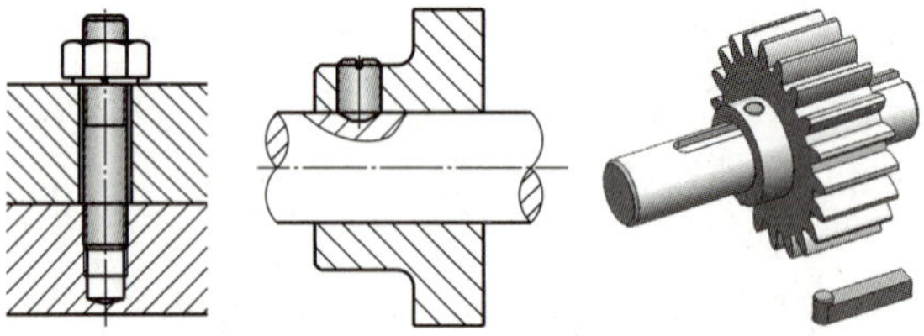

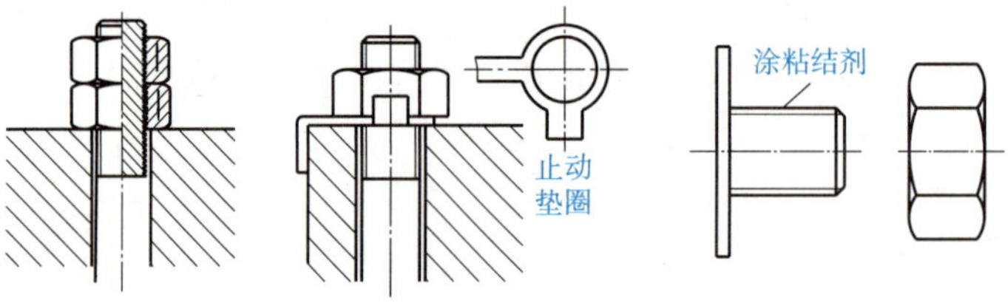

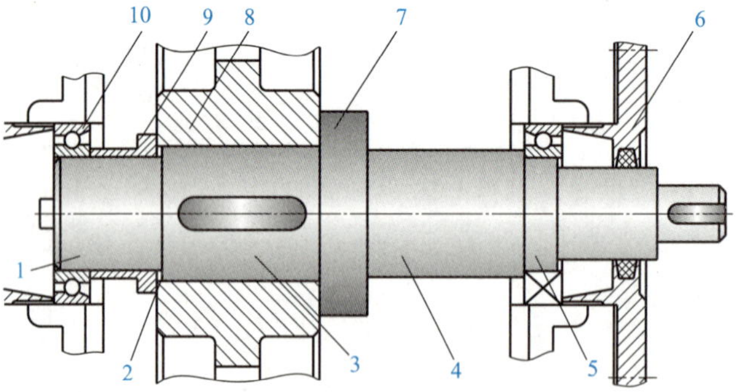

二、理论测试

题号	一	二	三	总分
分数				

(一)填空题(每空 5 分，共计 50 分)

1. 常用控制螺纹连接预紧力矩的扳手有_____和_____。

2. 轴上传动零件滑移距离较小时采用_____连接；当要求轮毂相对轴有较大的轴向滑动时采用_____连接。

3. 轴一般由_____、_____、_____、轴环和_____组成。

4. 轴承 62203 的内径是_____ mm。

5. 根据主、从动轴间的相对速度差的不同以实现接合或分离的离合器是_____。

(二)选择题(每小题 5 分，共计 25 分)

1. 连接汽车前置变速器和后桥的轴属于(　　)。

　　A. 转动心轴　　　　B. 固定心轴　　　　C. 传动轴　　　　D. 转轴

2. 滑动轴承与滚动轴承相比，(　　)。

　　A. 易于交换　　　　B. 承载能力强　　　　C. 效率高　　　　D. 润滑容易

3. 塑料轴瓦材料属于(　　)。

　　A. 轴承合金　　　　B. 青铜　　　　C. 粉末冶金　　　　D. 非金属材料

4. 下列选项中属于轴上零件轴向固定的是(　　)。

　　A. 套筒连接　　　　B. 平键连接　　　　C. 半圆键连接　　　　D. 花键连接

5. 销连接中用于确定零件之间相互位置的是(　　)。

　　A. 安全销　　　　B. 开口销　　　　C. 定位销　　　　D. 连接销

(三)判断题(每小题 5 分，共计 25 分)

1. 自行车的前轴属于心轴。　　　　　　　　　　　　　　　　　　　　　　(　　)

2. 平键连接工作表面是键的上、下表面。　　　　　　　　　　　　　　　　(　　)

3. 为了便于轴承内圈拆卸，轴肩高度应大于轴承内圈外径。　　　　　　　　(　　)

4. 花键连接不允许被连接的零件间产生相对的运动。　　　　　　　　　　　(　　)

5. 内螺纹圆柱销便于拆卸，用于盲孔的连接件中。　　　　　　　　　　　　(　　)

项目 5

常用机构认知

在机械中，用来变换运动形式的是机构。图5-1所示的机械手可以实现移动→转动→移动的运动形式的转换。这是典型平面连杆机构的应用。本项目将通过平面连杆机构、凸轮机构、螺旋机构和间歇运动机构等任务的知识准备，帮助正确分析机械中所用机构的组成、类型、特点、运动形式变换的原理，是合理使用和维护机械的基础。

图 5-1　机械手

机械手

1. 知识目标

了解各种常用机构的组成；熟知各种常用机构的类型、特点及其应用。

2. 能力目标

能够正确分析常用机械中机构的类型；能够根据常用机构的特点进行正确使用和维护，解决生产和生活中的实际问题。

3. 素养目标

养成自主学习、独立思考的能力；具有善于钻研、精益求精的工匠精神。

任务 5.1　平面连杆机构

在日常生活和生产活动中，会经常用到平面连杆机构。图 5-2(a)所示的港口鹤式起重机和图 5-2(b)所示的公共汽车车门开启应用的就是平面连杆机构。

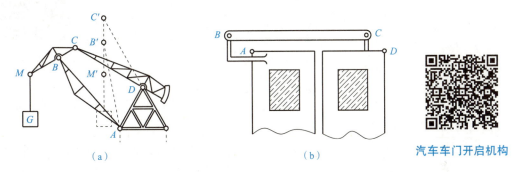

（a）　　　　　　　　　　　　　　（b）　　　　　汽车车门开启机构

图 5-2　平面连杆机构的应用

(a)港口鹤式起重机；(b)公交汽车车门开启机构

5.1.1　平面连杆机构概述

1. 平面连杆机构的定义

所有构件都在同一平面内或在相互平行的平面上运动，且运动副是低副的机构称为平面连杆机构。

2. 平面连杆机构的特点

(1)优点。

1)采用面接触，承载能力大、便于润滑、不易磨损、形状简单、易加工、容易获得较高的制造精度。

2)改变杆的相对长度，从动件获得不同的运动规律。

3)连杆的轨迹多样，可满足多种运动轨迹的要求。

(2)缺点。

1)构件和运动副多，积累误差大、运动精度低、效率低。

2)运动中产生动载荷(惯性力)，不适合高速运转。

3)设计复杂，难以实现精确的轨迹。

在平面连杆机构中，广泛应用的是四杆机构，即由四个构件组成的平面连杆机构。最基本的四杆机构是具有四个转动副的铰链四杆机构。

5.1.2　铰链四杆机构的组成和基本类型

图 5-3 所示为铰链四杆机构的机构简图。其中固定不动的构件 4 称为机架，与机架相连

的构件 1 和 3 称为连架杆，不与机架相连的构件 2 称为连杆。构件 1 相对机架能做整周转动，称为曲柄；构件 3 相对机架在一定角度内摇摆，称为摇杆。铰链四杆机构按照机构中有无曲柄，分为曲柄摇杆机构、双曲柄机构和双摇杆机构三种基本类型。

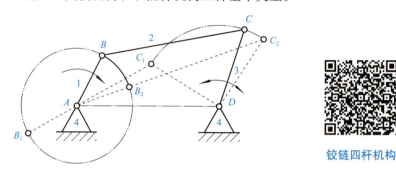

铰链四杆机构

图 5-3 铰链四杆机构简图

1. 曲柄摇杆机构

在铰链四杆机构中，若两个连架杆之一为曲柄，另一个为摇杆，此机构称为曲柄摇杆机构，如图 5-4 所示。在曲柄摇杆机构中，当曲柄 1 为主动件时，机构可将曲柄的连续旋转运动经连杆 2 转换为摇杆 3 的往复摆动。反之，当摇杆 3 为主动件时，可将摇杆的往复摆动经连杆 2 转换为曲柄 1 的连续旋转运动。曲柄摇杆机构主要用于将主动件曲柄的整周回转运动转变为从动件摇杆的往复摆动的场合，图 5-4(a)所示为颚式碎石机；有时也取摇杆做主动件，这时可以将摇杆的往复摆动转换为曲柄的整周回转运动，图 5-4(b)所示为缝纫机脚踏板机构。

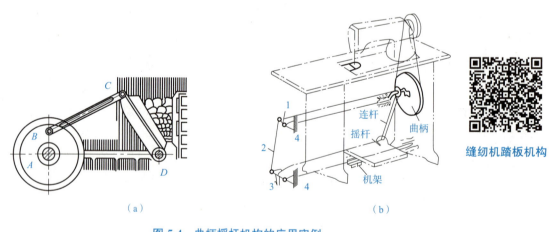

缝纫机踏板机构

（a）　　　　　　　　　　（b）

图 5-4 曲柄摇杆机构的应用实例
（a）颚式碎石机；（b）缝纫机脚踏板机构
1—曲柄；2—连杆；3—摇杆；4—机架

2. 双曲柄机构

两个连架杆均为曲柄的铰链四杆机构称为双曲柄机构。如图 5-5 所示，双曲柄机构的特点是能将等角速度转动转变为周期性的变角速度转动，即在两个曲柄中，原动曲柄做等速转动，从动曲柄做变角速度转动。

生产中常利用双曲柄机构的这一特点实现慢速工作行程、快速回程的工作要求。双曲柄机构在惯性筛中的应用如图 5-6 所示。

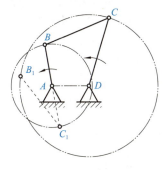

图 5-5 双曲柄机构简图

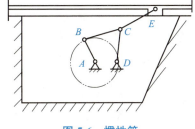

图 5-6 惯性筛

双曲柄机构

惯性筛

在双曲柄机构中，若两个曲柄的长度相等，连杆和机架的长度也相等，该机构称为平行双曲柄机构。

当两个曲柄的转向相同，且角速度也相等时，称为正平行双曲柄机构，如图 5-7(a) 所示，被应用于机车车轮联动装置中，如图 5-8(a) 所示。

当两个曲柄的转向相反，且角速度不等时，称为反平行双曲柄机构，如图 5-7(b) 所示，被应用于公交车门开启机构中，如图 5-8(b) 所示。

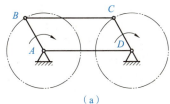
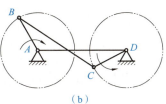

（a）　　　　　　　　　（b）

正平行双曲柄机构　　**反平行双曲柄机构**

图 5-7 平行双曲柄机构

（a）正平行双曲柄机构；（b）反平行双曲柄机构

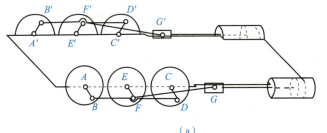

（a）　　　　　　　　　（b）

图 5-8 平行双曲柄机构应用实例

（a）机车车轮联动机构；（b）公交车车门开启机构

3. 双摇杆机构

两个连架杆均为摇杆的铰链四杆机构称为双摇杆机构。在双摇杆机构中，两摇杆可以分别为主动件，当连杆与摇杆共线时（图 5-9 中 B_1C_1D 和 C_2B_2A），两个摇杆分别为最大摆角 φ_1 和 φ_2 位置。

图 5-10 所示为鹤式起重机利用两个摇杆的摆动，使悬挂在连杆上的重物 G 沿近似水平直线方向移动，可以避免因重物的升降而引起能量的消耗。

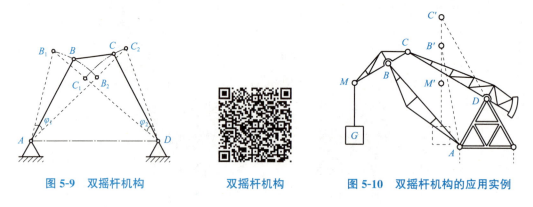

图 5-9　双摇杆机构　　双摇杆机构　　图 5-10　双摇杆机构的应用实例

5.1.3　铰链四杆机构的基本性质

1. 曲柄存在的条件

在铰链四杆机构的应用中，只有曲柄这种能做整周旋转运动的构件才能用电动机等连续转动的装置来带动，所以曲柄在铰链四杆机构中占有重要的地位。实践证明，铰链四杆机构是否有能做整周回转运动的构件，取决于各构件的长度之间的关系，这就是曲柄存在的条件。

在图 5-11 所示的曲柄摇杆机构中，设曲柄 AB、连杆 BC、摇杆 CD 和机架 AD 的长度分别为 a、b、c、d，当曲柄回转一周时，B 点的运动轨迹是以 A 点为圆心，半径为 a 的圆。B 点在通过 B_1 和 B_2 点时，曲柄 AB 与连杆 BC 形成两次共线，AB 能否顺利通过这两个位置，是 AB 能否成为曲柄的关键。经过数学推导和分析可知铰链四杆机构中曲柄存在的条件：

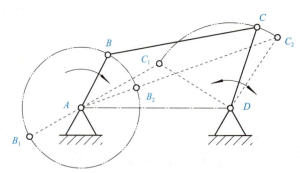

图 5-11　曲柄存在的条件

(1)最短杆和最长杆的长度之和小于或等于其余两杆的长度之和。

(2)连架杆和机架中必有一个最短杆。

上述两个条件必须同时满足，否则铰链四杆机构中无曲柄存在。

根据曲柄存在的条件，可以推论出铰链四杆机构三种基本类型的判定方法：

(1)若铰链四杆机构中最短杆和最长杆的长度之和小于或等于其余两杆的长度之和，则

1)以最短杆的邻边做机架时，机构为曲柄摇杆机构。

2)以最短杆做机架时，机构为双曲柄机构。

3)以最短杆的对边做机架时，机构为双摇杆机构。

(2)若铰链四杆机构中最短杆和最长杆的长度之和大于其余两杆的长度之和，则无曲柄存在，机构为双摇杆机构。

2. 急回特性

在曲柄摇杆机构的应用中，有时是摇杆一个方向的摆动为工作行程，另一个方向的摆动为空回行程。一般在既能保证工作质量，又能节省工作时间，提高工作效率前提下，空回行程都会快一些。曲柄摇杆机构是如何实现这一需求的呢？曲柄摇杆机构的急回特性运动简图如图 5-12 所示。

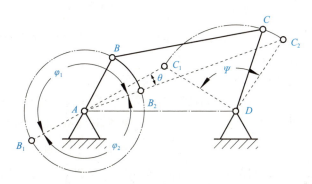

图 5-12　曲柄摇杆机构的急回特性运动简图

当曲柄 AB 为原动件作等速回转时，摇杆 CD 为从动件做往复摆动，摆动两个极限位置的夹角称为摆角(ψ)。曲柄 AB 在回转一周的过程中有两次与连杆 BC 共线，这时摇杆 CD 分别处在左右两个极限位置 C_1D、C_2D。此时，曲柄与连杆两次共线所在直线所夹的锐角 θ 称为极位夹角。

曲柄等角速度顺时针回转从 AB_1 回转到 AB_2，转过角度 $\varphi_1 = 180° + \theta$，摇杆 CD 从 C_1D 摆到 C_2D；曲柄继续顺时针从 AB_2 转到 AB_1，转过角度 $\varphi_2 = 180° - \theta$，摇杆从 C_2D 摆回到 C_1D。

曲柄摇杆机构中，曲柄虽做等速转动，而摇杆摆动时空回行程的平均速度(V_2)却大于工作行程的平均速度(V_1)，这种特性称为急回特性。

铰链四杆机构有无急回特性，与行程速比系数(K)有关。

$$K = V_2/V_1 = \frac{\overset{\frown}{C_1C_2}/t_2}{\overset{\frown}{C_1C_2}/t_1} = \frac{t_1}{t_2} = \frac{180° + \theta}{180° - \theta} \tag{5-1}$$

式中　K——行程速比系数；

　　　　t_1、t_2——摇杆工作行程和返回行程所用时间；

　　　　V_1、V_2——摇杆工作行程和返回行程的平均速度；

θ——极位夹角。

由上式可知，行程速比系数 K 与极位夹角 θ 有关，$\theta=0°$，$K=1$，机构无急回特性；$\theta>0°$，$K>1$，机构有急回特性，且 θ 越大，K 值越大，急回特性越显著。

曲柄摇杆机构的这种特性在牛头刨床、惯性筛和汽车雨刮器等机械中得到了应用。

3. 传动特性

平面连杆机构不仅要实现预定的运动要求，而且还要运转效率高，具有良好的传力特性。机构传力特性的优劣，常用压力角或传动角表示。

机构的压力角是指构件上某点受力方向线与运动方向之间所夹的锐角，如图 5-13 所示，压力角为四杆机构的传动特性中的 F 方向与 V_C 方向的夹角（α）。压力角的大小影响受力的分解和机构尺寸的大小。$F_2=F\cos\alpha$ 推动摇杆绕 D 点摆动，是有用的分力，$F_1=F\sin\alpha$ 对摇杆无推动作用，是有害的分力。可见，压力角越小，有效力越大，有害力越小，机构越省力，效率也越高。因此，可以用压力角来判断机构的传动特性。

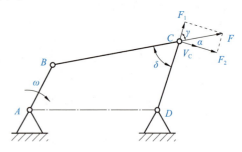

图 5-13　四杆机构的传动特性

传动角（γ）是连杆与从动件所夹的锐角，也是压力角（α）的余角。

因此，在连杆机构中也常用传动角的大小及变化情况来描述机构传动特性的优劣。传动角越大，机构的传动特性越好。通常取 $\gamma_{min} \geqslant 40°$，重载时应取 $\gamma_{min} \geqslant 50°$。

4. 死点位置

在曲柄摇杆机构中，若以摇杆为主动件，曲柄为从动件，如图 5-12 所示，当连杆和曲柄共线时，摇杆经连杆传给曲柄的力 F 通过曲柄转动中心 A，即 F 对 A 点的力矩为零，机构"卡死"，该位置称为死点位置。

死点位置是很特殊的位置，但在传动系统中还是普遍存在的。机构中是否存在死点，取决于从动件是否与连杆共线，对于曲柄摇杆机构而言，当曲柄作为主动件时，摇杆和连杆无共线位置，不出现死点；当以摇杆为主动件时，曲柄与连杆有共线位置，出现死点。在传动机构中死点的存在对机构是不利的，工程中常利用飞轮，借助其惯性来克服死点。如汽车发动机为了保证机构正常运转，在曲柄轴上安装飞轮，利用其惯性作用使机构顺利通过死点位置；此外，还可以利用机构错位排列的方法克服死点，如机车车轮联动机构。

相反，因为机构处在死点位置时，无论驱动力多大，机构都将不能运动，还可实现安全保护或其他特定功能的要求。因此，在工程上也得到了广泛的应用。如图 5-14（a）所示飞机起落架的收放机构和图 5-14（b）所示利用死点位置夹紧工件中的应用。

5.1.4　铰链四杆机构的演化形式

在生活和生产中，除铰链四杆机构的三种基本类型外，还广泛地采用其他形式的四杆机构。这些机构虽然种类繁多，结构差异较大，但大多数可以看作由铰链四杆机构通过以移动副取代转动副、改变构件的相对长度或选择不同构件作为机架等方式演变而来的。

飞机起落架收放机构

夹紧工件

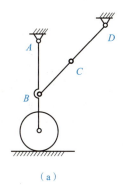

（a）

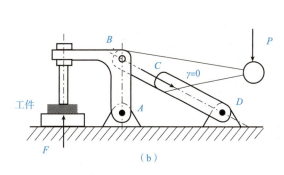

（b）

图 5-14　死点位置的应用实例

（a）飞机起落架收放机构；（b）利用死点位置夹紧工件

1. 曲柄滑块机构

曲柄滑块机构是具有一个曲柄和一个滑块的铰链四杆机构，是由曲柄摇杆机构演化而来的。如图 5-15（a）所示为曲柄摇杆机构，当摇杆 CD 的长度趋向无穷大时，原来沿圆弧往复运动的 C 点变成沿直线的往复移动，也就是摇杆变成沿导轨往复移动的滑块，曲柄摇杆机构中杆件 CD 用滑块 C 代替，就构成了曲柄滑块机构，如图 5-15（b）所示。

根据滑块导路中心是否通过曲柄转动中心 A，可将其分为偏心曲柄滑块机构［图 5-15（b）］和对心曲柄滑块机构［图 5-15（c）］。

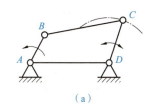

（a）

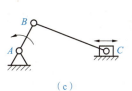

（b）

（c）

曲柄滑块机构

图 5-15　曲柄滑块机构

（a）曲柄摇杆机构；（b）偏心曲柄滑块机构；（c）对心曲柄滑块机构

曲柄滑块机构在机械中应用很广，图 5-16(a)所示是压力机中的曲柄滑块机构，该机构中将曲轴（即曲柄）的回转运动转换为重锤（即滑块）的上下往复直线运动。

图 5-16 (b)所示是内燃机中的曲柄滑块机构。活塞（即滑块）的往复直线运动通过连杆转换成曲轴（即曲柄）的连续回转运动。由于滑块是主动件，因此该机构存在两个死点位置。对于单缸内燃机通常是采用飞轮，利用惯性使曲轴顺利通过死点位置，对于多缸工作的内燃机，通常采用错位排列各缸的曲柄滑块机构的方式消除死点位置。

图 5-16 (c)所示是曲柄滑块机构在滚轮送料机中的应用。

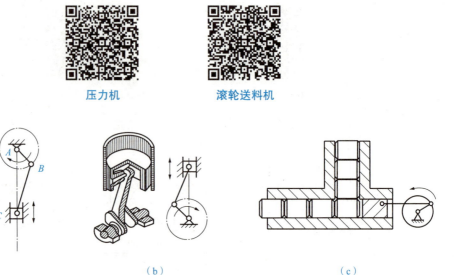

压力机   滚轮送料机

图 5-16 曲柄滑块机构的应用实例

(a)压力机；(b)内燃机；(c)滚轮送料机构

2. 导杆机构

导杆是机构中与另一个构件组成移动副的构件。连架杆中至少有一个构件为导杆的平面四杆机构称为导杆机构。

导杆机构可以看作通过改变曲柄滑块机构中的固定构件演化而来的。图 5-17(a)所示的曲柄滑块机构，当杆件 1 固定时，即可得到如图 5-17(b)所示的导杆机构。在该机构中，与构件 3 组成移动副的构件 4 称为导杆，构件 3 称为滑块，可相对导杆滑动，同时随导杆绕 A 点转动。在导杆机构中，通常取构件 2 为主动件。

导杆机构分为转动导杆机构和摆动导杆机构。当机架 1 的长度小于构件 2 的长度时，主动件 2 与从动件 4(导杆)均可做整周回转运动，即为转动导杆机构；当机架 1 的长度大于构件 2 的长度时，主动件 2 做整周回转运动，从动件 4 只能做往复摆动，即为摆动导杆机构。图 5-18 所示为牛头刨床中摆动导杆机构的应用实例。

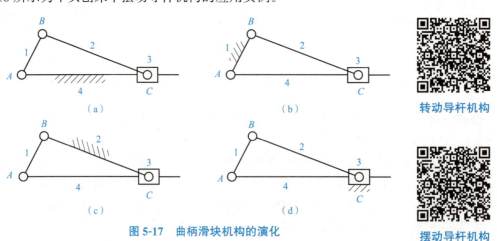

转动导杆机构
摆动导杆机构

图 5-17 曲柄滑块机构的演化

(a)曲柄滑块机构；(b)导杆机构；(c)摇块机构；(d)移动导杆机构

3. 摇块机构

当取杆件 2 为机架时，即可得到如图 5-17(c)所示的摇块机构。此机构一般取杆件 1 或杆件 4 为主动件，导杆 4 相对于滑块 3 滑动，并一起绕 C 点摆动。滑块 3 只能绕机架上的 C 点摆动，称为摇块。图 5-19 所示为应用曲柄摇块机构的自卸翻斗车装置。

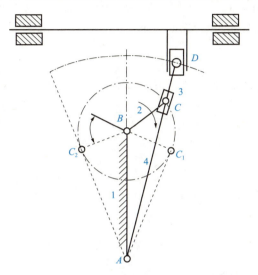

牛头刨床中的摆动导杆机构

图 5-18　牛头刨床中的摆动导杆机构

4. 移动导杆机构(定块机构)

当取构件 3 为固定件时，即可得到图 5-17(d)所示的移动导杆机构(也称为定块机构)。此机构通常以构件 1 为主动件，杆件 1 回转时，杆件 2 绕 C 点摆动，杆件 4 仅相对固定滑块做往复移动。图 5-20 所示为抽水机中应用的定块机构。

自卸翻斗车中的摇块机构

抽水机中的移动导杆机构

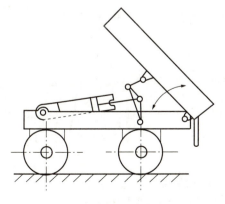

图 5-19　自卸翻斗车中的摇块机构

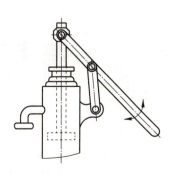

图 5-20　抽水机中的移动导杆机构

✿ 任务 5.2 凸轮机构

图 5-21 所示为汽车发动机的配气机构。在汽车发动机配气机构中，控制气门按要求定时开启和关闭的构件是凸轮 1。通过连续转动的凸轮轮廓，驱动气阀杆往复移动，从而按预定时间打开和关闭气门，完成配气要求，凸轮是完成这一功能的重要零件。

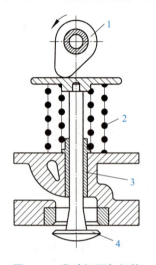

发动机配气机构

图 5-21 发动机配气机构

1—凸轮；2—弹簧；3—导套；4—气阀杆

在机械工业中，特别是在自动化机械中，当需要从动件按照复杂的运动规律运动或从动件的位移、速度、加速度按照预定的规律变化时，常采用凸轮机构来实现，凸轮机构是机械工业中一种常用的机构。

5.2.1 凸轮机构的组成及应用特点

1. 凸轮机构的组成

图 5-22(a)所示为录音机卷带机构。凸轮 1 随放音键上下移动，放音时，凸轮 1 处于最低位置，在弹簧 4 的带动作用下，安装于带轮轴上的摩擦轮 5 紧靠卷带轮 6，从而将磁带卷紧。停止放音时，凸轮 1 随按键上移，其轮廓压迫从动件 2 顺时针转动，使摩擦轮与卷带轮分离，停止卷带。

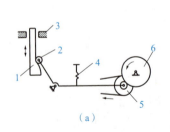
（a）

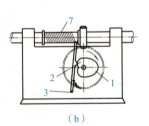
（b）

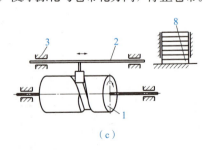
（c）

图 5-22 凸轮机构的应用实例

（a）录音机卷带机构；（b）绕线机构；（c）自动送料机构

1—凸轮；2—从动件；3—机架；4—弹簧；5—摩擦轮；6—卷带轮；7—绕线轴；8—物料

图 5-22(b)所示为绕线机中的绕线机构。当绕线轴 7 快速转动时，经齿轮带动凸轮 1 转动，通过凸轮轮廓与从动件 2 上的尖顶之间的作用，驱使从动件 2 往复摆动，使线均匀地缠绕在绕线轴上。

图 5-22(c)所示为自动送料机构。当带有凹槽的圆柱凸轮 1 转动时，通过槽中的滚子驱使从动件 2 往复移动。凸轮每回转一周，从动件便将一个物料 8 推出送到传送带或工位上。

从上面的三个例子可以看出，凸轮机构主要由凸轮、从动件和机架组成。其中凸轮是具有曲线轮廓或凹槽的构件，为主动件，做定轴等速转动；从动件是随凸轮轮廓的变化做相应运动(移动或摆动)的构件；机架是固定的构件。

2. 凸轮机构的应用特点

凸轮机构结构简单，工作可靠，可精确地实现任意运动规律。但因为凸轮机构中含有高副，因此不宜传递较大的动力，而且凸轮的曲线轮廓加工制造比较复杂。所以，凸轮机构适用实现特殊要求的运动规律且传力不大的场合。

5.2.2 凸轮机构的基本类型

1. 按凸轮的形状分类

(1)盘型凸轮。仅具有径向轮廓线尺寸变化并绕其轴线转动的凸轮，称为盘型凸轮。盘型凸轮是凸轮的最基本形式，其结构简单，适用从动件行程较短的凸轮机构，应用较广。它常应用于发动机配气机构、绕线机、刀架进给机构。

(2)移动凸轮。当盘型凸轮的回转中心趋于无穷远时，凸轮的转动变为相对机架的直线运动，这种凸轮称为移动凸轮，用于录音机卷带机构和配钥匙加工。

(3)柱体凸轮。轮廓曲线位于圆柱面上并绕其轴线转动的凸轮称为圆柱凸轮[图 5-23(a)]。轮廓曲线位于圆柱端部并绕其轴线转动的凸轮称为端面凸轮[图 5-23(b)]。

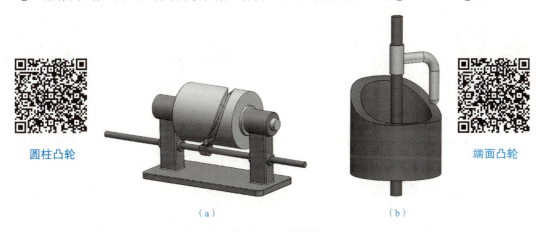

圆柱凸轮 端面凸轮

（a） （b）

图 5-23 柱体凸轮

(a)圆柱凸轮；(b)端面凸轮

圆柱凸轮和端面凸轮统称为柱体凸轮。在柱体凸轮机构中，当凸轮等速回转时，从动件在平行于凸轮轴线的平面内运动。因此，凸轮与从动件的相对运动是空间运动。同时，在柱体凸轮机构中，从动件还可以通过直径不大的圆柱凸轮和端面凸轮获得较大的行程。

2. 按从动件的形式分类

根据从动件末端的结构形式，凸轮机构分为尖顶、滚子和平底三种类型，每种类型中的从动件的运动形式又分为移动和摆动。凸轮机构从动件的基本类型及其特点见表 5-1。

表 5-1　凸轮机构从动件的基本类型及其特点

从动件端部结构形式	运动形式		主要特点
	移动	摆动	
尖顶 尖顶从动件	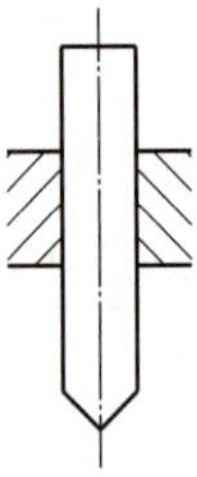	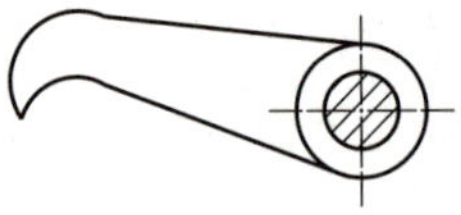	结构简单、紧凑，可准确地实现任意运动规律，易磨损，承载能力小，多用于传力小、速度低、传力灵敏的场合
滚子 滚子从动件	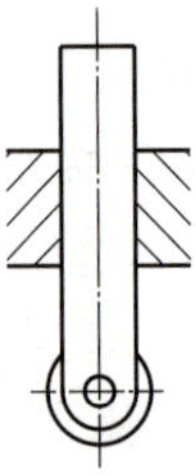	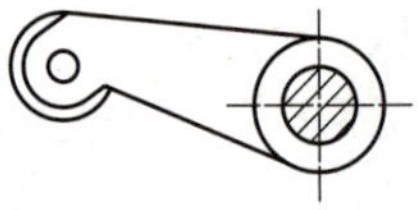	滚子接触，摩擦阻力小，不易磨损，承载能力较大，但运动规律有局限性，滚子接触处有间隙，不宜高于高速运动的场合
平底 平底从动件	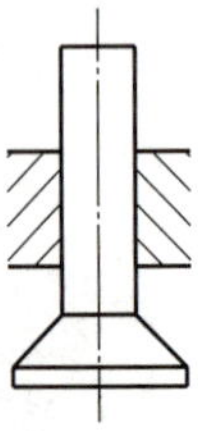	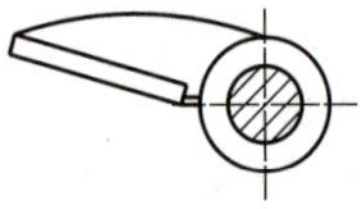	结构紧凑，润滑性能好，摩擦阻力较小，适用高速运动的场合；但凸轮轮廓不允许呈凹形，因此运动受到一定限制

✦ 任务 5.3　螺旋机构

在日常生活和生产中经常会看到利用螺旋机构进行工作的实例，如螺旋升降机、螺旋千斤顶、汽车中的循环球式转向器等都是螺旋机构在其中发挥着作用。

5.3.1　螺旋机构的运动特点

螺旋机构是利用螺杆和螺母组成的螺旋副来实现传动要求，常用作将回转运动转变成直线运动，同时传递力。

螺旋机构的特点是工作平稳、承载能力强、传动精度高、易于实现自锁等特点。但是由于螺旋副是低副接触，所以相对运动时产生的摩擦较大，效率较低。近年来，由于滚动螺旋机构的应用，使磨损和效率的问题得到了很大的改善，但因为滚动螺旋机构结构复杂，无自锁性，成本较高，所以仅用于要求高效、高精度的重要传动。

5.3.2　螺旋机构类型及应用

　　螺旋机构按其摩擦性质的不同分为滑动螺旋机构和滚动螺旋机构两类。

1. 滑动螺旋机构

　　滑动螺旋机构按其作用不同分为传力螺旋机构、传导螺旋机构和调整（差动）螺旋机构。

　　（1）传力螺旋机构。传力螺旋机构是以传力为主的螺旋机构。主要承受很大的轴向力，一般为间歇运动，每次工作时间较短。工作速度不高，并具有自锁能力。在螺旋千斤顶和台虎钳中的应用如图5-24(a)、图5-24(b)所示。为了保证良好的自锁性能，传力螺旋采用单线小升角($\lambda \leqslant 4°30'$)螺纹。

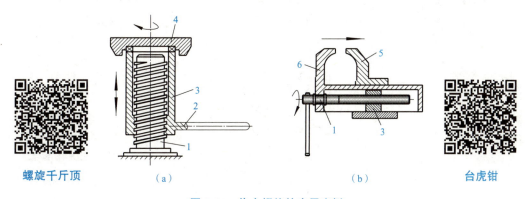

| 螺旋千斤顶 | (a) | (b) | 台虎钳 |

图5-24　传力螺旋的应用实例
(a)螺旋千斤顶；(b)台虎钳
1—螺杆；2—手柄；3—螺母；4—托盘；5—活动钳口；6—固定钳口

　　（2）传导螺旋机构。传导螺旋机构是以传递运动为主的螺旋机构，要求有较高的传动精度，有时也承受较大的轴向力。车床刀架进给运动中螺旋机构的应用如图5-25所示。传导螺旋常采用多线螺纹来提高效率。

　　（3）调整（差动）螺旋机构。调整（差动）螺旋机构是调整零件或部件相对位置的螺旋机构。调整螺旋机构减速比大，可实现螺杆和螺母间的微小位移，如机床、仪器及测试装置中的微调螺旋机构。螺旋千分尺中的应用如图5-26所示。

2. 滚动螺旋机构

　　为了提高工作效率，减轻磨损，必要时可采用滚动摩擦的滚动螺旋机构。滚动螺旋机构主要由滚珠循环装置、螺母、螺杆和滚珠组成，如图5-27所示。

　　滚动螺旋机构的工作原理：在螺杆和螺母组成的螺纹滚道中，装有一定数量的滚珠（钢球），当螺杆与螺母做相对螺旋运动时，滚珠在螺纹滚道内滚动，并通过滚珠循环装置的通道构成封闭循环，从而实现螺杆与螺母间的滚动摩擦。

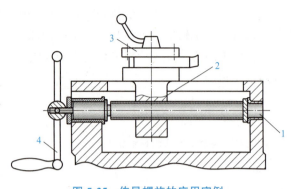

图 5-25　传导螺旋的应用实例

1—螺杆；2—螺母；3—刀架；4—手柄

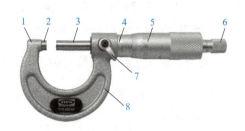

图 5-26　调整螺旋的应用实例

1—尺架；2—测砧；3—测微螺杆；4—固定套管；
5—微分筒；6—限荷棘轮；7—锁紧装置；8—隔热板

滚动螺旋机构与滑动螺旋机构相比，其特点是摩擦阻力小，传动效率高，运动稳定，动作灵敏；但结构复杂，尺寸大，制造技术要求高。

它广泛用于数控机床进给机构、车辆转向机构等要求高精度、高效率的传动场合。

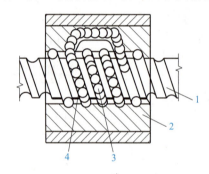

滚动螺旋机构

图 5-27　滚动螺旋机构

1—螺杆；2—螺母；3—滚珠；4—滚珠循环装置

✪ 任务 5.4　间歇运动机构

在工程机械中，尤其是自动化机械中，常要求某些执行构件实现周期性时动时停的间歇运动。能够实现这类运动的机构称为间歇运动机构。间歇运动机构种类很多，常用的有棘轮机构和槽轮机构。

5.4.1　棘轮机构

1. 棘轮机构的组成及其工作原理

如图 5-28 所示，典型的棘轮机构由摇杆 1、棘轮 2、驱动棘爪 3、止动棘爪 4、弹簧 5 和机架 6 组成。

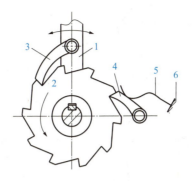

图 5-28　齿式棘轮机构工作原理

1—摇杆；2—棘轮；3—驱动棘爪；4—止动棘爪；5—弹簧；6—机架

　　当摇杆逆时针摆动时，铰接在摇杆上的驱动棘爪嵌入棘轮的齿槽内推动棘轮同向转动一个角度。此时，止动棘爪在棘轮的齿背上滑过。当摇杆顺时针摆回时，驱动棘爪在棘齿背面滑过回到原位，止动棘爪顶在棘轮的齿槽内阻止棘轮反向转动，棘轮静止不动。这样，当摇杆连续往复摆动时，棘轮便只能做单向的间歇转动。弹簧的作用是使驱动棘爪和止回棘爪与棘轮保持接触，摇杆的摆动可通过曲柄摇杆机构或凸轮机构来实现。

2. 棘轮机构的常见类型

　　棘轮机构按照结构形式可分为齿式棘轮机构（图 5-29）和摩擦式棘轮机构（图 5-30）。摩擦式棘轮机构是依靠棘爪和棘轮之间的摩擦力来传递运动的。

　　棘轮机构按照啮合方式又分为外啮合棘轮机构[图 5-29（a）和图 5-30（a）]和内啮合棘轮机构[图 5-29（b）和图 5-30（b）]。

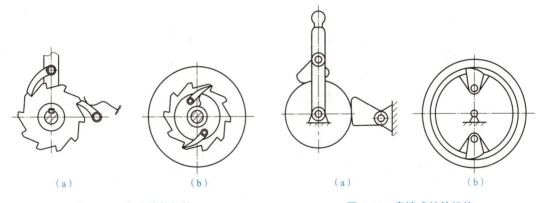

（a）	（b）	（a）	（b）

图 5-29　齿式棘轮机构　　　　　　**图 5-30　摩擦式棘轮机构**

(a)外啮合棘轮机构；(b)内啮合棘轮机构　　(a)外啮合棘轮机构；(b)内啮合棘轮机构

　　棘轮机构按其运动形式可分为单动式棘轮机构[图 5-29（a）]、双动式棘轮机构（图 5-31）和双向棘轮机构（图 5-32）。

　　单动式棘轮机构的棘轮只在摇杆一个方向摆动时转动，摇杆反向摆动时棘轮静止不动。

　　双动式棘轮机构在摇杆双向摆动时，棘轮都可以向同一方向转动。

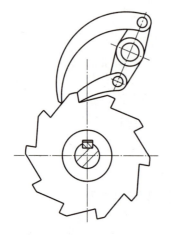 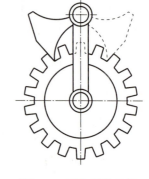

图 5-31　双动式棘轮机构　　图 5-32　双向棘轮机构

双向棘轮机构可使棘轮的转动方向随着摇杆的摆动方向的变化而变化。

3. 棘轮转角的调节

根据机构工作的需要，控制棘轮机构的转角通常可以调节，常用的调节方法有两种。

(1)改变摇杆摆角的大小，如图 5-33(a)所示。改变活塞的行程，可以改变摇杆的摆角，从而调节棘轮的转角。

(2)改变遮板的位置，如图 5-33(b)所示。在棘轮外部罩一遮板，改变遮板位置以遮住部分棘齿，可使行程的一部分在遮板上滑过，棘爪不与棘齿接触，从而改变棘爪推动棘轮的实际转角的大小。

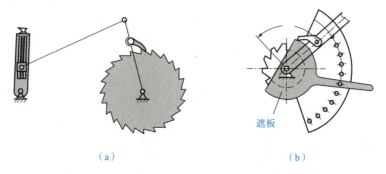

遮板

（a）　　　　　　　　　　　（b）

图 5-33　棘轮转角的调节方法
(a)改变摇杆摆角的大小；(b)改变遮板的位置

4. 棘轮机构的特点及其应用

棘轮机构结构简单、改变转角大小较方便，还可实现超越运动；但棘轮机构传递动力不大，且传动平稳性差。因此，只适用转速不高、转角不大的低速运动，常用来实现机械的间歇送进、分度、制动和超越等运动。棘轮机构在如图 5-34(a)所示卷扬机防逆转机构和图 5-34(b)所示自行车后轴超越离合器上应用。

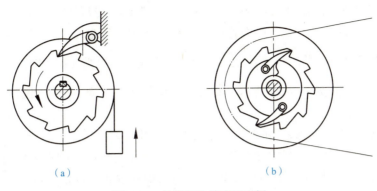

图 5-34　棘轮机构的应用实例

(a)卷扬机防逆转机构；(b)自行车后轴超越离合器

5.4.2　槽轮机构

1. 槽轮机构的组成及其工作原理

如图 5-35 所示，槽轮机构一般由带圆柱销的主动拨盘、槽轮和机架组成。

槽轮机构的工作原理：主动拨盘 1 做等速连续转动，从动槽轮 3 做间歇转动。当圆柱销 2 未进入槽轮径向槽时，由于槽轮的凹锁止弧被主动拨盘的凸锁止弧锁住，所以槽轮不动。当圆柱销开始进入槽轮径向槽时，槽轮的内凹锁止弧被松开，槽轮受圆柱销的驱使开始运动，为了减轻槽轮开始转动时的冲击，圆柱销的中心和主动拨盘的中心连线应与径向槽中心线垂直，如图 5-35(a)所示位置。当圆柱销转到要退出径向槽时[图 5-35(b)]，槽轮的内凹锁止弧又被主动拨盘上的外凸锁止弧锁住，使槽轮静止不动，直到下一个运动循环位置。这样使槽轮实现了间歇运动。

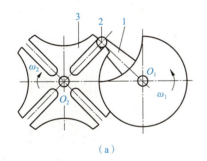

单圆柱销外啮合槽轮机构

图 5-35　单圆柱销外啮合槽轮机构

(a)圆柱销进入槽轮；(b)圆柱销退出槽轮

1—主动拨盘；2—圆柱销；3—从动槽轮

2. 槽轮机构的类型

(1)外槽轮机构。图 5-35 所示为单圆柱销外啮合槽轮机构。槽轮每次转过的角度 φ 与槽轮的槽数 z 有关，即 $\varphi = \dfrac{2\pi}{z}$。如果要改变其转角 φ 的大小，必须更换具有相应槽数的槽轮。槽轮的槽数不宜太少或太多，一般为 $z = 3\sim6$ 个，有实践表明，槽轮运动的平稳性随槽轮槽数的增加而得到改善。槽轮机构多用来实现不需要经常调整转角的转位机构。

由图 5-35 所示的单圆柱销外啮合槽轮机构可以看出，拨盘每回转一周，槽轮间歇运动一次，转过的角度为 $\varphi = \dfrac{2\pi}{z}$，槽轮静止不动的时间很长。如果需要静止时间短些，可采用增加圆柱销数量的方法，如图 5-36 所示。此时，拨盘每回转一周，槽轮间歇运动两次，但柱销的数量不能太多。

外啮合槽轮机构的主动拨盘的转向与槽轮的转向相反。

（2）内啮合槽轮机构。内啮合槽轮机构如图 5-37 所示。内啮合槽轮机构的主动拨盘的转向与槽轮的转向相同。同为单圆柱销的内啮合槽轮机构静止不动的时间短，且运动平稳性较好。

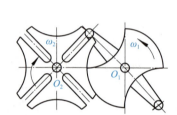
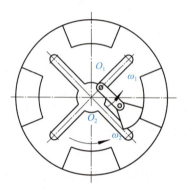

双柱销外啮合槽轮机构

图 5-36　双柱销外啮合槽轮机构　　　图 5-37　内啮合槽轮机构

外槽轮机构和内槽轮机构都用于传递平行轴之间的间歇运动。

（3）球面槽轮机构。当需要传递两相交轴之间的间歇运动时，可以采用球面槽轮机构，如图 5-38 所示。

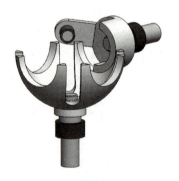

球面槽轮机构

图 5-38　球面槽轮机构

3. 槽轮机构的特点及其应用

槽轮机构的特点是结构简单、转位方便、工作可靠、传动平稳性好，能准确控制槽轮的转角。但转角的大小受到槽数的限制，不能调节，且在槽轮转动的始末位置处存在冲击，随着转速的增加或槽轮槽数的减少而加剧，故不适用高速运动的场合。

槽轮机构适用各种转速不高的自动机床的转位或分度机构及其他自动机械，如在电影放映机、机床刀架的转位机构、糖果包装机、透明皂打印机和冰激凌装盒机构中的应用等。

图 5-39 所示为电影放映机中的槽轮机构，槽轮上有四个径向槽，当拨盘转过一周，圆柱销将拨动槽轮转过 1/4 周，胶片也随之移动一个画面，一系列静态图片就会因视觉停留而造成一种连续的视觉印象，产生逼真的动感。

电影放映机的卷片机构

图 5-39 电影放映机中槽轮机构的应用实例

1. 实施条件

在机械基础实训室的常用机构陈列区陈列的物品如下：

(1)各种常用机构的模型。

(2)常用机构的应用模型(如压力机、圆柱凸轮送料机构、螺旋千斤顶、手动提升机等)。

(3)常用机构的应用实物(如缝纫机、台虎钳、棘轮扳手、汽车发动机、汽车雨刮器总成、自行车等)。

(4)机械拆装常用工具。

2. 实施步骤

(1)认识各种机构的组成：正确说出指定机构的机架、主动件、从动件和运动副的类型。

(2)描述指定应用模型或实物的工作原理和运动转换形式。

(3)教师拆装汽车雨刮器总成，学生观察其机构的组成，分析其运动形式，并判断其采用的是哪种类型的铰链四杆机构？工作中是否会有死点位置出现？为什么？

(4)列举移动凸轮机构在生活中应用的实例。

(5)教师拆装台虎钳，学生观察其传动机构的组成，并描述螺旋机构的机构运动形式，判断台虎钳中的螺旋机构是传力螺旋机构还是传导螺旋机构？

(6)通过观看自行车后轴上的超越离合器回答是哪种机构的应用？口述其工作原理。

1. 平面多杆机构在生产实际中的应用

在生产实际中，四杆机构有时无法满足生产要求，还需要采用多杆机构。很多多杆机构是在四杆机构基础上添加一个或几个平面连杆机构并加以组合构成。常用多杆机构有以下几种情况。

（1）扩大从动件的行程。如图5-40所示，冷床运输机机构是一个六杆机构。它用于将热轧钢料在运输过程中（行程S）逐渐冷却。该机构由曲柄摇杆机构AB_1C_1D和杆5、滑块6所组成。由图可知，滑块6的行程S比曲柄摇杆机构AB_1C_1D中的摇杆C_1D上点C_1的行程C_1C_2要大得多，而该机构的横向尺寸则要比采用对心曲柄滑块机构获得同样行程时小得多。

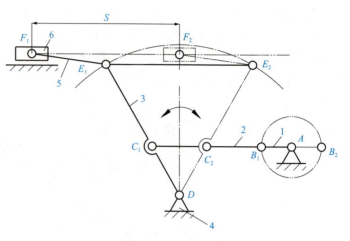

图5-40　冷床运输机机构

（2）用于增大输出件的作用力。手动冲床机构简图如图5-41所示。该机构为六杆机构，由一个四杆机构$ABCD$与一个滑块机构$DEFG$组合而成。根据杠杆原理，经过摇杆2和4，使扳动手柄的力两次放大后传给冲杆6，从而增大了冲杆6的作用力，以满足冲压要求。

（3）用于使机构受力均匀。双点压床机构简图如图5-42所示。该机构为六杆机构，由两组尺寸相同、且左右对称布置的曲柄滑块机构组成，因而作用在滑块上力的水平分力大小相等、方向相反，可消除滑块对导路的侧压力，从而减少了摩擦损失。

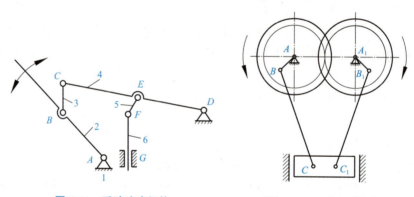

图5-41　手动冲床机构　　　　图5-42　双点压床机构

（4）用于实现带停歇运动。在承载能力和抗磨损要求较高的场合，利用连杆曲线实现从动件短暂停歇，其在纺织、食品、印刷等轻工业机械中得到了广泛应用。

2. 其他间歇运动机构

（1）不完全齿轮机构。如图5-43所示，在一对相互啮合的齿轮中，若齿轮的轮齿不是布满整个节圆的圆周，而只在其上的一段或数段有齿时，则当主动轮连续转动时，从动轮做间歇的单向转动，这种间歇运动的齿轮机构称为不完全齿轮机构。图5-43（a）所示为外啮合不完全齿轮机构，图5-43（b）所示为内啮合不完全齿轮机构。

不完全齿轮机构结构简单、制造方便，从动轮的运动时间和静止时间的比例不受机构结构的限制。但从动轮在转动始末速度有突变，冲击较大，一般仅用于低速、轻载场合。

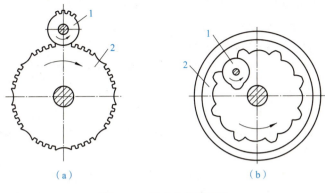

（a） （b）

图 5-43 不完全齿轮机构

（a）外啮合不完全齿轮机构；（b）内啮合不完全齿轮机构

1—主动轮；2—从动轮

（2）凸轮式间歇运动机构。如图5-44所示，凸轮式间歇运动机构由凸轮、转盘和机架组成。通常主动凸轮和从动盘是在两交错轴上。

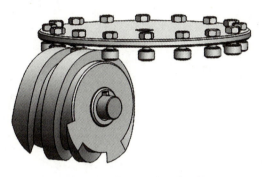

圆柱凸轮
间歇运动机构

图 5-44 凸轮式间歇运动机构

凸轮式间歇运动机构结构简单、传动平稳、动力特性较好，冲击振动较小，而且转盘转位精确，不需要专门的定位装置，因而常用于高速转位分度机构。但凸轮加工比较复杂，精度要求也较高，装配调整也比较困难。高速精密凸轮间歇分割器已被广泛应用于现代工业的自动化部分，已成为当今世界上精密驱动的主流装置。产品涉及包装、印刷、制药、化工、烟草、电子电气、玻璃陶瓷、汽车制造等自动化生产线等及各种通用机械设备。

 项目小结

（1）所有构件都在同一平面内或在相互平行的平面上运动，且运动副是低副的机构，称为平面连杆机构。平面连杆机构的最基本的形式是铰链四杆机构。铰链四杆机构分为曲柄摇杆机构、双曲柄机构和双摇杆机构三种类型；铰链四杆机构通过以移动副取代转动副、改变构件的相对长度或选择不同构件作为机架等方式可以演化成生产和生活中所需要的多种形式。平面连杆机构的基本性质有曲柄存在的条件、急回特性、传动特性和死点位置等。

（2）凸轮机构主要由凸轮、从动件和机架三个基本构件组成。凸轮是一个具有特殊曲线轮廓或凹槽的构件。凸轮一般为主动件，通常做等速转动，但有时也做往复摆动或往复直线移动。通过凸轮与从动件的直接接触，驱使从动件做往复直线运动或摆动。只要适当地设计凸轮轮廓曲线，就可以使从动件获得预定的运动规律。因此，凸轮机构广泛应用于各种自动化机械、自动控制装置和仪表。

（3）螺旋机构是机械设备中广泛应用的一种传动机构。常用于机床、起重设备、锻压设备、测量仪器及其他机械设备，它通过螺母与螺杆之间的相对运动将旋转运动转换为直线运动，以实现测量、调整及传递运动和动力的功能。

（4）间歇运动机构是指某些机械需要其构件周期地运动和停歇，能够将原动件的连续转动转变为从动件周期性运动和停歇的机构。例如，牛头刨床工作台的横向进给运动、电影放映机的送片运动等都应用间歇运动机构。常见的间歇运动机构有棘轮机构、槽轮机构、不完全齿轮机构和凸轮式间歇运动机构。

一、技能测试

常用机构应用作业表见表 5-2。

表 5-2　常用机构应用作业表

基本信息	姓名		班级		学号		组别	
	考核日期		规定时间		完成时间		总评成绩	
序号	图例		技能操作要求				评分标准	得分
1	 老式缝纫机踏板机构		技能操作	你能让老式缝纫机动起来吗？				
			(1)写出图中序号所指构件的名称： 1.　　　　　2. 3.　　　　　4.				4	
			(2)老式缝纫机踏板机构中的主动件和从动件分别是： 主动件： 从动件：				3	
			(3)序号 2 和 3 构件之间的运动副名称是什么？				3	
2	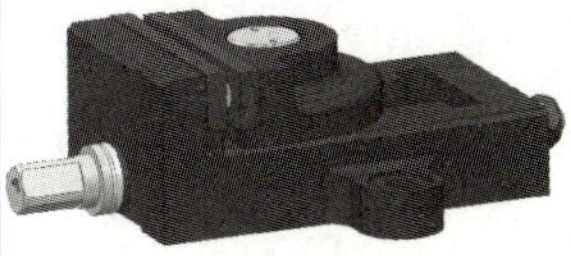 台虎钳		技能操作	请利用台虎钳夹紧工件，观察其运动形式				
			(1)应用机构的名称：				5	
			(2)台虎钳的工作原理：				10	
			(3)台虎钳的运动形式转换：				10	
3	 汽车雨刮器		技能操作	参观认识汽车雨刮器总成的组成及观看仿真运动动画				
			(1)雨刮器采用的是哪种类型的铰链四杆机构？				5	
			(2)工作中雨刮器是否会有死点位置出现？为什么？				10	

项目 **5**　常用机构认知

续表

基本信息	姓名		班级		学号		组别	
	考核日期		规定时间		完成时间		总评成绩	
序号	图例		技能操作要求				评分标准	得分
4	汽车配气机构		技能操作	参观了解汽车发动机配气机构及观看仿真运动动画				
			(1)汽车配气机构采用的是哪种类型的常用机构?				5	
			(2)气门的启闭时间是由哪个构件控制的?				10	
5	自行车		技能操作	观察自行车后轴上的"飞轮"				
			(1)自行车后轴上的"飞轮",采用的是什么机构?				5	
			(2)它在自行车上所起的作用是什么?				10	
	技能操作改进意见和建议						5	
	团队合作						5	
	语言表达						5	
	工单填写						5	
	教师评语							

二、理论测试

题号	一	二	三	总分
分数				

（一）填空题（每空 5 分，共计 60 分）

1. 铰链四杆机构按照机构中有无曲柄，分为＿＿＿＿＿＿、＿＿＿＿＿＿、＿＿＿＿＿＿三种基本类型。

2. 曲柄滑块机构是由＿＿＿＿＿＿演化而来的。

3. 凸轮机构根据从动件末端的结构形式，分为＿＿＿＿＿＿、＿＿＿＿＿＿和＿＿＿＿＿＿三种类型。

4. 滑动螺旋机构按其作用不同分为＿＿＿＿＿＿螺旋机构、＿＿＿＿＿＿螺旋机构和＿＿＿＿＿＿螺旋机构。

5. 间歇运动机构种类很多，常用的有＿＿＿＿＿＿和＿＿＿＿＿＿。

（二）选择题（每小题 4 分，共计 20 分）

1. 当平面连杆机构具有死点位置时，其死点有（ ）个。
   A. 4　　　　　　B. 3　　　　　　C. 2　　　　　　D. 1

2. 铰链四杆机构中，不与机架相连的构件称为（ ）。
   A. 曲柄　　　　B. 连杆　　　　C. 连架杆　　　　D. 摇杆

3. （ ）从动杆凸轮机构以尖顶和凸轮接触，因此对于较复杂的凸轮轮廓能准确地获得所需要的运动规律，但容易磨损；适用受力不大、低速及要求传动灵敏的场合。
   A. 尖顶　　　　B. 滚子　　　　C. 平底　　　　D. 以上均可

4. 在棘轮机构中，增大曲柄的长度，棘轮的转角（ ）。
   A. 减小
   C. 不变
   B. 增大
   D. 变化不能确定

5. 欲减少槽轮机构槽轮静止不动的时间，可采用（ ）的方法。
   A. 适当增大槽轮的直径
   C. 缩短曲柄长度
   B. 增加槽轮的槽数
   D. 适当增加圆销数量

（三）判断题（每小题 4 分，共计 20 分）

1. 极位夹角 θ 越大，机构的急回特性越不明显。（ ）

2. 凸轮机构仅适用实现特殊要求的运动规律而又传力不太大的场合，且不能高速启动。（ ）

3. 在曲柄长度不相等的双曲柄机构中，主动曲柄做等速回转时，从动曲柄做变速回转。（ ）

4. 棘轮是具有齿形表面的轮子。（ ）

5. 普通螺旋传动和差动螺旋传动运动副均是低副，滚珠螺旋传动中的运动副是高副。（ ）

项目 6

常用机械传动认知

项目引入

传动是机器动力部分和执行部分或机器部件之间运动和动力的传递。它可以改变运动速度、运动方式和力或转矩的大小。根据工作介质不同，传动可分为机械传动、电力传动、液压传动和气压传动四大类。机械传动的形式有多种，并且每一种形式都有各自的特点，因此应用最为广泛。比如自行车中的链传动，跑步机上的带传动，传送物料机器中的带传动、链传动，汽车发动机中的正时皮带传动和正时链条传动，以及机械手表中的齿轮传动等。

学习目标

1. 知识目标

了解常用机械传动装置的组成和类型；了解常用机械传动装置的基本参数；掌握常用机械传动装置的工作特点及其应用。

2. 能力目标

能对常用机械传动装置进行正确使用与维护。

3. 素养目标

具有良好的职业道德、团队合作精神、工匠精神和创新意识。

知识准备

机械传动分为摩擦传动和啮合传动两大类。摩擦传动一般包括摩擦轮传动和摩擦型带传动；啮合型传动一般包括啮合型带传动、链传动、齿轮传动和蜗杆传动等。

⊛ 任务 6.1　带传动

6.1.1　带传动概述

1. 带传动的组成和工作原理

带传动示意如图 6-1 所示。带传动一般由主动带轮、从动带轮和传动带（中间挠性件）

组成。

带传动是把一根或几根闭合成环形的带张紧在主动带轮和从动带轮上，使带与两个带轮之间的接触面产生正压力（或使同步带与两带轮上的齿相啮合），当主动带轮回转时，依靠带与带轮之间接触产生的摩擦力（或齿的啮合）带动从动带轮回转，实现两轮间运动和动力的传递。

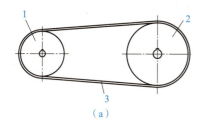 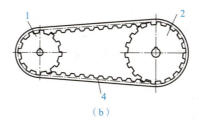

（a）　　　　　　　　　　　　　　（b）

图 6-1　带传动示意

（a）摩擦型带传动；（b）啮合型带传动

1—主动带轮；2—从动带轮；3—中间挠性带；4—啮合带

2. 带传动的类型

在带传动中，有靠摩擦力来传递运动和动力的摩擦型带传动，还有靠啮合来传递运动和动力的啮合型带传动两大类。

（1）摩擦型带传动。

1）摩擦型带传动的分类。摩擦型带传动按照带的横截面形状不同，分为平带传动、V 带传动、多楔带传动和圆带传动，如图 6-2 所示。

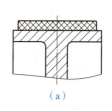 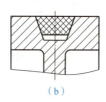 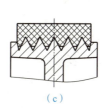 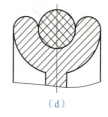

（a）　　　　　　（b）　　　　　　（c）　　　　　　（d）

图 6-2　带传动的类型

（a）平带传动；（b）V 带传动；（c）多楔带传动；（d）圆带传动

①平带传动。平带的截面形状为矩形，它的主要工作面是带与带轮相接触的内表面［图6-2(a)］。平带的弯曲应力小，结构简单，传动效率较高，带轮容易制造，主要用于高速和中心距较大的场合，如运输机械。

②V 带传动。V 带是横截面为等腰梯形或近似为等腰梯形的传动带，其工作面为带的两个侧面，如图 6-2(b)所示，用于平行轴开口传动。工作时，V 带与带轮轮槽两侧面接触，在同样压力的作用下，V 带传动的摩擦力约为平带传动的三倍，因此能传递较大的荷载。

③多楔带传动。如图 6-2(c)所示，多楔带是在平带基体上添加多根 V 带组成的，楔的侧面为工作面。其传动结合了平带和 V 带的优点，柔韧性好，摩擦力大，多用于结构紧凑的大功率传动，特别适用要求 V 带根数较多的传动。

④圆带传动。如图 6-2(d)所示，圆带的横截面呈圆形且直径较小。其特点是结构简单、

使用方便，但因其传动是依靠带与带轮轮槽压紧产生的摩擦力传递运动和动力的，因此，圆带传动只用于传递很小功率的场合。

2）摩擦型带传动的特点及其应用。

①传动带具有弹性和挠性，可吸收振动并缓和冲击，从而使传动平稳、噪声小。

②过载时，带与带轮之间会出现打滑，对其他零件起过载保护作用。

③结构简单，制造、安装和维护方便，成本低。

④带传动中存在弹性滑动现象，不能保证固定不变的传动比。

⑤带的工作寿命较短，且不宜在高温、易燃场合下工作。

⑥带传动装置的外廓尺寸较大，占据的空间大。

⑦带传动时的张紧力会使轴和轴承承受较大的压轴力。

⑧带传动的效率较低。

带传动常用于两轴平行、中心距较大，且同向转动的场合(开口传动)，多用于小型电动机与机械之间的传动。带的速度一般为5~25 m/s；传动比可以达到7，一般2~4比较好；传动效率为0.94~0.97。

（2）啮合型带传动。

1）啮合型带传动的定义和类型。用工作面有齿或孔的传动带作为中间件，通过啮合的方式将主动带轮的运动和动力传递给从动带轮的形式就是啮合型带传动。

啮合型带传动分为两类：同步带传动，如图6-3(a)所示；齿孔带传动，如图6-3(b)所示。

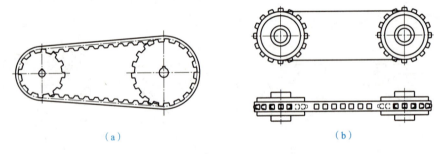

（a）　　　　　　　　　　　　　　　　（b）

图6-3　啮合型带传动的类型

(a)同步带传动；(b)齿孔带传动

2）啮合型带传动的特点及应用。

①不打滑、传动比恒定。

②传动平稳、吸振、降噪、效率高。

③初张力小、怠速高、传动功率较大。

④不需润滑、耐油、耐磨损。

⑤允许采用较小的带轮直径、较短的轴间距、传动系统结构紧凑。

⑥制造和安装精度要求较高，中心距要求较严格，价格较高。

啮合型带传动的应用越来越广泛，在汽车、办公机械、计算机、自动化设备、纺织机械中都有应用。

3. 带传动的传动比

带传动的传动比是主动带轮和从动带轮的转速之比。同时传动比还与主、从动带轮的直径（或齿数）成反比。用公式表示为

摩擦型带传动：$\qquad\qquad\qquad i=n_1/n_2=D_2/D_1 \qquad\qquad\qquad$ (6-1)

啮合型带传动：$\qquad\qquad\qquad i=n_1/n_2=Z_2/Z_1 \qquad\qquad\qquad$ (6-2)

6.1.2 V带和V带轮

1. V带

V带通常制成没有接头的环形，其横截面形状为等腰梯形。

（1）V带的类型。V带分为普通V带、宽V带、窄V带、大楔角V带、汽车V带等多种类型。其中普通V带应用最为广泛。

（2）普通V带的结构。普通V带的结构如图6-4所示，由抗拉体1、顶胶2、底胶3和包布4组成。包布用橡胶帆布制成，用于保护V带，顶胶和底胶均由橡胶制成。抗拉体是承受荷载的主体，分为帘布结构（由胶帘布组成）[图6-4

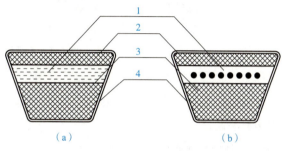

图6-4 普通V带的结构
(a)帘布结构；(b)线绳结构
1—抗拉体；2—顶胶；3—底胶；4—包布

(a)]和线绳结构（由胶线绳组成）[图6-4(b)]两种。帘布结构制造方便，抗拉强度高，应用较广；线绳结构柔韧性好，抗弯强度高，适用带轮直径较小、速度较高的场合。现在生产中越来越多地采用线绳结构的V带。

（3）V带的主要参数和型号。

1）V带的主要参数。

①V带的节面和基准长度。当V带围绕在带轮上受弯曲时，顶胶纵向受拉而伸长，底胶纵向受压而缩短，在两者之间的中性层长度不变，称为节面。节面周线长度称为带的基准长度，用 L_d 表示。

②V带的楔角。V带两个侧面的夹角称为楔角，用 θ 表示。V带的楔角一般为40°，大的楔角为60°。

③包角。传动带与带轮的接触弧所对应的圆心角称为包角，用 α 表示。它是带传动的一个重要参数。在相同条件下，包角越大，传动带的摩擦力和能传递的功率也越大。

小带轮和大带轮的包角分别用 α_1 和 α_2 表示，$\alpha_1<\alpha_2$。对于V带传动，小带轮的包角一般要求 $\alpha_1\geqslant120°$；平带传动，一般要求包角 $\alpha_1\geqslant150°$。

2）V带的型号。普通V带的尺寸已经标准化[带传动 普通V带和窄V带尺寸（基准宽度制）（GB/T 11544—2012）]，按截面尺寸从小到大依次为 Y、Z、A、B、C、D、E 七种型号。常用的有 Z、A、B、C 等型号。

V带的标记由带的型号、基准长度和国家标准号组成，如 B-1000 GB/T 11544—2012，表示B型普通V带，基准长度为 1 000 mm。

2. V 带轮

V 带轮一般由轮缘(安装 V 带的部分)、轮辐(轮缘与轮毂相连接的部分)和轮毂(带轮与轴相连接的部分)组成。轮缘是带轮的工作部分,在轮缘上开有相应的轮槽,其横截面形状也是等腰梯形。带轮根据轮辐部分的形式不同分实心式、腹板式、孔板式和轮辐式四种类型,如图 6-5 所示。

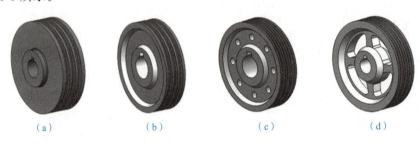

(a)　　　　　　(b)　　　　　　(c)　　　　　　(d)

图 6-5　V 带轮的结构

(a)实心式;(b)腹板式;(c)孔板式;(d)轮辐式

带轮通常采用灰铸铁,转速较高时采用铸钢或钢的焊接结构,小功率时可采用铝合金或工程塑料等制作。

3. 带传动的选用、安装和维护

正确地选用、安装、调整、使用和维护是保证 V 带传动正常工作和延长使用寿命的有效措施。

(1)V 带轮的安装。安装时要保证两轮中心线平行,其端面与轴的中心线垂直;主动带轮和从动带轮的轮槽必须在同一平面内,误差不得超过 20°,否则会引起 V 带的扭曲,使两侧面过早的磨损,如图 6-6 所示。

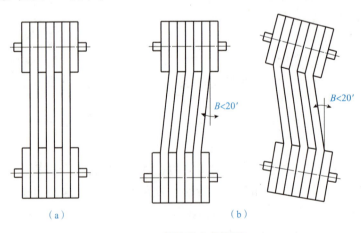

(a)　　　　　　　　　　　(b)

图 6-6　带轮的安装位置

(a)正确;(b)不正确

(2)V 带的选用和安装。

1)V 带的选用。选用普通 V 带时,要注意带的型号和基准长度要正确,以保证 V 带在轮槽中的正确位置。V 带顶面和带轮轮槽顶面取齐,如图 6-7(a)所示(新安装的 V 带顶面可略高出一些）。这样 V 带和轮槽的工作面之间可充分接触。如高出轮槽顶面太多[图 6-7(b)]，则工作面的实际接触面积减小，使传动能力降低；如低于轮槽顶面过多[图 6-7(c)]，会使 V 带底面与轮槽底面接触，从而导致 V 带传动因两侧工作面接触不良而使摩擦力锐减甚至丧失。

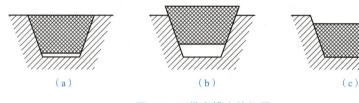

（a）　　　　　　　（b）　　　　　　　（c）

图 6-7　V 带在槽中的位置

(a)正确；(b)、(c)不正确

2）V 带的安装。V 带安装时，张紧程度要适当，不宜过松或过紧。过松，不能保证足够的张紧力，传动时容易打滑，传动能力不能充分发挥；过紧，带的张紧力过大，传动中磨损加剧，使带的使用寿命缩短。试验证明，在中等中心距情况下，V 带安装后，用大拇指能将带按下 15 mm 左右张紧程度即为合适，如图 6-8 所示。

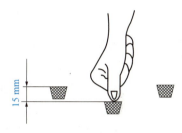

图 6-8　V 带的张紧程度

（3）带传动的维护。

1）在装拆传动带时，应先缩短中心距，然后装拆传动带，严禁使用撬棍等工具将带强行撬入或撬出，以免损坏胶带，降低带的使用寿命。

2）对 V 带传动应定期检查并及时调整。在多根 V 带传动中发现个别 V 带有损坏时，应全部更换，同组使用的 V 带应型号相同、基准长度相等，不同厂家生产的 V 带和新旧 V 带不能同组使用。

3）禁止带与酸、碱或油接触，以免腐蚀传动带；带不能暴晒，带传动的工作温度不应超过 60 ℃。

4）带传动装置必须安装防护罩。这样既可以防止发生伤人事故，又可以防止 V 带和润滑油、切削液、酸、碱等介质接触而影响传动效果。

5）如果将带传动装置闲置一段时间后再用，应将传动带放松。

4. 带传动的张紧装置

在带传动中，带由于长期受到拉力的作用，会产生永久变形而伸长，带由张紧变为松弛，张紧力逐渐减小，导致传动能力下降，甚至无法传动。因此，必须将带进行重新张紧。常用的张紧方法有调整中心距和使用张紧轮两种。

（1）调整中心距。调整中心距的张紧方法有带的定期张紧和带的自动张紧两种。

1）定期张紧装置。带的定期张紧装置一般是利用调整螺钉或调整螺栓来定期移动小带轮增大中心距。如图 6-9(a)所示，水平传动或接近水平的传动，将装有带轮的电动机固定在滑座上，旋转调整螺钉使滑座沿滑槽移动，将电动机推动到使带达到预期的张紧程度所需位置，然后固定。如图 6-9(b)所示为垂直传动或接近垂直传动时采用的定期张紧方法。装有带轮的电动机安装在可以摆动的托架上，旋转调节螺栓使托架绕固定轴摆动来调整中心距，使带达到张紧的要求。

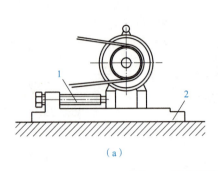 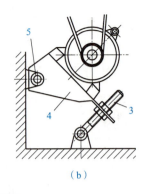

（a）　　　　　　　　　　　　（b）

图 6-9　带的定期张紧装置

（a）水平传动；（b）垂直传动

1—调整螺钉；2—滑槽；3—调整螺栓；4—托架；5—固定轴

2）自动张紧装置。对于在小功率、中心距较小且传动比较大的带传动中，可采用自动张紧装置，如图 6-10 所示。这种张紧方法是将装有带轮的电动机固定在浮动的摆架上，利用电动机及摆架的自重，使带轮随电动机绕固定轴摆动，自动保持张紧力。

（2）使用张紧轮。张紧轮用于两带轮的中心距不能调整的带传动。

V 带和同步带张紧时，张紧轮应安放在 V 带松边的内侧，且尽量靠近大带轮处，以使小带轮的包角不至于减少太多。V 带传动采用的张紧轮装置如图 6-11 所示。

平带传动时，利用平衡重锤使张紧轮张紧平带，张紧轮应安放在平带松边的外侧，并且靠近小带轮处，这样可以增大小带轮的包角，提高平带传动的能力。图 6-12 所示为平带传动的张紧装置。

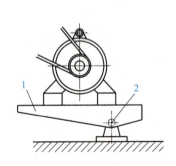 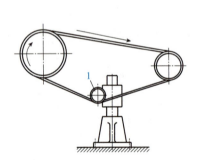 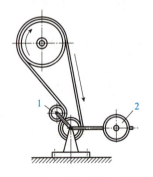

图 6-10　自动张紧装置　　**图 6-11　V 带传动采用的张紧轮装置**　　**图 6-12　平带传动的张紧装置**

1—摆架；2—固定轴　　　　　　　　　　　　　　　　　　　　　　1—张紧轮；2—平衡重锤

✿ 任务 6.2　链传动

在机械传动中，有些传动需要在低速、重载和高温条件下，有的甚至在多尘、油污、潮湿等恶劣环境下工作的，在不便于采用其他传动的情况下，采用链传动。链传动在日常生活中随处可见，链传动是一种具有中间挠性件的啮合传动。

6.2.1 链传动概述

1. 链传动的组成和工作原理

如图 6-13 所示，链传动主要由链条和具有特殊齿形的链轮组成，以链条作为中间挠性件，靠链条与链轮轮齿的啮合来传递运动和动力。

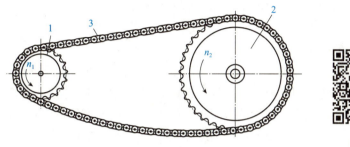

图 6-13 链传动的工作原理

1—主动链轮；2—从动链轮；3—链条

2. 链传动的传动比

链传动的传动比是主动链轮与从动链轮的转速之比，与主、从动链轮的齿数成反比，即

$$i = \frac{n_1}{n_2} = \frac{Z_2}{Z_1} \tag{6-3}$$

3. 链传动的特点及应用

与带传动相比，链传动具有如下特点：

(1)没有打滑现象，平均传动比准确。

(2)能传递较大圆周力和功率。

(3)安装张紧力和压轴力小。

(4)可实现中心距较大的传动。

(5)对环境要求低，能在恶劣环境下工作。

(6)结构紧凑，具有更高的工作效率。

(7)不能保证恒定的瞬时转速和瞬时传动比。

(8)只能用于平行轴之间的传动。

(9)传动的平稳性较差，工作时有冲击和噪声。

链传动广泛应用于平均传动比要求准确且两轴相距较远、工作环境恶劣、不宜采用带传动和齿轮传动的矿山机械、农业机械、石油机械、机床及摩托车。

工作范围：通常传递功率 $P \leqslant 100$ kW（最大可达 500 kW），传动比 $i \leqslant 7$（最大可达 15），链速 $v \leqslant 15$ m/s（最大可达 40 m/s），效率为 0.95～0.98。

4. 链传动的常用类型

链传动按照其用途可以分为以下三种类型。

(1)传动链。应用最广泛，主要用于一般机械传递运动和动力，也可用于输送等场合。

（2）起重链。用以传递力，起牵引、悬挂物品的作用。

（3）输送链。用于传输物料。

6.2.2 链条和链轮

1. 链条

链条按照结构不同分为滚子链和齿形链两种类型。

（1）滚子链。

1）滚子链的结构。

滚子链结构示意如图 6-14 所示。滚子链主要由内链板 1、外链板 2、销轴 3、套筒 4 和滚子 5 组成。内链板和套筒、外链板和销轴分别用过盈配合连接，套筒和销轴、滚子与套筒分别为间隙配合，这样使内外链节间构成可相对转动的铰链，并减少链条与链轮间的摩擦和磨损。为减轻自重和使链板各截面强度接近相等，链板制成 8 字形。

滚子链上相邻两销轴中心距的距离称为节距，用 p 表示，是链传动的最主要的参数。节距越大，链条各零件的尺寸就越大，其承载能力也越大。当传递大功率时，还可采用多排链，如图 6-15 所示。

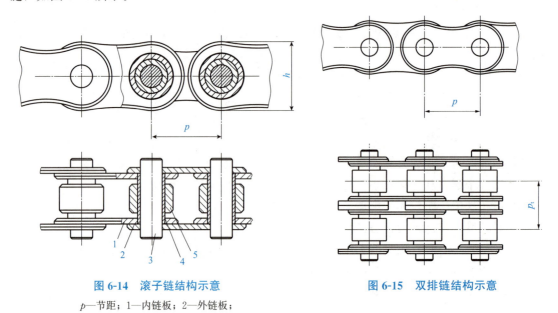

图 6-14　滚子链结构示意　　　　图 6-15　双排链结构示意

p—节距；1—内链板；2—外链板；

3—销轴；4—套筒；5—滚子

2）滚子链的接头形式。滚子链的接头形式如图 6-16 所示。当链条的节数为偶数时，内外链板正好相接，接头处使用开口销或弹簧夹锁紧，如图 6-16（a）和图 6-16（b）所示。开口销常用于大节距，弹簧夹用于小节距。当链条的节数为奇数时，需要采用过渡链节，如图 6-16（c）所示。由于过渡链板是弯的，承载后将承受附加弯矩，使承载能力降低 20％左右，所以链节数尽量不用奇数。

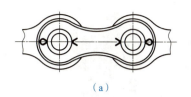 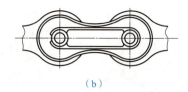 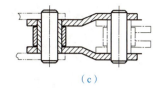

（a） （b） （c）

图6-16 滚子链的接头形式

(a)开口销；(b)弹簧夹；(c)过渡链节

3)滚子链的标记。滚子链已经标准化。其标记为：链号-排数-链节数及国家标准编号。例如，A系列，节距为25.4 mm，单排，82节滚子链，其标记为16A-1-82 GB/T 1243—2006。

按极限拉伸荷载的大小，套筒滚子链分为A、B两种系列。A系列用于高速、重载或重要传动；B系列用于一般传动。

（2）齿形链。齿形链又称无声链，是由一组齿形链板用铰链连接而成，工作时链齿板与链轮轮齿相啮合而传递运动。

按铰链结构的不同，齿形链可分为圆销铰链式、轴瓦铰链式和滚柱铰链式三种，如图6-17所示。

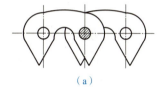 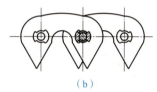 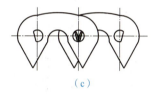

（a） （b） （c）

图6-17 齿形链的铰接结构

(a)圆销铰链式；(b)轴瓦铰链式；(c)滚柱铰链式

与滚子链相比，齿形链传动具有工作平稳、噪声较小、链速较高、承受冲击荷载能力较好和轮齿受力较均匀等优点；但结构复杂、装拆困难、价格较高、自重较大且对安装和维护的要求也较高，多用于传递功率大、冲击荷载大的场合。

2. 链轮

链轮的结构如图6-18所示。直径小的链轮制成实心式，如图6-18(a)所示；中等直径的链轮常制成孔板式，如图6-18(b)所示；大直径($d>200$ mm)的链轮常制成焊接式，通常将齿圈焊接在轮毂上，如图6-18(c)所示；采用螺栓连接如图6-18(d)所示。

链轮的材料应能保证轮齿具有足够抗疲劳强度、耐冲击性和耐腐蚀性；中速、中等功率的链轮常用40、50钢经调质处理；有动荷载及传递功率较大的链轮选用渗碳钢或调质钢。由于小链轮轮齿比大链轮轮齿的啮合次数多，所受冲击也严重，因此，小链轮的材料应优于大链轮。

（a） （b） （c） （d）

图 6-18 链轮的结构

(a)实心式；(b)孔板式；(c)焊接式；(d)螺栓连接

6.2.3 链传动的使用与维护

1. 链传动的失效形式

在工作中，链传动也会出现各种失效现象导致不能正常工作。由于链条的强度比链轮低，所以链传动的失效主要是链条的失效。其主要失效形式有以下几种。

(1)链板的疲劳破坏。链在松边拉力和紧边拉力的反复作用下，经过一定的循环次数后，链板将发生疲劳断裂。

在正常润滑情况下，链板的疲劳强度是限定链传动承载能力的主要因素。

(2)滚子、套筒、销轴的点蚀和冲击断裂。链条与链轮轮齿啮合过程中由于链条反复启动、制动、反转或受冲击荷载时承受较大的动荷载，滚子和套筒会受到冲击，在反复多次的冲击下，经过一定的循环次数，滚子表面产生点蚀，滚子、套筒和销轴会产生冲击断裂。

(3)铰链的磨损。链节在进入和退出啮合时，销轴与套筒之间存在相对滑动，在不能保证充分润滑的条件下，将引起铰链的过度磨损，导致链轮节圆增大，链与链轮的啮合点外移，最终将产生跳齿或脱链而使传动失效。由于磨损主要表现在外链节节距的变化上，内链节节距的变化很小，因而实际铰链节距的不均匀性增大，使传动更加不平稳，通常节距增大3%则为失效。铰链磨损是链传动的主要失效形式。

(4)销轴和套筒的胶合。由于滚子链结构使铰链润滑状况较差，随着链轮转速的提高，铰链相对转动速度加快，链节受到的冲击能量也增大，使销轴与套筒的工作表面摩擦发热较大，而使两者表面发生黏附磨损，严重时产生胶合。

(5)链条的过载拉断。在低速、重载或突然过载时，链条因强度不足而被拉断。

2. 链传动的布置

链传动的布置是否合理，对传动的工作能力及使用寿命都有较大影响。链轮应布置在同一铅垂平面内，两链轮的中心线最好水平布置，如图 6-19(a)所示，或与水平面成 45°以下的倾斜角，如图 6-19(b)所示。尽量避免垂直布置，以免链条因垂度增大而与下面的链轮松脱，不得已时使上、下链轮左右偏离一段距离 e，如图 6-19(c)所示。链传动中链条的紧边在上，松边在下，避免松边下垂量增大后，出现链条和链轮卡死现象。

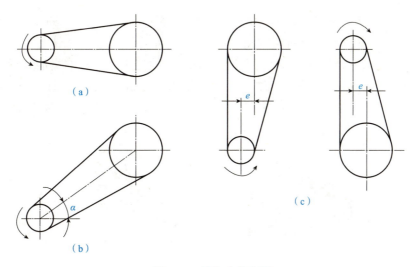

图 6-19　链传动的布置

(a)中心线水平；(b)中心线与水平成 45°以下倾斜角；(c)垂直但偏离 e

3. 链传动的张紧

链传动张紧的目的是避免垂度过大引起啮合不良。一般链传动设计成可调整中心距来张紧链条。当中心距不可调时，可拆掉 1～2 个链节，或者使用张紧轮。图 6-20 所示为采用弹簧力张紧和重力张紧的两种方法进行张紧。

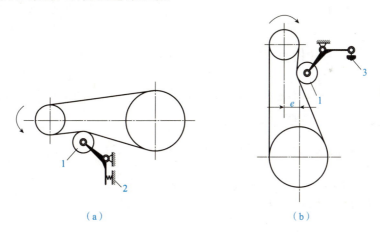

图 6-20　链传动张紧轮的安装

(a)弹簧力张紧；(b)重力张紧

1—张紧轮；2—弹簧；3—重锤

4. 链传动的润滑

良好的润滑能减少链条的磨损、缓和冲击、散热及延长使用寿命。常用的润滑方法如图 6-21 所示。

(1)人工定期润滑。用油刷或油壶给油，如图 6-21(a)所示。

(2)滴油润滑。用油杯通过油管向松边的内、外链板间隙处滴油，用于链速 $v \leqslant 10$ m/s 的传动，如图 6-21(b)所示。

(3)油浴润滑。链条从密封的油池中通过，链条浸油深度一般以 5～12 mm 为宜，适用链速 $v=6～12$ m/s 的传动，如图 6-21(c)所示。

(4)飞溅润滑。在密封容器中，用甩油盘将油甩起，经由壳体上的集油装置将油导流到链上。甩油盘速度应大于 3 m/s，浸油深度一般为 12～15 mm，如图 6-21(d)所示。

(5)压力润滑。用油泵将油喷到链上，喷口应设在链条进入啮合之处，适用链速 $v \geqslant 8$ m/s 的大功率传动，如图 6-21(e)所示。

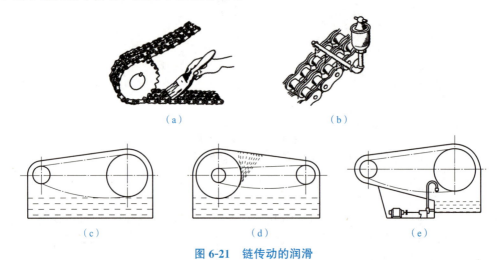

图 6-21　链传动的润滑

(a)人工定期润滑；(b)滴油润滑；(c)油浴润滑；(d)飞溅润滑；(e)压力润滑

⚙ 任务 6.3　齿轮传动

齿轮传动是机械传动中最重要，也是应用最广泛的一种传动装置。常见于日常生活中的手表、汽车，还有许许多多的机械产品中。

6.3.1　齿轮传动概述

齿轮传动主要由主动齿轮、从动齿轮和支承件等组成。它是依靠主动齿轮和从动齿轮轮齿的啮合来传递运动和动力的一种机械传动。

1. 齿轮传动的类型

(1)按照传动轴的相对位置不同，分为平行轴齿轮传动(图 6-22)、相交轴齿轮传动(图 6-23)和交错轴齿轮传动(图 6-24)。

(2)按照齿轮分度曲面不同，分为圆柱齿轮传动(图 6-22)和锥齿轮传动(图 6-23)。

(3)按照齿线形状不同，分为直齿轮传动[图 6-22(a)、(d)、(e)，图 6-23]、斜齿轮传动[图 6-22(b)]和曲线齿轮传动。

(4)根据齿轮传动的工作条件不同，分为闭式齿轮传动和开式齿轮传动。前者齿轮副封闭在刚性箱体内，并能保证良好的润滑；后者齿轮副外露，易受灰尘及有害物质的侵袭，并且不能保证良好的润滑。

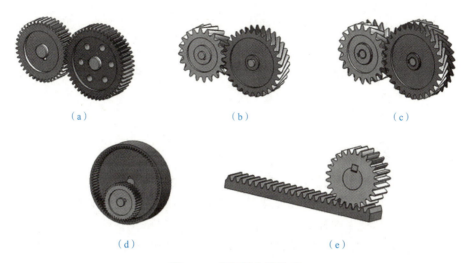

（a） （b） （c）

（d） （e）

图 6-22 平行轴齿轮传动

(a)直齿圆柱齿轮副；(b)平行轴斜齿轮副；(c)人字形齿轮副；(d)内啮合直齿轮副；(e)齿轮齿条副

图 6-23 相交轴齿轮传动 图 6-24 交错轴齿轮传动

直齿轮副 斜齿轮副 人字形齿轮副 内啮合齿轮副

齿轮齿条副 直齿圆锥齿轮副 蜗杆副

（5）根据齿轮轮齿齿廓的不同，分为渐开线齿轮传动、摆线齿轮传动和圆弧齿轮传动等，其中渐开线齿轮传动应用最广。

2. 齿轮传动的传动比

齿轮传动的传动比与链传动相似，即主动齿轮转速与从动齿轮转速之比，也等于主、从动齿轮的齿数的反比。设主动齿轮的齿数为 Z_1，从动齿轮的齿数为 Z_2，传动比的计算公式表达为

$$i = \frac{n_1}{n_2} = \frac{Z_2}{Z_1} \tag{6-4}$$

3. 对齿轮传动的基本要求

从传递运动和动力两个方面考虑，齿轮传动应满足以下两个基本要求：

(1)传动准确、平稳。在齿轮传动过程中，应保证瞬时传动比恒定不变，以保持传动的平稳性，避免或减小传动中的冲击、振动和噪声。

(2)承载能力强。要求齿轮的结构尺寸小、体积小、质量小，而承受荷载的能力强，即齿轮的强度高、耐磨性好，寿命长。

4. 齿轮传动的应用特点

齿轮传动在工程机械、矿山机械、冶金机械、各种机床及仪器、仪表工业中得到广泛的应用。与摩擦轮传动、带传动和链传动相比，齿轮传动具有如下特点：

(1)能保证瞬时传动比恒定、传递运动准确可靠。

(2)传递的功率和速度范围大。

(3)传递效率高，一般传动效率为 $0.94 \sim 0.99$。

(4)结构紧凑，使用寿命长。

(5)运动过程中有振动、冲击和噪声。

(6)齿轮安装要求较高，制造工艺复杂，成本高。

(7)不能实现无级变速，不适宜在两轴中心距较大的场合使用。

6.3.2　渐开线齿廓

齿轮传动的基本要求之一就是齿轮传动应保持瞬时传动比恒定。根据传动比的计算公式可知速比与齿轮的齿数成反比，速比是恒定不变的。但是若使每一瞬间的速比都保持恒定不变，则必须选择适当的齿廓曲线，在目前的生产中被采用的齿廓曲线有渐开线齿廓、摆线齿廓和圆弧曲线齿廓。

渐开线齿廓不仅能满足传动平稳的基本要求，而且具有易于制造、便于安装等优点。故目前使用的齿轮中绝大多数为渐开线齿轮。

1. 渐开线齿廓的形成

(1)渐开线的形成。如图 6-25 所示，当直线 I 沿着一个固定的圆做无滑移的纯滚动时，该直线上任意一点 K 在平面上的轨迹 AK 称为该圆的渐开线。这个固定的圆称为基圆，其半径用 r_b 表示。直线 I 称为发生线。

(2)渐开线齿廓的形成。渐开线齿轮的齿廓是由同一个基圆上两条对称的渐开线组成的，如图 6-26 所示。

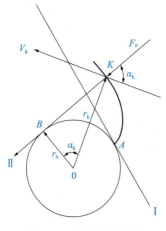

图 6-25 渐开线的形成

图 6-26 渐开线齿廓的形成

2. 渐开线的性质

(1)发生线在基圆上滚过的线段 $\overline{BK}$ 等于基圆上滚过的一段弧长 AB。

(2)渐开线上任意一点 K 的法线 BK 必切于基圆。

(3)渐开线上各点的曲率半径不相等。K 点离基圆越远，渐开线越趋于平直。

(4)渐开线的形状取决于基圆的大小。基圆相同，渐开线形状完全相同。基圆越小，渐开线越弯曲。基圆越大，渐开线越趋于平直。

(5)基圆内无渐开线。

(6)渐开线上各点压力角不相等，越远离基圆压力角越大，基圆上的压力角等于零。

3. 渐开线齿廓的啮合特性

图 6-27 所示为一对啮合的渐开线齿轮。N_1N_2 为两齿轮基圆的内公切线，设在某瞬间两轮齿廓在 K 点接触，K 点称为啮合点。实践证明，渐开线齿廓的啮合点 K 始终沿着 N_1N_2 移动，即 N_1N_2 是啮合点的轨迹，称为啮合线。啮合线与两轮中心连接的交点 C 称为节点。过 C 点的两节圆的公切线 tt（C 点的运动方向）与啮合线 N_1N_2 所夹的锐角 α' 称为啮合角。

渐开线齿轮啮合时具有如下特性：

(1)保持传动比的恒定。由图 6-27 可知，在两轮齿廓啮合的过程中，啮合线的位置不变，因此啮合线与中心线的交点 C 为定点。齿轮传动时，两轮在 C 点的线速度相同，即

$$r_1'\omega_1 = r_2'\omega_2$$

得

$$i = \frac{\omega_1}{\omega_2} = \frac{r_2'}{r_1'}$$

因为

$$\triangle O_1 N_1 C \backsim \triangle O_2 N_2 C$$

所以 $\dfrac{O_2C}{O_1C} = \dfrac{O_2N_2}{O_1N_1}$，即 $\dfrac{r_2'}{r_1'} = \dfrac{r_{b2}}{r_{b1}}$

图 6-27 渐开线齿廓的啮合传动

所以
$$i=\frac{\omega_1}{\omega_2}=\frac{r'_2}{r'_1}=\frac{r_{b2}}{r_{b1}}=常量 \tag{6-5}$$

式中　r'_1——主动齿轮节圆半径(mm)；

　　　r'_2——从动齿轮节圆半径(mm)；

　　　r_{b1}——主动齿轮基圆半径(mm)；

　　　r_{b2}——从动齿轮基圆半径(mm)。

渐开线齿轮传动的传动比等于主动轮和从动轮基圆半径的反比。由于两啮合齿轮的基圆半径是定值，所以，渐开线齿轮传动的传动比能保持恒定不变。

(2)具有传动的可分离性。由于渐开线齿轮传动的传动比只与基圆半径有关，而与中心距无关，所以，对于基圆半径已经确定的齿轮副，其传动比的大小不受两轮安装时中心距误差的影响，这一啮合特性称为渐开线齿轮传动的可分离性。这给齿轮的制造、安装和使用带来极大的方便。

6.3.3　渐开线标准直齿圆柱齿轮的基本参数和几何尺寸

1. 渐开线直齿圆柱齿轮各部分的名称及符号

图 6-28 所示为渐开线直齿圆柱齿轮的一部分。

(1)齿槽。齿轮上相邻两个轮齿之间的空间称为齿槽。

(2)齿顶圆。通过齿轮轮齿顶部的圆称为齿顶圆，其直径和半径分别用 d_a 和 r_a 表示。

(3)齿根圆。通过齿轮齿槽底部的圆称为齿根圆，其直径和半径分别用 d_f 和 r_f 表示。

(4)齿厚。在任意圆周上，一个轮齿两侧齿廓间的弧长称为该圆上的齿厚，用 s_k 表示。

(5)齿槽宽。在任意圆周上，齿槽两侧齿廓之间的弧长称为齿槽宽，用 e_k 表示。

(6)齿距。在任意圆周上，相邻两齿同侧齿廓对应两点之间的弧长称为齿距，用 p_k 表示。由图 6-28 可知，齿距等于齿厚与齿槽宽之和，即 $p_k=s_k+e_k$。

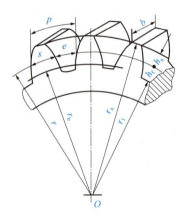

图 6-28　渐开线直齿圆柱齿轮的几何要素

(7)分度圆。在齿顶圆与齿根圆之间，将作为计算齿轮各部分尺寸基准的假想圆称为分度圆，其直径和半径分别用 d 和 r 表示。分度圆上的齿厚、齿槽宽和齿距通常用 s、e、p 表示；且 $p=s+e$。对于标准齿轮 $s=e$。

(8)齿顶和齿根。齿轮上位于分度圆和齿顶圆之间的部分称为齿顶，位于分度圆和齿根圆之间的部分是齿根。

(9)齿顶高。介于分度圆和齿顶圆之间的径向距离称为齿顶高，用 h_a 表示。

(10)齿根高。介于分度圆和齿根圆之间的径向距离称为齿根高，用 h_f 表示。

(11)全齿高。齿顶圆与齿根圆之间的径向距离称为全齿高，用 h 表示。分度圆将全齿高分为不等的两部分，它等于齿顶高和齿根高之和。

(12)齿宽。齿轮上的轮齿沿着齿轮轴线方向的度量的宽度称为齿宽，用 b 表示。

(13)中心距。两个圆柱齿轮轴线之间的距离称为中心距，用 a 表示。

2. 渐开线直齿圆柱齿轮的基本参数

（1）齿数。在齿轮的圆周上均匀分布的轮齿的总数称为齿数，用 z 表示。

（2）模数。如果齿轮的齿数为 z，分度圆的直径为 d，分度圆上的齿距为 p，分度圆的周长为 L，则 $L=pz=\pi d$，即 $d=(p/\pi)z$。

由于 π 是无理数，将给计算和测量带来不便。为此，将齿距 p 和 π 的比值规定为一个有理数，并把这个比值称为模数，用 m 表示，其单位为 mm，由此得

$$d=mz \qquad (6\text{-}6)$$

模数是齿轮计算的基本参数。由模数的计算公式可知，在齿数相同的条件下，模数越大，齿距越大，轮齿也就越大，其承载能力也就越强，如图 6-29 所示。

为了便于制造和选用齿轮，国家标准规定了渐开线齿轮的标准模数系列，见表 6-1。

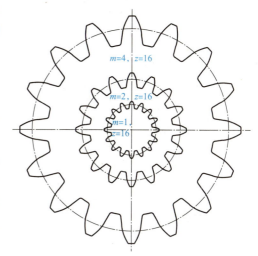

图 6-29　模数与尺寸的关系

表 6-1　标准模数系列（GB/T 1357—2008）

第一系列	1	1.25	1.5	2	2.5	3	4	5	6	8
	10	12	16	20	25	32	40	50	—	—
第二系列	1.125	1.375	1.75	2.25	2.75	3.5	4.5	5.5	(6.5)	7
	9	11	14	18	22	28	36	45	—	—

（3）压力角。压力角是指渐开线齿廓上某点 K 的受力方向与运动方向所夹的锐角，用 α 表示。同一渐开线齿廓上各点的压力角是不同的，为了便于设计和制造，国家标准规定分度圆上的压力角为标准压力角，其值为 20°。

（4）齿顶高系数。齿顶高与模数的比值称为齿顶高系数，用 h_a^* 表示，即 $h_a=h_a^* m$。国家标准规定 m＞1 时，正常齿制 $h_a^*=1$，短齿制 $h_a^*=0.8$。

（5）顶隙系数。顶隙是指一对齿轮啮合传动时，一齿轮的齿顶圆到另一齿轮齿根圆之间的径向距离。其作用是避免传动时两齿轮的齿顶与齿根相顶撞，并且便于储存润滑油。

顶隙与模数的比值称为顶隙系数，用 c^* 表示。国家标准规定 m＞1 时，正常齿制 $c^*=0.25$，短齿制 $c^*=0.3$。

一般传动用的齿轮均采用正常齿制，对于一些需要轮齿抗弯强度高的齿轮，如拖拉机、坦克用齿轮，才采用短齿制齿轮。通常不加说明的齿轮，均为正常齿制。

标准齿轮是指模数、压力角、齿顶高系数和顶隙系数都是标准值，并且分度圆上的齿厚和齿槽宽相等的齿轮。

3. 渐开线直齿圆柱齿轮的几何尺寸计算

当标准直齿圆柱齿轮基本参数 m、z、α、h_a^*、c^* 选定后，其几何尺寸可按表 6-2 中公式计算。

表 6-2　渐开线标准直齿圆柱齿轮几何尺寸计算公式　　　　mm

名 称	代号	计算公式
模数	m	根据表 6-1 选用标准值
压力角	α	$\alpha = 20°$
齿顶高系数	h_a^*	1
顶隙系数	c^*	0.25
齿顶高	h_a	$h_a = m$
齿根高	h_f	$h_f = 1.25\,m$
分度圆直径	d	$d = mz$
基圆直径	d_b	$d_b = mz\cos\alpha$
齿顶圆直径	d_a	$d_a = d + 2h_a = (z+2)m$
齿根圆直径	d_f	$d_f = d - 2h_f = (z - 2.5)m$
分度圆齿距	p	$p = \pi m$
基圆齿距	p_b	$p_b = p\cos\alpha = \pi m\cos\alpha$
分度圆齿厚	s	$s = p/2 = \dfrac{1}{2}\pi m$
分度圆齿槽宽	e	$e = p/2 = \dfrac{1}{2}\pi m$
标准中心距	a	$a = \dfrac{d_1 + d_2}{2} = \dfrac{1}{2}m(z_1 + z_2)$

4. 渐开线直齿圆柱齿轮啮合传动

（1）渐开线齿轮传动的正确啮合条件。齿轮传动是依靠两个齿轮的轮齿依次啮合来实现的。由渐开线可分离性可知，参与啮合的齿廓其啮合点都在啮合线上。因此，如图 6-30 所示，要使处于啮合线上的各对轮齿都能同时啮合，必须是两轮的基圆齿距相等，即

$$p_{b1} = p_{b2}$$

因 $p_b = p\cos\alpha = \pi m\cos\alpha$，从而有

$$m_1\cos\alpha_1 = m_2\cos\alpha_2$$

由于模数和压力角均已标准化，所以，齿轮副的正确啮合条件是

1）两齿轮的模数必须相等，即 $m_1 = m_2 = m$。

2）两齿轮的压力角必须相等，即 $\alpha_1 = \alpha_2 = \alpha$。

（2）渐开线齿轮连续传动的条件。图 6-30 所示为一对相互啮合的齿轮，设主动齿轮为 1 轮，从动齿轮为 2 轮。齿廓的啮合点是从主动轮 1 的齿根推动从动轮 2 的齿顶开始的，因此，从动轮 2 的齿顶圆与啮合线的交点 B_2 即为一对齿廓进入啮合的开始，随着齿轮 1 推动齿轮 2 转动，两齿廓的啮合点沿着啮合线移动。当啮合点移动到齿轮 1 的齿顶圆与啮合线的交点 B_1 时，这对齿轮终止啮合。故啮合线 N_1N_2 上的线段 B_1B_2 为齿廓的实际轨迹，称为实际啮

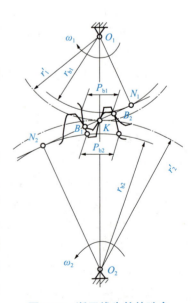

图 6-30　渐开线齿轮的啮合

合线。

当一对轮齿在 B_2 点开始啮合时，前一对轮齿仍在 K 点啮合，则传动就能连续进行。此时，实际啮合线的长度大于齿轮的法向齿距（基圆齿距）。如果前一对轮齿已经于 B_1 点脱离啮合，而后一对轮齿仍未进入啮合，则不能保证两轮传动的连续性，因传动中断，将引发冲击，从而破坏了传动的平稳性。因此，保证一对齿轮连续传动的条件是实际啮合线的长度必须大于或等于齿轮的法向齿距。通常将 B_1B_2 与 p_b 比值称为重合度，用 ε 表示。

齿轮连续传动的条件是 $\varepsilon = B_1B_2/p_b \geq 1$。

理论上当 $\varepsilon = 1$ 时，就能保证一对齿轮连续传动，但考虑到齿轮的制造、安装误差和啮合传动中轮齿的变形，实际上应使 $\varepsilon > 1$。一般机械制造中，常使 $\varepsilon \geq 1.1 \sim 1.4$。重合度越大，表示同时啮合的轮齿的对数越多。对于标准齿轮传动，其重合度都大于 1。

6.3.4 齿轮的失效形式与齿轮材料

1. 齿轮的失效形式

齿轮在传动过程中，会出现轮齿折断、齿面损坏等现象，从而失去正常工作能力，这种现象称为齿轮的失效。由于齿轮工作条件和应用的范围各不相同，造成失效的原因很多。就其工作条件来说，有开式和闭式之分；就其使用情况来说，有低速、高速及重载、轻载之分；此外，齿轮的材料性能、热处理工艺的不同，以及齿轮的结构尺寸大小和加工精度等级的差别，均会使齿轮传动产生不同的失效形式。

（1）轮齿折断。

1）产生的原因。轮齿在传递动力时，相当于一个悬臂梁，齿根处受力最大，在齿根部分容易发生轮齿折断，如图 6-31（a）所示。齿轮宽度较大时，由于制造、安装误差，其局部受载过大，或者齿轮工作时，短时间过载、受过大的冲击荷载也会造成轮齿局部折断，如图 6-31（b）所示。

2）预防措施。避免过载和冲击，选择适当的模数和齿宽，采用合适的材料和热处理工艺，减少齿根应力集中，齿根圆角不宜过小，应有一定要求的表面粗糙度，使齿根危险截面处的弯曲应力最大值超过许用应力值。

（2）齿面点蚀。

1）产生的原因。齿轮工作时，表面的接触应力是交变的。应力经多次重复后，在节线附近靠近齿根部分的表面上会出现若干细微的裂纹，封闭在裂纹中的润滑油在压力作用下，加剧裂纹的扩展，会使表面层金属微粒剥落，形成麻点和斑坑，这种现象称为齿面点蚀，如图 6-31（c）所示。

2）预防措施。设计时应合理选用齿轮参数，选择合适的材料及提高齿面硬度，降低表面粗糙度，选用黏度高的润滑油并采用适当的添加剂。

（3）齿面磨损。

1）产生的原因。齿轮啮合传动时，两渐开线齿廓之间存在相对滑动，在荷载作用下，齿面间的灰尘、硬屑粒会引起齿面磨损，如图 6-31（d）所示。

2）预防措施。提高齿面硬度，减小表面粗糙度值，采用合适的材料组合，改善润滑条件和工作条件等。

（4）齿面胶合。

1）产生的原因。在高速重载的齿轮传动中，往往因温度升高，润滑油的油膜被破坏，接触齿面产生很高的顺时温度，同时在很高的压力下，齿面接触处的金属局部粘结在一起。当齿轮继续运转时，由于两齿轮的相对滑动，在齿轮表面撕成沟纹，这种现象称为齿面胶合，如图 6-31(e)所示。

2）预防措施。选用特殊的高黏度润滑油或者在油中加入抗胶合的添加剂，选用不同的齿轮材料，使两轮不易粘连，提高齿面硬度，改进冷却条件。

（5）齿面塑性变形。

1）产生原因。当齿轮的齿面较软时，在重载情况下，可能使表层金属沿着摩擦力方向发生局部塑性流动，出现塑性变形，如图 6-31(f)所示。

2）预防措施。提高齿面硬度，采用黏度大的润滑油，尽量避免频繁启动和过载。

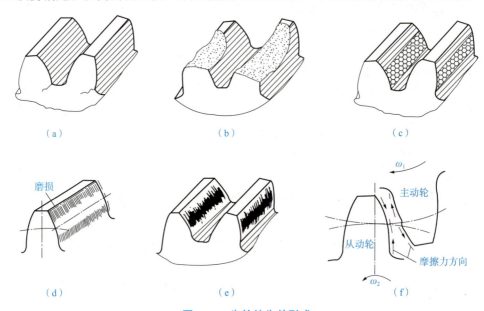

图 6-31　齿轮的失效形式

(a)齿根折断；(b)轮齿局部折断；(c)齿面点蚀；(d)齿面磨损；(e)齿面胶合；(f)齿面塑性变形

2. 齿轮的材料

齿轮是机械传动中应用最广泛的一种零件。在齿轮的设计和制造过程中，不仅要考虑材料的性能能够适应零件的工作条件，使零件经久耐用，而且要求材料有较好的加工工艺性和经济性，以便提高零件的生产率、降低成本、减少能耗。如果齿轮的材料选择不当，则会出现零件的过早损伤，甚至失效。

（1）对齿轮材料的要求。为了使齿轮具有一定的抗失效能力，齿轮材料一般要求具有足够的强度、表面具有一定的硬度和耐磨性，心部具有一定的韧性，并要具有良好的加工及热处理性能。

（2）齿轮的常用材料。齿轮常用的材料有锻钢、铸铁、铸钢和非金属材料等。

1）一般情况下，齿轮采用锻件或轧制钢件。

2）低速重载的齿轮易产生齿面塑性变形，轮齿易折断，选用综合性能好的钢材。

3）高速齿轮易产生齿面胶合，选用齿面硬度高的材料。

4）受冲击荷载的齿轮，选用韧性好的材料。

5）当齿轮结构复杂、尺寸较大，轮坯不易锻造时，可采用铸钢。

6）开式、功率不大、荷载平稳、低速传动时，可采用灰铸铁或球墨铸铁。

7）对于高速、轻载、对精度要求不高而又要求低噪声的齿轮传动，可采用尼龙或塑料等非金属材料。

6.3.5　其他常用齿轮及其传动

齿轮传动时，由于直齿圆柱齿轮整个齿宽同时进入或退出啮合，轮齿也随之突然加载或卸载，易引起冲击、振动和噪声，传动的平稳性较差。采用斜齿轮传动可以减少传动的冲击、振动和噪声，提高传动的平稳性。

1. 斜齿圆柱齿轮传动

齿线为螺旋线的圆柱齿轮称为斜齿圆柱齿轮，简称斜齿轮。

（1）斜齿圆柱齿轮的传动特点。

1）承载能力强，可以用于大功率传动。

2）传动平稳，冲击、噪声和振动小，可用于高速传动。

3）使用寿命长。

4）不能当变速滑移齿轮使用。

5）传动中产生轴向力。

为了克服斜齿轮产生轴向分力的缺点，可将斜齿轮的轮齿做成左右对称的形状，这种齿轮称为人字齿轮，因轮齿左右两侧完全对称，故两侧所产生的轴向分力互相抵消，但人字齿轮制造比较麻烦，成本较高。

（2）斜齿轮的基本参数。

1）螺旋角。图 6-32 所示为斜齿轮分度圆柱面的展开图。斜齿轮分度圆柱面上的螺旋线与齿轮轴线的夹角称为斜齿圆柱齿轮的螺旋角，用 β 表示。螺旋角反映了轮齿的倾斜程度，并且因螺旋角而产生轴向力。β 角越大，则轮齿倾斜越大，轴向力越大，一般取 $\beta=8°\sim30°$。

按照斜齿轮的齿廓螺旋线的方向不同，斜齿轮可分为右旋和左旋两种。如图 6-33 所示。从斜齿轮的端面沿着它的轴线方向观察斜齿轮上可见部分的螺旋线，如果螺旋线是向右上方倾斜，则为右旋齿轮，反之为左旋齿轮。

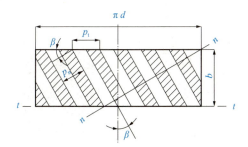

图 6-32　斜齿轮分度圆柱面的展开图

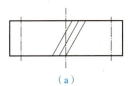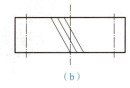

图 6-33　斜齿轮的旋向

（a）右旋；（b）左旋

2)模数。斜齿轮的法面模数(m_n)是标准值，它与端面模数(m_t)的关系为

$$m_n = m_t \cos\beta \qquad (6\text{-}7)$$

3)压力角。斜齿轮的压力角有法向压力角(α_n)和端面压力角(α_t)两种，并且规定法向压力角为标准值，即 $\alpha_n = \alpha = 20°$。

4)齿顶高系数和顶隙系数。斜齿轮的齿顶高系数和顶隙系数也分为法向和端面两种，分别用 h_{at}^*、h_{an}^*、c_t^* 和 c_n^* 表示。法向系数和端面系数的关系分别为

$$h_{at}^* = h_{an}^* \cos\beta \qquad (6\text{-}8)$$

$$c_t^* = c_n^* \cos\beta \qquad (6\text{-}9)$$

(3)斜齿圆柱齿轮的几何尺寸计算见表6-3。

表6-3 外啮合标准斜齿圆柱齿轮的几何尺寸计算

名称	代号	计算公式
分度圆直径	d	$d = m_t z = z m_n / \cos\beta$
齿顶高	h_a	$h_a = m_n$
齿根高	h_f	$h_f = 1.25 m_n$
齿高	h	$h = 2.25 m_n$
齿顶圆直径	d_a	$d_a = d + 2h_a$
齿根圆直径	d_f	$d_f = d - 2h_f$
标准中心距	a	$a = \dfrac{d_1 + d_2}{2} = \dfrac{1}{2} m_t(z_1 + z_2) = m_n(z_1 + z_2)/2\cos\beta$

(4)斜齿圆柱齿轮的正确啮合条件。一对外啮合斜齿圆柱齿轮传动的正确啮合条件：两个斜齿轮的法面模数和法面压力角分别相等，且等于标准值；两个斜齿轮的螺旋角大小相等，旋向相反。其表达式为

$$m_{n1} = m_{n2} = m, \quad \alpha_{n1} = \alpha, \quad \beta_1 = \beta \qquad (6\text{-}10)$$

2. 圆锥齿轮传动

(1)圆锥齿轮传动的特点及应用。圆锥齿轮传动用于传递两相交轴之间的运动和动力，其传动可看成两个锥顶共点的圆锥体相互做纯滚动，如图6-34所示。两轴交角 $\Sigma = \delta_1 + \delta_2$ 由传动要求确定，可为任意值，常用轴交角 $\Sigma = 90°$。圆锥齿轮有直齿、斜齿和曲线齿三种齿形，常用的是直齿圆锥齿轮。

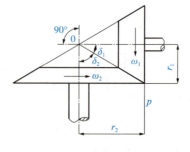

直齿圆锥齿轮传动

图6-34 直齿圆锥齿轮传动

直齿圆锥齿轮的特点是设计、制造、安装方便，成本低，但承载能力差，工作时振动和噪声都较大，适用低速、轻载传动。曲线齿圆锥齿轮的特点是传动平稳、承载能力强，常用于高速、重载传动，如汽车、坦克、飞机中的圆锥齿轮机构，但其设计和制造较复杂。斜齿圆锥齿轮的特点介于前两者之间，传动平稳，设计和制造较简单。

（2）标准直齿圆锥齿轮传动的主要参数。为了制造和测量方便，直齿锥齿轮的参数和几何尺寸均以大端为标准。主要参数：大端模数 m、大端压力角 $\alpha=20°$、齿顶高系数 $h_a^*=1$，当 $m\leqslant1$ 时，顶隙系数 $c^*=0.25$；当 $m>1$ 时，$c^*=0.2$。

（3）直齿圆锥齿轮的正确啮合条件。标准直齿圆锥齿轮副的轴交角 $\Sigma=90°$。

直齿圆锥齿轮的正确啮合条件：两齿轮的大端模数和压力角必须相等，且等于标准值，即

$$m_1=m_2；\ \alpha_1=\alpha_2 \tag{6-11}$$

6.3.6 蜗杆传动

1. 蜗杆传动概述

如图 6-35 所示，蜗杆传动主要由蜗杆和蜗轮组成，用于交错轴间的运动和动力的传递，通常轴交角为 90°。在一般情况下，蜗杆是主动件，蜗轮是从动件。

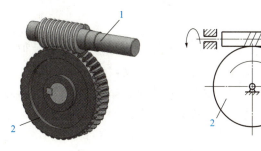

图 6-35　蜗杆传动

1—蜗杆；2—蜗轮

蜗杆传动

2. 蜗杆传动的类型

（1）根据蜗杆的形状不同，蜗杆传动可分为圆柱蜗杆传动［图 6-36（a）］、环面蜗杆传动［图 6-36（b）］和锥蜗杆传动［图 6-36（c）］。

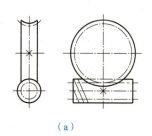
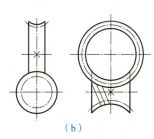
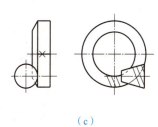

（a）　　　　　　　　　　　（b）　　　　　　　　　　　（c）

图 6-36　蜗杆传动的类型

（a）圆柱蜗杆传动；（b）环面蜗杆传动；（c）锥蜗杆传动

1）圆柱蜗杆传动包括普通圆柱蜗杆传动和圆弧圆柱蜗杆传动两类。

2）普通圆柱蜗杆根据不同的齿廓曲线又可分为阿基米德蜗杆、渐开线蜗杆、法向直廓蜗杆和锥面包络蜗杆等。

阿基米德蜗杆工艺性能较好，加工和测量方便，在机械中应用最为广泛。本书主要介绍阿基米德蜗杆及其传动。

（2）蜗杆传动类似螺旋传动，根据蜗杆的螺旋方向不同可分为左旋蜗杆和右旋蜗杆，常用右旋蜗杆。蜗杆螺旋线符合螺旋右手定则，蜗杆副中与蜗杆相啮合的蜗轮的旋向与蜗杆相同。

（3）蜗杆的齿数称为蜗杆的头数，用 z_1 表示。通常蜗杆的头数 $z_1=1\sim4$。根据蜗杆的头数不同，可分为单头、双头和多头蜗杆。

3. 蜗杆传动的传动比和回转方向的判定

（1）蜗杆传动的传动比。蜗杆传动的传动比是主动蜗杆的角速度与从动蜗轮的角速度的比值，也等于蜗杆头数与蜗轮齿数的反比，即

$$i=\frac{\omega_1}{\omega_2}=\frac{n_1}{n_2}=\frac{z_2}{z_1} \tag{6-12}$$

式中　ω_1、n_1——主动蜗杆角速度、转速；

　　　ω_2、n_2——从动蜗轮角速度、转速；

　　　z_1——主动蜗杆的头数；

　　　z_2——从动蜗轮的齿数。

在蜗轮齿数 z_2 不变的条件下，蜗杆头数 z_1 小，则传动比大，但由于蜗杆的导程角 γ 小，蜗杆传动效率低，蜗杆头数越多，传动效率越高，但加工越困难。

蜗杆传动应用于分度机构时，一般采用单头蜗杆（$z_1=1$）；用于动力传动时，常取 $z_1=2\sim3$；当传递功率较大时，为提高传动效率，可取 $z_1=4$。

（2）蜗杆传动回转方向的判定。蜗杆传动时，蜗轮的回转方向不仅与蜗杆的回转方向有关，而且与蜗杆轮齿的螺旋方向有关。蜗轮的回转方向的判定方法如下：右旋蜗杆用右手，左旋蜗杆用左手。半握拳，四指指向蜗杆回转方向，蜗轮啮合点的线速度方向与大拇指指向相反，如图 6-37 所示。

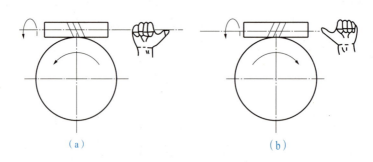

（a）　　　　　　　　　　　　　　　　（b）

图 6-37　蜗杆传动中蜗轮回转方向的判定

（a）右旋蜗杆传动；（b）左旋蜗杆传动

4. 蜗杆传动的特点

（1）单级传动比大，结构紧凑。用于动力传动的蜗杆副，通常传动比 $i=8\sim80$；用于分

度机构时，可达 $i=600\sim1\,000$，这样的传动比如用齿轮传动，则需要采用多级传动才能实现。

（2）传动平稳，噪声小。蜗杆的齿面为连续不断的螺旋面，传动时与蜗轮间的啮合是逐渐进入和退出，蜗轮的齿基本上是沿螺旋面滑动的，而且同时啮合的齿数较多，因此，蜗杆传动比齿轮传动平稳，没有冲击，噪声小。

（3）容易实现自锁。当蜗杆传动的导程角小于蜗杆副材料当量的摩擦角时，蜗杆传动具有自锁性。此时，只能是蜗杆带动蜗轮，而蜗轮不能带动蜗杆，这一特性被用于起重机械设备中，能起到安全保护的作用，如图 6-38 所示的手动起重装置，就是利用蜗杆的自锁性使重物 G 停留在任意位置上，而不能自动下落的。

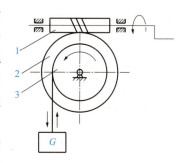

图 6-38　手动起重装置

1—蜗杆；2—蜗轮；3—卷筒

（4）承载能力强。蜗杆和蜗轮啮合时呈线接触，同时进入啮合的齿数较多，与点接触的交错轴斜齿轮传动相比，承载能力强。

（5）传动效率低，成本高。蜗杆传动时，啮合区相对滑动速度很大，摩擦损失较大，因此，传动效率比齿轮传动低；为了提高蜗杆传动的效率，减少传动中的摩擦，蜗轮常采用青铜等减摩材料制造，因而成本较高。

5. 蜗杆传动的正确啮合条件

图 6-39 所示为阿基米德蜗杆传动的中间平面。通过蜗杆轴线，并与蜗轮轴线垂直的平面是中间平面。在中间平面内，蜗杆传动的啮合相当于齿条和渐开线齿轮的啮合。因此，蜗杆传动规定以中间平面上的参数为基准，并沿用齿轮传动的计算关系。

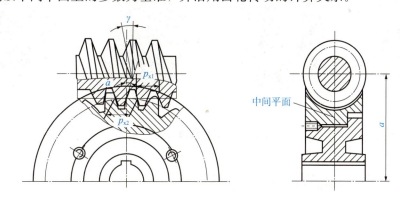

图 6-39　阿基米德蜗杆传动的中间平面

蜗杆蜗轮啮合时，在中间平面上，蜗杆的轴向模数 m_{x1} 和轴向压力角 α_{x1} 应分别与蜗轮的端面模数 m_{t2} 和端面压力角 α_{t2} 相等，亦取标准值。两轴线的轴交角为 90° 时，蜗杆分度圆上的导程角 γ 应与蜗轮分度圆上的螺旋角 β 大小相等、旋向相同。用公式表达为

$$m_{x1}=m_{t2}=m$$
$$\alpha_{x1}=\alpha_{t2}=\alpha \qquad (6\text{-}13)$$
$$\gamma=\beta$$

6. 蜗杆、蜗轮的材料和结构

（1）蜗杆和蜗轮常用材料。考虑到蜗杆传动的应用特点，蜗杆和蜗轮的材料要具有一定的强度，良好的减摩性、耐磨性和抗胶合能力。

蜗杆常用材料为碳素钢和合金钢，要求齿面光洁并且有较高的硬度。一般蜗杆采用 40、45 等碳素钢，经调质处理，硬度为 220～250HBS；对高速重载的蜗杆常用 20Cr、20CrMnTi，渗碳淬火到 56～62 HRC，或 40Cr、38SiMnMo，表面淬火到 45～55 HRC，并进行磨削。

蜗轮常用青铜和铸铁制造，在仪器仪表中也常看到塑料蜗轮。

（2）蜗杆和蜗轮的结构。

1）蜗杆的结构。蜗杆通常与轴做成一体，称为蜗杆轴。蜗杆轴分为铣制和车制两种形式，如图 6-40 所示。

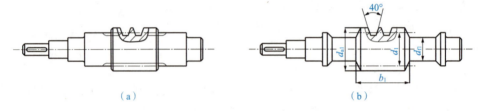

（a）　　　　　　　　　　　　　（b）

图 6-40　蜗杆的结构形式

（a）铣制蜗杆；（b）车制蜗杆

2）蜗轮的结构。蜗轮的结构形式有以下几种类型（图 6-41）：

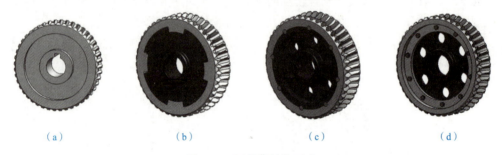

（a）　　　　　　（b）　　　　　　（c）　　　　　　（d）

图 6-41　蜗轮的结构形式

（a）整体式；（b）镶铸式；（c）齿圈式；（d）螺纹连接式

①整体式。整体式结构用于铸铁蜗轮及直径小于 100 mm 的青铜蜗轮。

②镶铸式。镶铸式结构是将青铜轮缘浇筑在铸铁轮心上再切齿，适用中等尺寸、批量生产的蜗轮。

③齿圈式。青铜齿圈与铸铁轮心用过盈配合连接，沿齐缝向轮心偏 1～2 mm，安装 4～8 个紧定螺钉，适用中等尺寸的蜗轮。

④螺纹连接式。用螺栓连接齿圈和轮心，适用大尺寸蜗轮或磨损后需要更换蜗轮齿圈的场合。

7. 蜗杆传动的润滑与散热

由于蜗杆传动齿面间相对滑动速度大，良好的润滑与散热可以提高传动效率，降低齿面工作温度，避免胶合及减少摩擦、磨损。

(1)蜗杆传动的润滑。闭式蜗杆传动的润滑方式有两种：浸油润滑和喷油润滑。采用浸油润滑时，为了利于形成动压油膜及散热，在润滑油损失不过大的前提下，油量可适当增加。通常对于下置蜗杆传动，浸油深度约为一个齿高至蜗杆外径的1/2；对于上置式蜗杆传动，蜗轮浸油深度为一个齿高至蜗轮外径的1/3。

开式蜗杆传动的润滑采用手工周期性润滑。

(2)蜗杆传动的散热。在工作温度大于75 ℃时，可采取下列降温措施：

1)在箱体上铸出或焊上散热片以增大散热面积。

2)在蜗杆轴端安装风扇强制通风，如图 6-42(a)所示。

3)在箱体油池内加装蛇形冷却水管，如图 6-42(b)所示。

4)采用循环油冷却，如图 6-42(c)所示。

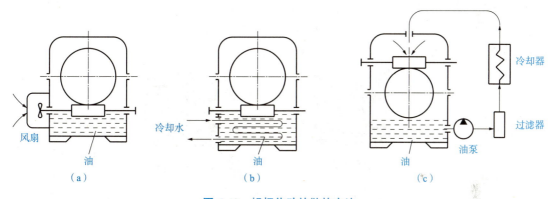

图 6-42　蜗杆传动的散热方法
(a)风扇强制通风；(b)蛇形冷却水管；(c)循环油冷却

⚙ 任务 6.4　轮系

在实际机械中常常采用一系列相互啮合的齿轮来传递运动和动力，这种由一系列相互啮合的齿轮所组成的传动系统称为轮系。

6.4.1　轮系的分类和功用

1. 轮系的分类

轮系有定轴轮系和周转轮系两种基本类型。

平面定轴轮系

(1)定轴轮系。传动时，各齿轮的几何轴线位置都是固定的轮系称为定轴轮系。

由轴线相互平行的圆柱齿轮组成的定轴轮系，称为平面定轴轮系，如图 6-43 所示；包含有相交轴齿轮、交错轴齿轮等在内的定轴轮系，称为空间定轴轮系，如图 6-44 所示。

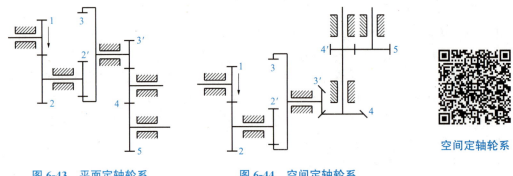

图 6-43　平面定轴轮系　　　　图 6-44　空间定轴轮系

空间定轴轮系

（2）周转轮系。传动时，轮系中至少有一个齿轮的几何轴线位置不确定，而是绕另一个齿轮的固定轴线回转的轮系称为周转轮系，如图 6-45 所示。在周转轮系中，轴线固定的齿轮（图 6-45 中的 1、3 轮）称为太阳轮（或中心轮）；轴线不固定，既绕自身轴线回转，又随构件 H 一起绕太阳轮轴线回转的齿轮（图 6-45 中的 2 轮）称为行星轮；支承行星轮的构件 H 称为行星架（又称系杆或转臂）。

只有一个太阳轮能转动的周转轮系称为行星轮系，如图 6-45（a）所示；两个太阳轮都能转动的周转轮系称为差动轮系，如图 6-45（b）所示。

差动轮系　　　　　　　行星轮系

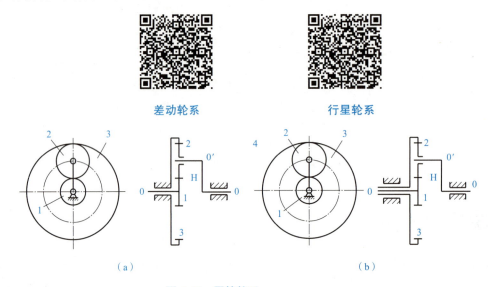

（a）　　　　　　　　　　　　　（b）

图 6-45　周转轮系

（a）行星轮系；（b）差动轮系

1、3—太阳轮；2—行星轮；H—行星架

在工程实际中，轮系中既有定轴轮系又有周转轮系或由几个周转轮系组成，将这种轮系称为混合轮系或复合轮系。

2. 轮系的功用

（1）可获得很大的传动比。用一对相互啮合的齿轮传动，受结构限制，传动比不会很大（一般 $i=3\sim5$，$i\leqslant8$），如果采用轮系传动，就会一级级地改变传动比，从而获得很大的传动比，以将电动机传来的高速转动转变为工作机所需的低速转动。

(2)可以实现较远距离的运动和动力的传递。如图 6-46 所示，当两轴中心距较大时，如果使用一对齿轮传动，则两轮的尺寸必然很大，不仅浪费材料，而且传动机构庞大，如果采用轮系传动，则可使其结构紧凑。

(3)可实现变向、变速要求。汽车变速箱中的变向和变速机构如图 6-47 所示。

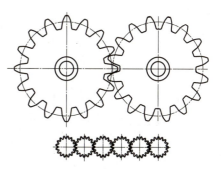

图 6-46 远距离两轴间的传动

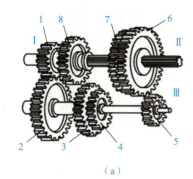

（a）

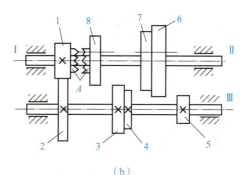

（b）

图 6-47 汽车变速箱

(a)汽车变速箱结构简图；(b)汽车变速箱传动简图

A—离合器；1、2、3、4、5—固定齿轮；6、7、8—滑移齿轮

(4)可以使一个主动轴带动几个从动轴，以实现分路传动或获得多种转速。滚齿机上实现轮坯与滚刀展成运动的传动简图如图 6-48 所示，轴 I 的运动和动力经锥齿轮 1、2 传给滚刀，经齿轮 3、4、5、6、7 和蜗杆 8 传递给蜗轮 9，带动齿坯转动。

(5)可实现运动的合成和分解。在差动轮系中有两个自由度，其中三个基本构件中，必须给定两个基本构件的运动后，第三个构件的运动才能确定，即第三个构件的运动是另外两个构件运动的合成，如图 6-49 所示的差动轮系。这种运动合成作用被广泛用于机床、计算机机构和补偿调整等装置。

同样，利用周转轮系也可以实现运动的分解，即将差动轮系中一个构件的独立运动分解成其他两个构

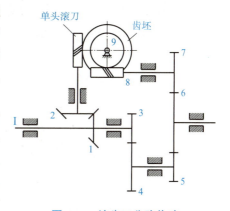

图 6-48 滚齿刀分路传动

1、2—锥齿轮；3、4、5、6、7—齿轮；
8—蜗杆；9—蜗轮

件的独立运动。运动的分解在汽车后桥差速器上的应用如图 6-50 所示。当汽车直线行驶时，左右两后轮转速相同，行星轮不自转，齿轮 1、2、3、2，如同一个整体，一起随齿轮 4 转动，此时，差速器起联轴器的作用。当汽车转弯时，左右两轮的转弯半径不同，两轮行走的距离也不相同，为保证两轮与地面做纯滚动，要求两轮的转速也不相同。此时，因左右轮的阻力不同使行星轮自转，造成左右半轴齿轮 1 和 3 连同左右车轮一起产生转速差，从而适应了转弯的要求。差速器就是应用轮系的分解功用。

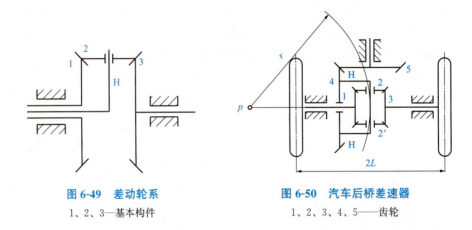

图 6-49   差动轮系

1、2、3—基本构件

图 6-50   汽车后桥差速器

1、2、3、4、5——齿轮

6.4.2   定轴轮系传动比的计算

轮系中主动轴与从动轴间的转速或角速度之比，称为轮系的传动比。轮系传动比的计算包括两个内容：一是传动比大小的计算；二是确定从动轮的转动方向。

1. 平面定轴轮系传动比的计算

图 6-51 所示的一对齿轮传动是最简单的平面定轴轮系，若齿轮 1 是主动轮（首轮），齿轮 2 是从动轮（末轮），其传动比为

$$i = \frac{n_1}{n_2} = \frac{\omega_1}{\omega_2} = \pm \frac{z_2}{z_1} \tag{6-14}$$

图 6-51（a）所示为一对外啮合圆柱齿轮传动，两轮转向相反，取负号；图 6-51（b）所示的一对内啮合圆柱齿轮组成的传动，两轮转向相同，取正号。

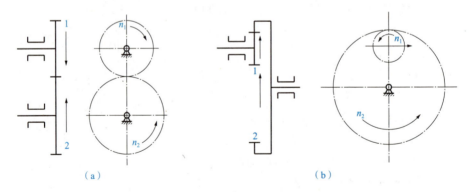

（a）   （b）

图 6-51   一对圆柱齿轮传动

(a)外啮合圆柱齿轮传动；(b)内啮合圆柱齿轮传动

在图 6-52 所示的定轴轮系中，z_1、z_2、$z_{2'}$、z_3、$z_{3'}$、z_4、z_5 分别表示各齿轮的齿数，若齿轮 1 是主动轮，n_1、n_2、n_3、n_4、n_5 分别表示对应各齿轮的转速。按照上述的表达式，则各对啮合齿轮的传动比为

$$i_{12} = \frac{n_1}{n_2} = -\frac{z_2}{z_1}, \quad i_{2'3} = \frac{n_{2'}}{n_3} = \frac{z_3}{z_{2'}}, \quad i_{3'4} = \frac{n_{3'}}{n_4} = -\frac{z_4}{z_{3'}},$$

$$i_{45} = \frac{n_4}{n_5} = -\frac{z_5}{z_4}$$

该轮系的传动比可写成

$$i_{15} = \frac{n_1}{n_5} = \frac{n_1}{n_2} \cdot \frac{n_{2'}}{n_3} \cdot \frac{n_{3'}}{n_4} \cdot \frac{n_4}{n_5}$$

因为 $n_2 = n_{2'}$，$n_3 = n_{3'}$，所以有

$$i_{15} = \frac{n_1}{n_5} = \frac{n_1}{n_2} \cdot \frac{n_{2'}}{n_3} \cdot \frac{n_{3'}}{n_4} \cdot \frac{n_4}{n_5} = i_{12}\, i_{2'3}\, i_{3'4}\, i_{45}$$

$$= \left(-\frac{z_2}{z_1}\right)\left(\frac{z_3}{z_{2'}}\right)\left(-\frac{z_4}{z_{3'}}\right)\left(-\frac{z_5}{z_4}\right)$$

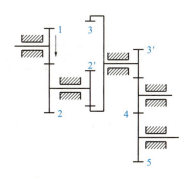

图 6-52　平面定轴轮系

$$= (-1)^3\, \frac{z_2 z_3 z_5}{z_1 z_{2'} z_{3'}} \tag{6-15}$$

式(6-15)说明轮系的传动比等于轮系中所有从动齿轮齿数的连乘积与所有主动齿轮齿数的连乘积之比。首末两轮的转向是否相同，取决于轮系中外啮合次数。

此外，齿轮 4 同时与齿轮 $3'$ 和齿轮 5 啮合，既是齿轮 $3'$ 的从动轮，又是齿轮 5 的主动轮，其齿数在计算中可消去，即齿轮 4 不影响轮系传动比的大小，但能改变从动轮的转向，这种齿轮称为惰轮。

对于平面定轴轮系中首、末两轮的转向，除了用轮系中外啮合齿轮的次数来表达，也可以在传动图上，根据外啮合两轮转向相反，内啮合两轮的转向相同的关系，依次画箭头来确定，图 6-51 所示的箭头表示齿轮的转向。

根据式(6-15)，若以 1 表示首轮，k 表示末轮，m 表示 1～k 轮之间的外啮合次数，则平面定轴轮系的传动比公式为

$$i_{1k} = \frac{n_1}{n_k} = (-1)^m\, \frac{\text{所有从动轮齿数的连乘积}}{\text{所有主动轮齿数的连乘积}} \tag{6-16}$$

式(6-16)中，当 m 为奇数时传动比为负，表示首末两轮转向相反；当 m 为偶数时传动比为正，表示首末两轮转向相同。

2. 空间定轴轮系传动比的计算

空间定轴轮系的传动比的数值仍可用式(6-16)计算，但其转向不能再由 $(-1)^m$ 决定，必须在传动简图中用画箭头的方法确定。

如图 6-53 所示，空间定轴轮系中的两个锥齿轮的轴线不平行，两个齿轮的转向没有相同和相反的关系，所以不能用正号或负号表示，这时只能用画箭头的方法来表示两轮转向，其传动比不能带正负号。锥齿轮用画箭头的方法：两箭头同时指向或同时背离啮合点。蜗杆传动也是必须用画箭头的方法表示蜗轮蜗杆的转向，具体方法可参照蜗杆传动转动方向的判定相关内容。

例 6-1　在图 6-54 所示的组合机床动力滑台轮系中，运动由电动机输入，由蜗轮输出。电动机转速 $n_1 = 940$ r/min，各齿轮齿数 $z_1 = 34$，$z_2 = 42$，$z_3 = 21$，$z_4 = 31$，蜗杆 $z_5 = 2$，蜗轮齿数 $z_6 = 38$，螺旋线方向为右旋。试确定蜗轮的转速和转向。

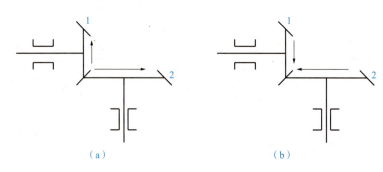

图6-53 一对锥齿轮传动

(a)转向背离啮合点；(b)转向指向啮合点

解：根据定轴轮系传动比公式，并考虑空间定轴轮系末轮转向只能用画箭头确定。

$$i_{16}=\frac{n_1}{n_6}=\frac{z_2 z_4 z_6}{z_1 z_3 z_5}=\frac{42\times31\times38}{34\times21\times2}=34.65$$

$$n_6=\frac{n_1}{i_{16}}=\frac{940}{34.65}=27.13(\text{r/min})$$

蜗轮的回转方向如图6-54中箭头所示。

例6-2 如图6-55所示平面定轴轮系中，已知 $z_1=20$，$z_2=30$，$z_2'=20$，$z_3=60$，$z_3'=20$，$z_4=20$，$z_5=30$，$n_1=100$ r/min，逆时针转动。求末轮的转速和转向。

解：根据定轴轮系传动比公式，并考虑到1～5轮有三对外啮合齿轮。

$$i_{15}=\frac{n_1}{n_5}=(-1)^3\frac{z_2 z_3 z_4 z_5}{z_1 z_2' z_3' z_4}=\frac{30\times60\times20\times30}{20\times20\times20\times20}=-6.75$$

末轮5的转速

$$n_5=\frac{n_1}{i_{15}}=\frac{100}{-6.75}=-14.8(\text{r/min})$$

负号表示末轮5的转向与首轮1相反，顺时针转动。

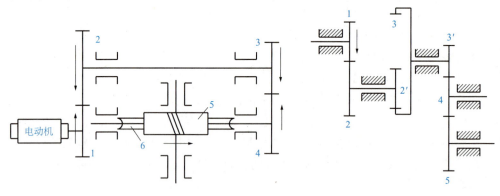

图6-54 组合机床动力滑台轮系   **图6-55 平面定轴轮系的计算**

1. 实施条件

(1)汽车发动机、汽车变速器、差速器、汽车转向系和蜗轮蜗杆减速箱等。

(2)汽车零部件拆装常用工具等。

2. 实施步骤

(1)通过教师对发动机的拆装操作,学生了解一般机械拆装的方法、步骤;掌握正确使用拆装工具、量具的方法;认识发动机中的带传动、链传动、配气机、曲柄滑块机构及各零部件的结构及其连接关系。

(2)在变速器、差速器和转向系中找出直齿圆柱齿轮、斜齿轮、圆锥齿轮和齿轮齿条传动,结合所学知识进一步理解各种类型齿轮的结构特点及其应用。

(3)通过对蜗轮蜗杆减速器的观察和理解,分析蜗轮蜗杆传动在结构和应用方面与圆柱齿轮传动的区别。

 知识拓展

机械的发展方向和前景

当今世界正经历着一场新的技术革命,作为向各行各业提供装备的机械工业,也得到了迅猛的发展。

随着现代机械工业日益向高速、重载、高精度、高效率、低噪声等方向发展,其应用领域越来越广泛,有的用于探测宇宙,有的用于深海作业;有的小到能在人体血管中爬行,有的又是庞然大物;有的速度数倍于声波,有的做亚微米级甚至纳米级位移。现代的机械设备不再是原始的"原动机+传动机+工作机",它正朝着机械化、现代化和智能化的方向发展,是在计算机控制下有了"自行思考"能力的机器人。

 项目小结

(1)带传动是一种常用的机械传动,是利用中间挠性件来传递运动和动力的,传动平稳性好、噪声小,具有过载保护功能,广泛用于金属切削机床、输送机械、农业机械、纺织机械、通风机械等,常用的有平带、V带、多楔带和同步带传动等。

(2)链传动多用于两轴平行、中心距较远、传递功率较大且平均传动比要求准确、不宜采用带传动或齿轮传动的场合。尤其在轻工机械、农业机械、石油化工机械、运输起重机及机床、汽车、摩托车和自行车等的机械传动中得到广泛的应用。

(3)齿轮传动是指由齿轮副传递运动和动力的装置,它是现代各种设备中应用最广泛的传动装置。它的特点是传动精度高,适用范围宽,可以实现平行轴、相交轴、交错轴等空间任意两轴间的传动,这是带传动和链传动做不到的。此外,它还具有工作可靠、使用寿命长、传动效率高等优点;缺点是制造和安装要求较高,成本较高,对环境条件要求也高,除少数低速、低精度的情况外,一般需要安置在箱罩中防尘防垢,还需要重视润滑。

(4)为了获得很大的传动比,或者为了将输入轴的一种转速变换为输出轴的多种转速等,常采用一系列互相啮合的齿轮将输入轴和输出轴连接起来。这种由一系列齿轮组成的传动系统称为轮系。

轮系的主要功用:获得很大的传动比;可以进行较远距离的传动;可以实现变速、变向的要求,可以合成或分解运动。

一、技能测试

常用机构应用作业表见表6-4。

表6-4　常用机械传动应用作业表

基本信息	姓名		班级		学号		组别	
	考核日期		规定时间		完成时间		总评成绩	
序号	图例			技能操作要求			评分标准	得分
1	技能操作：带传动							
	（1）试验证明，在中等中心距情况下，V带安装后，用大拇指能将带按下（　）mm左右张紧程度即为合适						10	
	 （a）　　（b）　　（c）			（2）图中（　）是 V 带型号的正确选用			10	
				（3）图中采用的是（　）进行带张紧的方法。 A. 定期调整中心距 B. 自动调整中心距			10	
2	技能操作：链传动							
	 （a）　　（b）　　（c）			（1）图中（　）是链条为奇数节数的接头形式			10	
				（2）链传动的松边在（　） A. 上　　B. 下			10	
				（3）图示采用的是（　）润滑方法 A. 滴油　B. 油浴　C.飞溅			10	

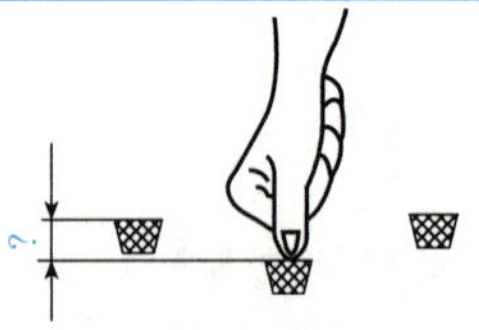

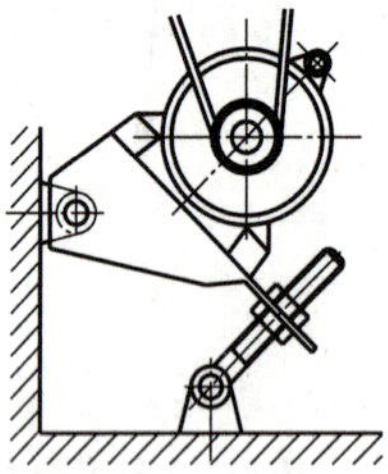

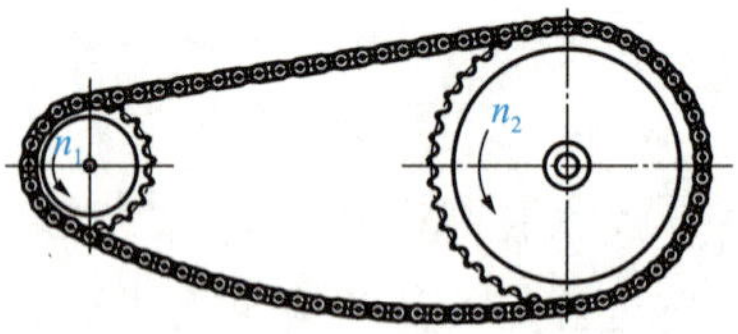

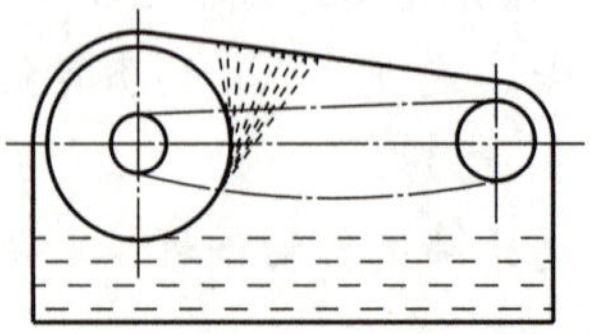

基本 信息	姓名		班级		学号		组别	
	考核日期		规定时间		完成时间		总评成绩	
序号	图例				技能操作要求		评分标准	得分
3	技能操作：齿轮传动 （a）　　　　（b）　　　　（c）				（1）如图所示，（　　）的传动平稳性最好		10	
					（2）如图所示，蜗杆传动的是（　　） A. 润滑装置　　B. 散热装置		10	
	技能操作改进意见和建议						5	
	团队合作						5	
	语言表达						5	
	工单填写						5	
	教师评语							

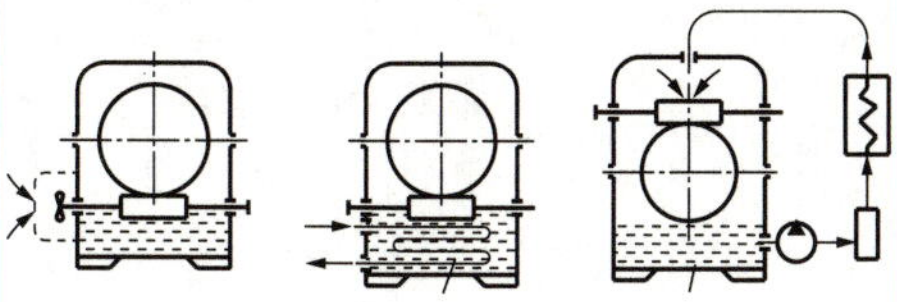

二、理论测试

题号	一	二	三	总分
分数				

(一)填空题(每空 5 分,共计 60 分)

1. 在带传动中,禁止带与酸、碱或油接触,以免_____传动带;带不能暴晒,带传动的工作温度不应超过_____。

2. 带传动的张紧方法有_____和_____。

3. 链轮的材料应能保证轮齿具有足够抗疲劳强度、耐冲击性和耐腐蚀性,_____链轮的材料应优于_____链轮。

4. 标准齿轮是指_____、_____、_____和_____都是标准值,并且分度圆上的齿厚和齿槽宽相等的齿轮。

5. 汽车差速器是应用轮系的_____功用。

6. 手动起重装置利用蜗杆的_____使重物停留在任意位置上,而不能自动下落的。

(二)选择题(每小题 4 分,共计 20 分)

1. 属于啮合传动类的带传动是(   )。

    A. 平带传动　　　　　B. V 带传动　　　　　C. 圆带传动　　　　　D. 同步带传动

2. 某机床的 V 带传动中有四根胶带,工作较长时间后,有一根产生疲劳撕裂而不能继续使用,正确更换的方法是(   )。

    A. 更换已撕裂的一根　　　　　　　　B. 更换二根

    C. 更换三根　　　　　　　　　　　　D. 全部更换

3. 带传动的打滑现象首先发生在(   )。

    A. 小带轮上　　　　　　　　　　　　B. 大带轮上

    C. 大、小带轮上同时开始　　　　　　D. 大、小带轮都可能

4. 齿轮传动的特点有(   )。

    A. 传递的功率和速度范围大　　　　　B. 使用寿命长,但传动效率低

    C. 制造和安装精度要求不高　　　　　D. 能实现无级变速

5. 斜齿轮传动(   )。

    A. 能用作变速滑移齿轮

    B. 因承载能力不高,不适宜大功率传动

    C. 传动中产生轴向力

    D. 传动平稳性差

(三)判断题(每小题 4 分,共计 20 分)

1. 普通 V 带有七种型号,其传递功率能力 A 型 V 带最小,Z 型 V 带最大。　　　　(   )

2. 齿面点蚀是开式齿轮的主要失效形式。　　　　(   )

3. 蜗杆传动具有传动比大、承载能力大、传动效率高的特点。　　　　(   )

4. 轮系中使用惰轮,既可变速,又可变向。　　　　(   )

5. 在周转轮系中,中心轮与行星架的固定轴线必须在同一轴线上。　　　　(   )

项目 7
液压传动认知

项目引入

机器的传动方式除了机械传动，还经常使用液压传动。与机械传动相比，液压传动有不可比拟的优势，它以静态或动态的性能成为一种重要的控制手段，在机械制造、建筑、矿山、农业、港口、航天和自动化生产方面得到了广泛的应用。人们熟悉的汽车起重机(图 7-1)，其支腿的起降、起重臂的变幅、回转和伸缩等动作都是由液压传动系统完成的。

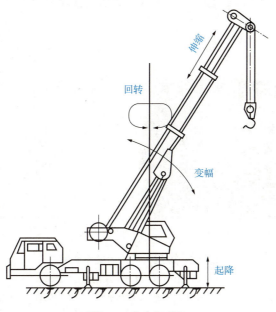

图 7-1　汽车起重机

学习目标

1. 知识目标

了解液压传动的特点与应用；掌握液压传动系统的组成和工作原理；熟知液压元件的分类和作用；掌握常用液压元件的工作原理及图形符号；了解液压基本回路的类型、特点和正确的分析方法。

2. 能力目标

能正确分析工程机械中的典型液压回路。

3. 素养目标

具有良好的职业道德，坚持、专注的工匠精神和不断进取的创新意识。

液压千斤顶
工作场景图

⚙ 任务7.1 液压基础知识

7.1.1 液压传动的工作原理

图 7-2(a)所示为利用液压千斤顶更换汽车轮胎的实例。小小千斤顶能将远远超过自身重量的汽车顶起并停在某一位置不动，它是如何做到的呢？

图 7-2(b)所示为液压千斤顶的工作原理。液压千斤顶主要由手动柱塞泵(杠杆式手柄1、小缸筒2和小活塞3)和液压缸(大缸筒8和大活塞9)两大部分构成。大小活塞与缸体、泵体的接触面之间有良好的配合，既能保证活塞移动自如，又能形成可靠的密封。

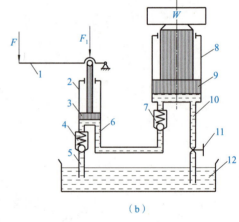

（a）　　　　　　　　　　　　　（b）

图 7-2　液压千斤顶的工作原理

（a）工作场景图；（b）液压千斤顶工作原理图

1—杠杆式手柄；2—小缸筒；3—小活塞；4、7—单向阀；5—吸油管；
6、10—管路；8—大缸筒；9—大活塞；11—截止阀；12—油箱

液压千斤顶的工作过程如下：

关闭截止阀11，提起杠杆式手柄使小活塞向上移动，小活塞下端油腔容积逐渐增大，形成真空，此时单向阀4打开，油箱12中的油液通过吸油管5进入小缸筒的下腔；用力下压杠杆式手柄，小活塞下移，单向阀4关闭，小活塞下腔中的油液压力升高，当升高到可以顶起重物时，单向阀7打开，油液经管路6进入大缸筒的下腔，使大活塞上移，顶起重物。再次提起杠杆式手柄时，单向阀7关闭，使油液不能倒流，从而保证重物不会自行下落。这样往复不断地提压手柄，就能使重物逐渐升起。

当工作结束后，打开截止阀，大缸筒在重物的作用下，将下腔中的油液经管路10、截止阀压回油箱，重物被放下。

液压千斤顶是一个简单的液压传动装置，从其工作过程可以总结出液压传动的工作原理：以液体作为工作介质，依靠密封容积的变化来传递运动，依靠液体内部的压力来传递动力。

7.1.2 液压传动系统的组成

由液压千斤顶的实例可以看出，液压传动系统一般由以下五个部分组成：

(1)动力装置(动力元件)——将原动机的机械能转换为液体压力能(液压能)的装置。能量转换元件为液压泵，如液压千斤顶中的手动柱塞泵。

(2)执行装置(执行元件)——将液压泵输入的液体压力能转换为带动工作机构的机械能的装置。执行元件有液压缸和液压电动机，在液压千斤顶中为由大缸筒、大活塞组成的液压缸。

(3)控制装置(控制元件)——用来控制和调节液体的压力、流量和流动方向的装置。如液压千斤顶中的单向阀和截止阀在系统中控制油液流动的方向。

(4)辅助装置(辅助元件)——将前面三个部分连接在一起，组成一个系统，具有储油、过滤、冷却、连接和密封等作用的液压装置。辅助元件有油箱、过滤器、蓄能器、冷却器、管路、管接头和密封件等，如液压千斤顶中的油箱和管路。

(5)液压工作介质——传递能量的液体，如液压油等。液压油不仅起传递能量和运动的作用，而且对液压元件及其装置起润滑作用。

7.1.3 液压元件的图形符号

图 7-3(a)所示为磨床液压系统的结构简图。特点是直观性强、易于理解，但绘制较为复杂，特别是当系统中元件较多时，绘制会更加困难；图 7-3(b)所示是采用图形符号来代表各元件的液压原理图，用图形符号绘制液压系统图既便于绘制，又使液压系统简单明了。

实际使用中，除少数特殊情况外，我国规定在液压原理图中采用规定的图形符号来表达元件的连接管路，并将《流体传动系统及元件圆形符号和回路图 第 1 部分：图形符号》(GB/T 786.1—2021)以国家标准形式颁布。

在使用时应注意以下几点：

(1)图形符号表示元件的功能，而不表示元件的具体结构和参数。

(2)反映各元件在油路连接上的相互关系，不反映其空间安装位置。

(3)反映静止位置或初始位置的工作状态，不反映其过渡过程。

7.1.4 液压传动的特点及其应用

1. 液压传动的特点

(1)优点。

1)同其他传动方式比较，传动功率相同，液压传动装置的自重小，体积紧凑。

2)可实现无级变速，调速范围大。

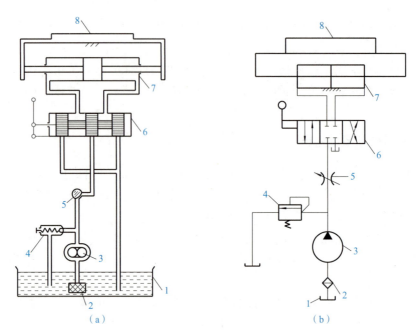

图 7-3　磨床液压系统简图

(a)结构简图；(b)液压原理图

1—油箱；2—过滤器；3—液压泵；4—溢流阀；5—节流阀；6—换向阀；7—液压缸；8—工作台

3)运动件的惯性小，能够频繁迅速换向；传动工作平稳；系统容易实现缓冲吸振，并能自动防止过载。

4)与电气配合，容易实现动作和操作自动化；与微电子技术和计算机配合，能实现各种自动控制工作。

5)液压元件已基本系列化、通用化和标准化，利于 CAD 技术的应用，提高工效，降低成本。

(2)缺点。

1)容易产生泄漏，污染环境。

2)因有泄漏和弹性变形大，不易做到精确的定比传动。

3)系统内混入空气，会引起爬行、噪声和振动。

4)适用的环境温度范围比机械传动小。

5)故障诊断与排除要求较高技术。

2. 液压传动的应用

除了在工程机械、压力机械和航空工业中多采用液压传动外，近几年，在太阳跟踪系统、海浪模拟装置、船舶驾驶模拟器、地震再现、火箭助飞发射装置、宇航环境模拟和高层建筑防震系统及紧急刹车装置等设备中，也采用了液压技术。总之，一切工程领域，凡是有机械设备的场合，均可采用液压技术，其前景非常光明。

7.1.5　液压传动的基本参数

压力和流量是液压传动系统中最主要的两个性能参数。

1. 压力

(1)压力的概念。油液的压力是由油液的自重和油液受到外力作用所产生的。在液压传动中，与油液受到的外力相比，油液的自重一般很小，可忽略不计。后面所说的油液压力主要是指因油液表面受外力(不计大气压力)作用所产生的压力，即相对压力或表压力。

如图 7-4(a)所示，油液充满密封液压缸的左腔，当活塞受到向左的外力 F 作用时，液压缸左腔内的油液(可视为不可压缩)受活塞的作用而处于被挤压状态，同时，油液对活塞有一个反作用力 F_p 而使活塞处于平衡状态。不考虑活塞的自重，则活塞平衡时的受力情况如图 7-4(b)所示。作用于活塞的力有两个：一个是外力 F；另一个是油液作用在活塞上的力 F_p，两个力大小相等、方向相反。如果活塞的有效作用面积为 A，油液作用在活塞单位面积上的力则为 F_p/A，活塞作用在油液单位面积上的力为 F/A。油液单位面积上承受的作用力称为压强，在工程上习惯称为压力，用符号 p 表示，即

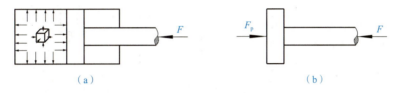

（a）   （b）

图 7-4 油液压力的形成

(a)液压缸的左腔；(b)受力情况

$$p = F/A \tag{7-1}$$

式中　p——油液的压力(Pa)；

　　　F——作用在油液表面上的外力(N)；

　　　A——油液表面的承压面积，即活塞的有效作用面积(m^2)。

液压传动中，压力按其大小分为五级，见表 7-1。

表 7-1 液压传动的压力分级　　　　　　　　　　　　　　　MPa

压力分级	低压	中压	中高压	高压	超高压
压力范围	≤2.5	>2.5~8.0	>8.0~16.0	>16.0~32.0	>32.0

(2)液压系统及元件的额定压力。液压系统及元件在正常工作条件下，按试验标准连续运转(工作)的最高工作压力称为额定压力。超过此值，液压系统过载，液压系统必须在额定压力以下进行工作。额定压力也是各种液压元件的基本参数之一。

(3)静止油液中压力的特征。

1)在静止油液中，任何一点所受到的各个方向的压力都相等。如果不相等，就会失去平衡而产生流动。

2)油液压力作用的方向总是垂直指向受压表面，如图 7-4(a)所示。

3)在密闭容器中的静止油液，当一处受到压力作用时，这个压力将通过油液传到连通器的任意点上，而且其压力值处处相等，这就是静压传递原理，即帕斯卡定理，如图 7-5 所示。

液压千斤顶就是利用静压传递原理传递动力的。如图 7-6 所示，当小活塞 1 受到外力 F_1 作用(液压千斤顶压油)时，小液压缸 5 油腔中油液产生的压力 $p_1 = F_1/A_1$，此压力通过油液

传递到液压缸 3 油腔中，油腔 3 中的油液以 $p_2(p_1=p_2)$ 垂直作用于大活塞 2 上，大活塞 2 上受到作用力 F_2，并且有

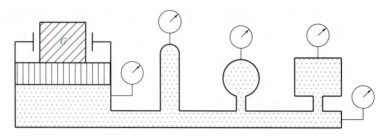

图 7-5　密闭容器内压力处处相等

$$F_1/A_1=F_2/A_2$$

或　　　　　　$$F_1/F_2=A_1/A_2 \qquad (7\text{-}2)$$

式中　F_1——作用在活塞 1 上的力（N）；

　　　F_2——作用在活塞 2 上的力（N）；

　　　A_1、A_2——活塞 1、2 的有效作用面积（m²）。

式(7-2)表明，活塞 2 上所受的液压作用力 F_2 与活塞 2 的有效作用面积 A_2 成正比。如果 $A_2 \gg A_1$，则只要在活塞 1 上作用一个很小的力 F_1，便能在活塞 2 上获得很大的力 F_2，用以推动重物。这就是液压千斤顶在人力作用下能顶起很重物体的道理。

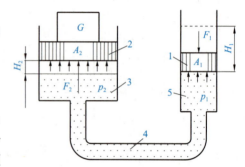

图 7-6　液压千斤顶的压油过程

1—小活塞；2—大活塞；3—大液压缸；
4—管路；5—小液压缸

2. 流量和平均流速

流量和平均流速是描述油液流动时的两个主要参数。

(1)流量。单位时间内流过管路或液压缸某一截面的油液体积称为流量，用 q 表示，即

$$q=\frac{V}{t}=\frac{LA}{t}=vA \qquad (7\text{-}3)$$

式中　q——油液流量（m³/s）；

　　　V——油液的体积（m³）；

　　　t——油液通流时间（s）；

　　　L——流体流过的行程（m）；

　　　A——管路的通流面积或液压缸（或活塞）的有效作用面积（m²）；

　　　v——油液流动的速度（m/s）。

(2)额定流量。液压系统中的流量，在正常条件下，按试验标准规定连续运转（工作）所必须保证的流量，称为额定流量，它也是液压元件的基本参数之一。

(3)平均流速。由于油液与管路壁或液压缸壁、油液之间的摩擦力大小不同，因此油液流动时，在管路或液压缸某一截面上各点处的流速是不相等的，通常用平均流速近似计算，用符号 $\bar{v}$ 表示。

$$\bar{v}=q/A \qquad (7\text{-}4)$$

式中　$\bar{v}$——油液通过管路或液压缸的平均速度(m/s)。

　　q——油液流量(m³/s)；

　　A——管路的通流面积或液压缸(或活塞)的有效作用面积(m²)。

（4）液流连续性原理。理想液体(不可压缩的液体)在无分支管路中做稳定流动时，通过每一截面的流量相等，这称为液流连续性原理。如图7-7所示管路中，流过截面1和截面2的流量分别是q_1和q_2，根据液流连续性原理，$q_1=q_2$，则可得

$$A_1\bar{v}_1=A_2\bar{v}_2 \tag{7-5}$$

式中　A_1、A_2——截面1、2的面积(m²)；

　　$\bar{v}_1$、$\bar{v}_2$——液体流经截面1、2的平均流速(m/s)。

上式表明，液体在无分支管路中稳定流动时，流经管路不同截面时的平均流速与其截面面积大小成反比。管路截面面积小(管径细)的地方平均流速大，管路截面面积大(管径粗)的地方平均流速小。

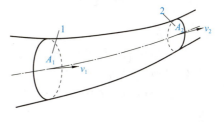

图 7-7　液流连续性原理

⊛ 任务 7.2　液压泵

液压泵是液压系统的动力源，它将原动机(电动机或内燃机)的机械能转换为液体的压力能，它是液压系统的核心部件。

7.2.1　液压泵的工作原理

图7-8所示为容积泵的结构示意，图中可见泵体3和柱塞2构成一个密封油腔，而柱塞内的弹簧4使柱塞顶紧偏心轮1。偏心轮1由原动机带动沿箭头方向旋转，由图示位置转半周时，柱塞在弹簧的作用力下向右移动，密封容积逐渐增大，形成局部真空，油箱内的油液在大气压的作用下，顶开单向阀6进入密封容积，实现吸油；当偏心轮再继续旋转半周时，推动柱塞向左移动，密封容积逐渐减小，油液受柱塞挤压使吸油单向阀6关闭，顶开排油单向阀5而输入系统，实现向系统供油。偏心轮在原动机的带动下连续回转，上述吸油、压油过程循环进行，便实现了将原动机输入的机械能转换成油液的压力能的能量转换。

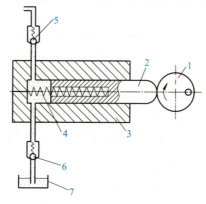

图 7-8　容积泵的结构示意

1—偏心轮；2—柱塞；3—泵体；4—弹簧；5—排油单向阀；6—吸油单向阀；7—油箱

由上述分析可知，液压泵要实现吸油、压油的工作过程，必须具备下列条件：

(1)具有可周期变化的密封容积。

(2)有配流装置。配流装置的作用：在吸油过程中密封容积与油箱相通，同时关闭供油管路；在压油过程中，密封容积与供油管路相通，同时切断与油箱的连接。图 7-8 中的单向阀 5、6 就是配流装置。配流装置的形式随液压泵的结构不同而异。

这种依靠密封容积的变化来实现吸油和压油的液压泵称为容积泵，机床的液压系统中一般均采用容积泵。

7.2.2　液压泵的主要性能参数

1. 压力

(1)工作压力。即液压泵实际工作时的输出压力。图 7-8 中排油时的压力，其大小取决于系统中推动负载时所需的压力，用 p_p 表示。

(2)额定压力。液压泵在正常工作条件下，按试验标准规定连续运转的最高压力称为液压泵的额定压力。此压力出厂时标在泵的说明书及铭牌上。高于此压力时液压泵为超载使用，用 p_{pn} 表示。

(3)最高允许压力。在超过额定压力的条件下，根据试验标准规定，允许液压泵短暂运行的最高压力值，称为液压泵的最高允许压力。超过此压力，泵的泄漏会迅速增加。

2. 排量和流量

(1)排量。排量是泵轴每转一周排出油液的体积，排量的大小取决于液压泵密封容积变化的大小，用 V_p 表示。排量是泵的结构参数，生产厂家将泵的排量标在铭牌上。排量可以调节的液压泵称为变量泵，排量为常数的液压泵则称为定量泵。其国际单位为 m^3/r，常用单位为 mL/r。

(2)理论流量。液压泵的理论流量等于排量和转速的乘积。由于泵体内存在泄漏，所以泵在工作中实际输出的流量总是小于理论流量。

3. 功率和效率

(1)功率。液压泵的功率是流量乘以压力。

1)输入功率。液压泵的输入功率是指作用在液压泵主轴上的机械功率，是输入转矩和角速度的乘积。

2)输出功率。液压泵的输出功率是指液压泵在工作过程中的实际吸、排油口之间的压差和输出流量的乘积。

(2)效率。液压泵的效率分为容积效率和机械效率。

1)容积效率。容积效率是实际流量与理论流量的比值。

2)机械效率。机械效率是理论转矩与实际输入转矩的比值。

3)总效率。总效率是液压泵输出功率与输入功率之比，为泵的容积效率与机械效率的乘积。

7.2.3　液压泵的类型和图形符号

1. 液压泵的类型

液压泵的种类很多，按其结构不同可分为齿轮泵、叶片泵、柱塞泵等；按其输油方向能否改变可分为单向泵和双向泵；按其输出的排量能否调节分为定量泵和变量泵。

2. 液压泵的图形符号

液压泵的图形符号见表 7-2。

表 7-2　液压泵的图形符号

单向定量泵	双向定量泵	单向变量泵	双向变量泵
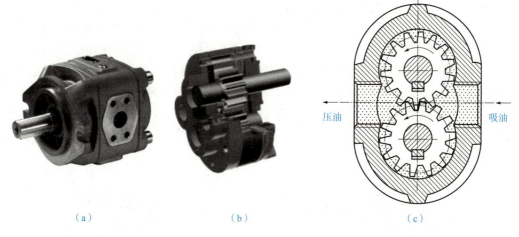			

7.2.4　常用液压泵

齿轮泵工作原理

1. 齿轮泵

（1）齿轮泵的工作原理。齿轮泵是一种常用的液压泵，分为外啮合齿轮泵和内啮合齿轮泵两类。常用的是外啮合齿轮泵，如图 7-9 所示。

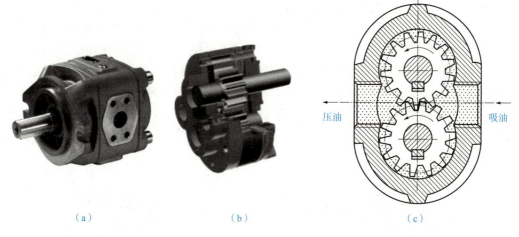

（a）　　　　　　　　　（b）　　　　　　　　　（c）

图 7-9　外啮合齿轮泵
（a）实物；（b）模型；（c）工作原理

如图 7-9（c）所示，泵体和前后端盖、两个参数相同的齿轮将泵体容腔分隔成两个密封容积：一侧与吸油管相连，另一侧与压油管相连。

当原动机通过主动轴将动力传给主动齿轮时，主动齿轮按图示方向逆时针转动，使与其啮合的从动齿轮顺时针转动。齿轮泵右侧（吸油腔）轮齿脱离啮合，齿间槽使密封容积增大，形成局部真空，油箱中的油液在外界大气压的作用下，经吸油管路、吸油口进入吸油腔。随着齿轮的旋转，吸油腔的油液通过各齿间槽被带到另一侧，进入压油腔。在压油腔，随着轮齿进入啮合，使密封容积减小，油液从压油口被挤出，完成了齿轮泵的压油过程。齿轮啮合时，齿向接触线将吸油腔和压油腔分开。当齿轮泵不断地旋转时，齿轮泵的吸、压油口不断地吸油和压油，实现了向液压系统输送油液的过程。

（2）外啮合齿轮泵的特点和应用。外啮合齿轮泵具有结构简单、体积小、自重小、加工制造方便、成本较低等优点，但其流量和压力的脉动大，工作时有较大的噪声，并且排量不可调节。

齿轮泵多用于低压系统，如各种机械修理装置。

2. 叶片泵

叶片泵按照结构不同分为单作用叶片泵（转子每回转一周吸油、压油一次）和双作用叶片泵（转子每回转一周吸油、压油两次）。

（1）单作用叶片泵。如图 7-10 所示，单作用叶片泵主要由转子、定子、叶片、配油盘（端盖）、壳体等组成。定子内表面为圆形，定子与转子之间有一偏心距 e，叶片装在转子槽中，并可在槽内滑动。当转子回转时，在离心力和槽底压力油的作用下，使叶片紧贴定子内壁，这样就在定子、转子、叶片和两侧配油盘间形成若干个密封的容积，配油盘上开有通油窗口分别与吸油管和压油管相通，当转子逆时针转动时，右半周的叶片逐渐伸出，叶片间的密封容积逐渐增大，油压降低，从吸油窗吸油；左半周的叶片逐渐被定子内表面压回转子的槽中，密封容积逐渐减小，将油液从压油窗压出。在吸油区和压油区之间，有一段封油区将它们分开。

这种叶片泵由于转子每回转一周，每个密封容积完成一次吸油和压油，所以称为单作用叶片泵。改变定子和转子之间的偏心距大小和偏心方向，就可以改变输油量和输油方向，成为双向变量泵；转子承受单方向油压作用，径向力不平衡，故又称为非卸荷式叶片泵。

（2）双作用叶片泵。如图 7-11 所示，双作用叶片泵由泵体、转子、定子、叶片、配油盘（端盖）等组成。转子和定子是同轴的，定子的内表面呈近似的椭圆形（由四个圆弧和四条过渡曲线组成），两侧的配油盘（端盖）上各开有两个配油窗口，两个相对的窗口连通后分别接进、出油口，构成两个吸油口和两个压油口。转子每转一周，每个密封工作油腔完成两次吸油和压油，所以称为双作用叶片泵。

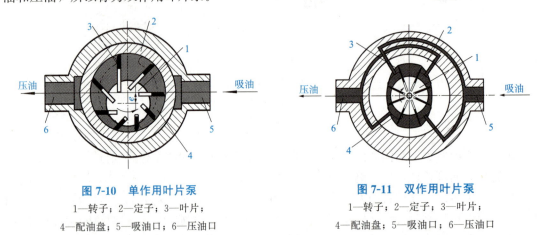

图 7-10　单作用叶片泵
1—转子；2—定子；3—叶片；
4—配油盘；5—吸油口；6—压油口

图 7-11　双作用叶片泵
1—转子；2—定子；3—叶片；
4—配油盘；5—吸油口；6—压油口

这种泵的两个吸油区和压油区是径向对称分布的，所以作用在转子上的液压力是径向平衡的。但这种泵的排量不可调，只能做成定量泵。

（3）叶片泵的特点及其应用。同齿轮泵相比，叶片泵具有工作油压高、流量脉动小、噪声小、使用寿命长等优点。但其结构比较复杂，定子和转子等零部件加工难度大，成本高，同时对油液污染比较敏感。

叶片泵常用于各类机床等设备中的液压系统。

3. 柱塞泵

柱塞泵是利用柱塞在有柱塞孔的缸体内做往复运动，使密封容积发生变化而实现吸油和压油的。

按柱塞排列方向的不同，柱塞泵分为轴向柱塞泵和径向柱塞泵两类。

（1）轴向柱塞泵。轴向柱塞泵是将多个柱塞配置在一个共同缸体的圆周上，并使柱塞中心线和缸体中心线平行的一种泵。轴向柱塞泵有两种形式：直轴式（斜盘式）和斜轴式（摆缸式）。

图7-12所示为斜盘式轴向柱塞泵结构示意。斜盘式柱塞泵主要由斜盘、柱塞、缸体、配油盘和泵轴等组成。

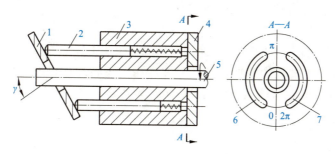

图7-12　斜盘式轴向柱塞泵
1—斜盘；2—柱塞；3—缸体；4—配油盘；5—泵轴；6—吸油口；7—压油口

斜盘式轴向柱塞泵的工作原理：柱塞装在回转缸体上的轴向柱塞孔中，在根部弹簧力和液压油的作用下，柱塞的球形端部与斜盘紧密接触。斜盘轴线与缸体轴线间有交角 γ。当缸体回转时，由于斜盘和弹簧的作用，迫使柱塞在缸体的柱塞孔内做往复运动，并通过配油盘上的配油窗口（弧形沟槽）进行吸油和压油。缸体按图示方向回转时，在转角 $0 \sim \pi$ 范围内，柱塞向外伸出，柱塞孔密封容积逐渐增大，吸入油液；在转角 $\pi \sim 2\pi$ 范围内时，柱塞向缸体内部压入，柱塞孔密封容积逐渐减小，向外压出油液。缸体每回转一周，每个柱塞分别完成吸油、压油各一次。若改变斜盘倾斜角度 γ 的大小，就能改变柱塞往复运动的行程，也就改变了泵的排量，若改变斜盘的倾斜方向，就可以改变泵的吸油口和压油口，使轴向柱塞泵成为双向变量泵。

（2）径向柱塞泵。径向柱塞泵结构示意如图7-13所示。径向柱塞泵主要由转子、定子、柱塞、配油轴和衬套等组成。转子上有沿周向均匀分布的径向柱塞孔，孔中装有柱塞。青铜衬套和转子紧密配合，套装在固定不动的配油轴上。转子连同柱塞由电动机带动一起回转，柱塞靠惯性力（或低压油液作用）紧压在定子内表面上。由于定子和转子之间有偏心距 e，所以当转子按图示方向回转时，柱塞在上半周内逐渐向外伸出，柱塞底部与柱塞孔间的密封容积（经衬套上的孔与配油轴相连通）逐渐增大，形成局部真空，从而通过固定不动的配油轴上两个轴向吸油孔吸油；柱塞在下半周

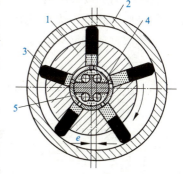

图7-13　径向柱塞泵
1—转子；2—定子；3—柱塞；
4—配油轴；5—衬套

项目7　液压传动认知

内逐渐向柱塞孔内缩进，密封容积逐渐减小，通过配油轴下面两个轴向压油孔将油液压出。转子每回转一周，每个柱塞吸油、压油各一次。改变定子与转子的偏心距大小可以改变排量的大小，改变偏心距的方向，则液压泵的吸油腔和压油腔互换，成为双向变量泵。

(3)柱塞泵的特点和应用。

1)柱塞和缸体等部件制造简单、加工精度高、密封性好。

2)排量调节方便，只需改变柱塞工作行程即可。

3)获得的油压高，泵体结构紧凑、工作效率高。

柱塞泵广泛应用于要求高油压、大流量、大功率及变流量的液压系统。

任务7.3 液压执行元件

液压执行元件是将液体的压力能转换为机械能，驱动工作装置运动的能量转换装置。工作装置的运动状态主要表现为两种形式：一种是连续旋转运动；另一种是往复移动(或摆动)，因此，液压执行元件有液压电动机和液压缸两大类。

7.3.1 液压电动机

1. 液压电动机和液压泵的比较

液压电动机和液压泵在结构上十分相似，但液压泵由电动机带动，输入的是转矩 T 和转速 n，输出的是压力油，向系统提供压力和流量，是液压传动系统中的动力装置；液压电动机输入的是压力油，输出的是转矩 T 和转速 n，是液压传动系统中的执行装置。由于两者的工作条件不同，对它们的性能要求也不一样，所以同类型的液压电动机和液压泵在结构上仍存在许多差别，使用时不能互换。

2. 液压电动机的类型

液压电动机按其结构分为齿轮式、叶片式和柱塞式等；按是否可以改变排量分为定量电动机和变量电动机；按其额定转速分为高速电动机和低速电动机，额定转速高于 500 r/min 的属于高速电动机，额定转速低于 500 r/min 的属于低速电动机。

3. 图形符号

液压电动机图形符号如图 7-14 所示。

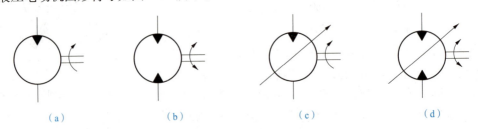

(a)　　　　　(b)　　　　　(c)　　　　　(d)

图7-14　液压电动机图形符号

(a)单向定量电动机；(b)双向定量电动机；(c)单向变量电动机；(d)双向变量电动机

7.3.2 液压缸

1. 液压缸的特点及应用

液压缸是将输入的液压能转换为直线(或摆动及复合运动)运动形式机械能输出的执行元件。液压缸结构简单,工作可靠,使用液压缸实现往复运动时,可免去减速装置,并且没有传动间隙、运动平稳。其与杠杆、连杆、齿轮齿条、棘轮棘爪、凸轮等机构配合,能实现多种机械运动,在各种机械的液压系统中得到广泛的应用。

2. 液压缸的类型

液压缸的类型很多,可满足不同的运动要求。

(1)按照结构形式分为活塞式、柱塞式、伸缩式和摆动式液压缸等,其中以活塞式液压缸应用最多。活塞式液压缸有双杆活塞缸和单杆活塞缸两种结构。

活塞式、柱塞式和伸缩式液压缸实现往复直线运动,输出速度 v 和推力 F;摆动式液压缸实现 360° 以内的往复摆动,输出角速度(转速)ω 和转矩 T。

(2)按照作用方式分为单作用缸和双作用缸。单作用缸只有一个油液入口,压力油只能驱动液压缸单方向运动,其反向运动须借助于重力或弹簧等外力实现;双作用缸有两个油液入口,压力油可驱动液压缸实现正、反两个方向的运动。

(3)按照用途分为串联缸、增压缸、增速缸和步进缸等。此类缸都不是一个单纯的缸筒,而是和其他缸筒和构件组合而成。

3. 液压缸的图形符号

常用液压缸的图形符号见表 7-3。

表 7-3　常用液压缸的图形符号

名称	单作用缸			双作用缸			
	单杆活塞式	柱塞缸	伸缩缸	单杆活塞式	差动连接	双杆活塞式	伸缩缸
图形符号							

4. 常用液压缸的结构和工作特点

(1)双杆活塞式液压缸。

1)双杆活塞式液压缸的结构。图 7-15 所示为双杆活塞式液压缸结构示意。这种液压缸主要由活塞杆、缸盖、缸体、活塞、密封圈等构成。

2)双杆活塞式液压缸的工作特点。双杆活塞式液压缸两端的活塞杆直径通常是相等的,因此活塞两端的有效作用面积也相等。当油缸两腔分别交替输入相同流量和相同压力的液压油时,活塞上产生的最大推力和运动速度也分别相等。但分别采用缸体固定和活塞杆固定时,它们相应的工作台运动范围是不同的。

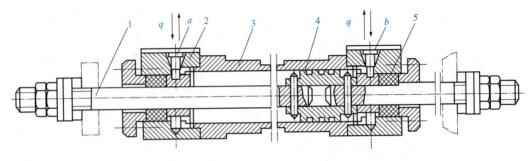

图 7-15　双杆活塞式液压缸结构示意

1—活塞杆；2—缸盖；3—缸体；4—活塞；5—密封圈；a、b—进、压油口

双杆活塞式液压缸根据安装方式不同分为液压缸固定式［图 7-16（a）］和活塞杆固定式［图 7-16（b）］。

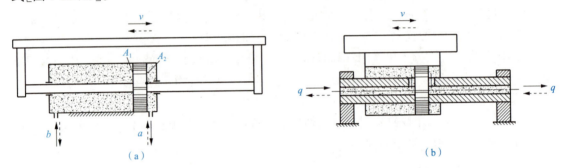

图 7-16　双杆活塞式液压缸的工作特点及安装方式
(a)液压缸固定式；(b)活塞杆固定式

液压缸固定式，当液压缸的左腔进油、右腔回油时，活塞通过活塞杆带动工作台向右移动；反之，向左移动。这种安装方式的液压缸，工作台的运动范围是活塞有效行程的三倍。

活塞杆固定式，活塞杆通常做成空心的，以便进油和回油，活塞杆通过支架固定，缸体带动工作台运动。这种安装方式的液压缸，工作台的运动范围只是液压缸有效行程的两倍。

可见，液压缸固定式，机床占地面积大，一般适用小型设备；而活塞杆固定式，占地面积小，可用于较大型的设备。

（2）单杆活塞式液压缸。

1）单杆活塞式液压缸的结构。图 7-17 所示为单杆活塞式液压缸结构示意。这种液压缸主要由活塞、缸体、缸盖、密封圈、活塞杆等构成。

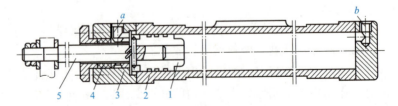

图 7-17　单杆活塞式液压缸结构示意

1—活塞；2—缸体；3—缸盖；4—密封圈；5—活塞杆；a、b—进、压油口

2)单杆活塞式液压缸的工作特点。如图 7-18 所示，单杆活塞式液压缸中活塞只有一端带活塞杆，由于单杆活塞式液压缸左、右两腔的有效面积不等，因此其特点：当交替进入液压缸两腔的液体压力和流量不变时，活塞(或缸)在左、右两个方向上输出的推力 F 不相等，往复运动速度也不相同，并且活塞杆的直径越大，这种差别越大。但无论是采用液压缸固定式[图 7-18(a)]，还是活塞杆固定式[图 7-18(b)]时，它们相应的工作台的运动范围是相同的。

如图 7-18(c) 所示，改变管路的连接方式，使单杆活塞式液压缸左右两油腔同时输入压力油。由于活塞两侧的有效作用面积不相等，因此作用于活塞两侧的推力不相等，存在推力差。在此推力差的作用下，活塞向有活塞杆的方向运动，而有活塞杆一侧油腔排出的油液不流回油箱，而是同液压泵输出的油液一起进入无活塞杆一侧的油腔，使活塞向有活塞杆一侧方向运动加快。这种两腔同时输入压力油，利用活塞两侧有效作用面积差进行工作的单杆活塞式液压缸称为差动液压缸。差动连接是在不增加液压泵容量和功率的条件下实现快速运动的有效办法。

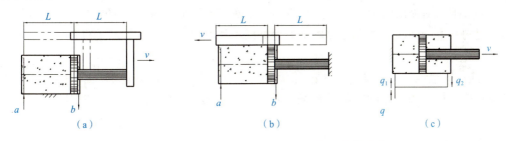

图 7-18　单杆活塞式液压缸的工作特点及安装方式
(a)液压缸固定式；(b)活塞杆固定式；(c)差动液压缸

(3)柱塞式液压缸。当活塞式液压缸行程较长时，可采用如图 7-19 所示的柱塞式液压缸。因活塞式液压缸的缸体较长，它的内壁精加工比较困难，而柱塞式液压缸的缸体内壁和柱塞不接触，不需要精加工，只需将缸体端盖与柱塞配合的内孔精加工就可以，结构简单，制造容易。

柱塞式液压缸的柱塞通常做成空心的(图 7-19)，这样可以减小质量，防止柱塞下垂(水平放置时)，降低密封装置的单面磨损。

柱塞式液压缸的工作原理：液压缸只能在压力油的作用下产生单向运动，另一个方向的运动往往靠它本身的自重(垂直放置时)，或弹簧等其他外力来实现。如果两个方向都需要产生作用力，可像图 7-20 所示那样将两个柱塞式液压缸组合起来，当一个液压缸进油时，另一个液压缸回油。这样交替工作来完成工作台的往复运动。

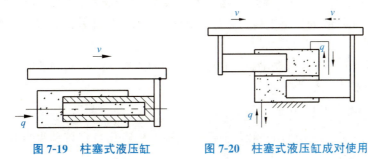

图 7-19　柱塞式液压缸　　**图 7-20　柱塞式液压缸成对使用**

（4）伸缩式液压缸。如图 7-21 所示，伸缩式液压缸是可以得到较长工作行程的具有多级套筒型活塞杆的液压缸。伸缩式液压缸又称多级液压缸，是由两个或多个活塞式液压缸套装而成的，前一级活塞缸的活塞杆是后一级活塞缸的缸筒。

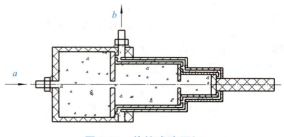

图 7-21　伸缩式液压缸

a—进油口；b—回油口

当压力油从无杆腔进入时，活塞有效面积最大的缸筒开始伸出，当行至终点时，活塞有效面积次之的缸筒开始伸出。伸缩式液压缸伸出的顺序是由大到小依次伸出，可以获得很长的工作行程，外伸缸筒有效面积越小，伸出速度越快。因此，伸出速度有慢有快，相应的液压推力由大变小，这种推力、速度的变化规律正适合各种自动装卸机械对推力和速度的要求。而缩回的顺序一般是由小到大依次缩回，缩回时的轴向长度较短，占用空间较小，结构紧凑。伸缩式液压缸常用于工程机械和其他行走机械，如起重机、翻斗车等液压系统。

（5）摆动式液压缸。摆动式液压缸（简称摆动缸）是将压力能转换为输出轴的转矩并进行往复摆动的执行元件。摆动缸的摆动角度小于 360°，摆动缸有单叶片式和双叶片式两种结构，如图 7-22 所示。

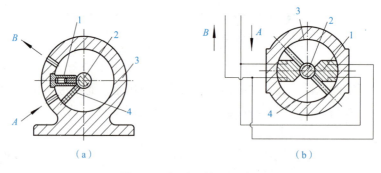

（a）　　　　　　　　　　　　（b）

图 7-22　摆动缸的工作原理

（a）单叶片式；（b）双叶片式

1—定子块；2—摆动轴；3—缸体；4—叶片

图 7-22（a）所示为单叶片式摆动缸。从油口 A 通入高压油，叶片做逆时针摆动，低压油从油口 B 排出。因叶片与摆动轴连在一起，带动摆动轴摆动输出转矩、驱动负载。此类缸的摆角小于 300°，由于径向力不平衡，叶片和缸体、叶片和定子块之间密封困难，限制了其工作压力和输出转矩。

图 7-22（b）所示为双叶片式摆动缸。在径向尺寸和工作压力相同的条件下，输出转矩是单叶片式的两倍，摆角一般小于 150°。

5. 液压缸的密封、缓冲和排气装置

（1）密封装置。液压缸在使用时和其他液压元件一样，凡是容易泄漏的地方，都应该采取密封措施，加强维护。

液压缸的密封包括固定件密封（如缸体和缸盖）和运动件密封（如活塞与缸体、活塞杆与端盖）。常用的密封方法有间隙密封和密封圈密封两种。

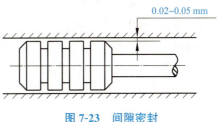

0.02~0.05 mm

图 7-23　间隙密封

1）间隙密封。如图 7-23 所示，它依靠相对运动件之间很小的配合间隙来保证密封。活塞的表面上开有几个环形沟槽（一般为 0.5 mm×0.5 mm），其作用，一方面可以减小活塞与缸壁的接触面积；另一方面，由于环形沟槽中的油压作用，使活塞处于中心位置，减小由于侧压力所造成活塞与缸壁之间的摩擦，并减少泄漏。

间隙密封方法摩擦阻力小，但密封性能差、加工精度要求较高，因此，只适用尺寸较小、压力较低、相对运动速度较高的场合。活塞与液压缸壁之间的间隙通常取 0.02～0.05 mm。

2）密封圈密封。密封圈密封是液压系统中应用最为广泛的一种密封方法，密封圈常用耐油橡胶等材料压制而成，通过本身的受压弹性变形来实现密封。密封圈的截面通常制成 O 形、Y 形和 V 形等，如图 7-24 所示。它结构简单、制造方便，磨损后有自动补偿能力，性能可靠，在缸筒和活塞之间、缸盖和活塞杆之间、活塞和活塞杆之间、缸筒和缸盖之间均可使用。其中，O 形密封圈密封性能良好，摩擦阻力较小，结构简单，制造容易，体积小，装拆方便，因此应用极为普遍。它既可作为运动件之间的动密封，又可作为固定件之间的静密封。图 7-25 所示为密封圈在液压缸中的应用。

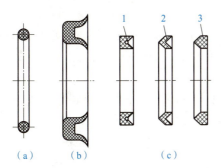

图 7-24　常用的橡胶密封圈

(a)O 形圈；(b)Y 形圈；(c)V 形圈

1—压环；2—密封环；3—支撑环

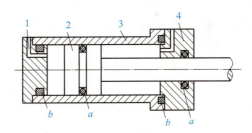

图 7-25　密封圈在液压缸中的应用

a—动密封；b—静密封；

1—后端盖；2—活塞；3—缸体；4—前端盖

(2)液压缸的缓冲装置。液压缸一般设有缓冲装置，特别是负载质量较大、运动速度较高，或换向平稳性要求较高的液压缸，为了防止活塞在行程终点时和缸盖相互撞击，并引起噪声，必须设置缓冲装置。

缓冲装置的工作原理：在活塞或缸筒到达行程终端前封住活塞和缸盖之间部分油液通路，迫使油液从小孔或细缝中挤出，以产生较大的阻力，使工作部件受到制动，逐渐降低运动速度，达到避免活塞和缸盖相互撞击的目的。

图 7-26 所示为液压缸缓冲装置结构示意。图 7-26(a)所示为间隙缓冲装置，当缓冲柱塞进入缸盖上的内孔时，孔中的液压油只能通过间隙 δ 排出，使活塞速度降低。由于配合间隙

不变，故随着活塞运动速度的降低，削弱缓冲作用；图 7-26（b）所示为可调节流阀缓冲装置，当缓冲柱塞进入配合孔之后，油腔中的油只能经节流阀 a 排出，由于节流阀 a 可调，因此缓冲作用也可调节，但仍不能解决速度降低后缓冲作用减弱的缺点；图 7-26（c）所示为可变节流缓冲装置，在缓冲柱塞上开有三角形槽 b，随着柱塞逐渐进入配合孔，其节流面积越来越小，解决了在行程最后阶段缓冲作用过弱的问题。

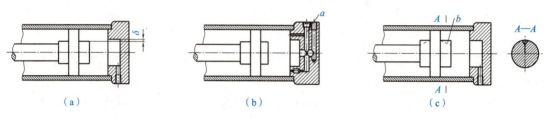

图 7-26　液压缸的缓冲装置结构示意

（a）间隙缓冲装置；（b）可调节流阀缓冲装置；（c）可变节流缓冲装置

a—节流阀；b—轴向三角槽

（3）液压缸的排气装置。液压缸在安装过程中或长时间停放重新工作时，液压缸和管路系统中都会渗入空气，为了防止执行元件出现爬行、噪声和发热等不正常现象，需把液压缸中和系统中的空气排出。一般可在液压缸的最高处设置进出油口把气体带走，也可在最高处设置排气孔或专门的排气阀。

✪ 任务 7.4　液压控制元件

在液压系统中，液压控制元件主要是指各类液压阀，液压阀是用来控制油液的流动方向、压力和流量，从而控制液压执行元件的启动、停止、运动方向、速度和作用力等，满足液压设备对各种工况的要求。

液压阀按照在液压系统中功能的不同，分为方向控制阀、压力控制阀和流量控制阀三大类。

液压控制阀还可按压力高低、控制方式、结构形式和连接方式等不同来分类。

7.4.1　方向控制阀

方向控制阀是利用阀芯和阀体间相对位置的改变来实现阀内部某些油路的接通和断开，以满足液压系统中各换向功能的要求，一般分为单向阀和换向阀两类。

1. 单向阀

单向阀分为普通单向阀和液控单向阀。

（1）普通单向阀。普通单向阀控制油液只能沿某一方向流动，截止反向流动，简称单向阀。

普通单向阀工作原理

1）普通单向阀的工作原理。图 7-27 所示为普通单向阀的结构示意和图形符号，其中图 7-27（a）所示为直通式（管式）单向阀，图 7-27（b）所示为直角式（板式）单向阀。压力油分别从进油口 A 进入，从出油口 B 流出。反向时，因油口一侧的压力将阀芯紧压在阀体上，阀芯的锥面使阀口关闭，油液无法通过。

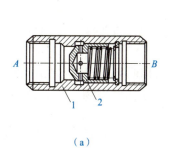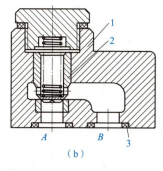

（a） （b） （c）

图 7-27　单向阀的结构示意和图形符号

(a)管式单向阀；(b)板式单向阀；(c)单向阀的图形符号

1—阀体；2—阀芯；3—O 形密封圈

通常，将直通式单向阀的进出油口制成连接螺纹，直接与油管接头连接，成为管式单向阀。将直通式单向阀的进出口开在同一平面内，成为板式单向阀，安装板式元件时，可将阀对着底板用螺钉固定，底板与阀的油口之间用 O 形密封圈密封，底板与油管接头可采用螺纹连接。

2)对普通单向阀的性能要求。

①开启压力要小。

②正向导通时，阀的阻力损失要小。

③能产生较高的反向压力，反向的泄漏要小。

④阀芯运动平稳，无振动、冲击或噪声。

(2)液控单向阀。在液压系统中，有时需要使被单向阀所闭锁的油路重新接通，为此，可以把单向阀做成闭锁方向能够控制的结构，这就是液控单向阀。

图 7-28 所示为液控单向阀的结构示意和图形符号。当控制油口 K 不通控制压力油时，油液只能从进油口 A 进入，顶开阀芯，从出油口 B 流出，不能反向流动。当从控制油口 K 通入控制压力油时，控制活塞左端受到油压作用而向右移动(活塞右端油腔 a 与泄油口 L 相通)，通过顶杆将阀芯向右顶开，使进油口 A 与出油口 B 接通，油液可在两个方向自由流通。控制用的最小油压为系统主油路油液压力的 $30\%\sim40\%$。

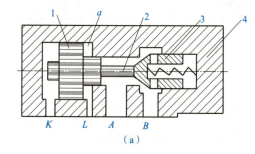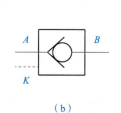

（a） （b）

液控单向阀工作原理

图 7-28　液控单向阀的结构示意和图形符号

(a)液控单向阀；(b)图形符号

1—控制活塞；2—顶杆；3—阀芯；4—阀体

液控单向阀也可以做成常开式结构，即平时油路畅通，需要时通过液控闭锁一个方向的油液流动，使油液只能单方向流动。

2. 换向阀

换向阀通过改变阀芯和阀体间的相对位置，控制油液流动方向，接通或关闭油路，从而改变液压系统的工作状态的方向。

换向阀按照阀芯的结构不同分为滑阀、转阀和锥阀。常用的换向阀阀芯在阀体内做往复滑动，称为滑阀。图 7-29 所示为换向阀，图 7-29(a)所示为换向阀实物，图 7-29(b)所示为滑阀式换向阀结构示意。本书主要介绍滑阀式换向阀。

(1)滑阀的工作原理。如图 7-30 所示，滑阀式换向阀有三个工作位置和四个通路口(压力油口 P、回油口 O，A、B 油口通液压执行元件的工作油腔)。当滑阀处于中间位置时[图 7-30(a)]，滑阀的凸肩将 A、B 两个油口封死，并隔断进、回油口 P 和 O，换向阀阻止向执行元件提供压力油，执行元件不工作；当滑阀处于左位时[图 7-30(b)]，压力油从 P 口进入阀体，经 A 口通向执行元件，而从执行元件流回的油液经 B 口进入阀体，再经 O 口流回油箱，执行元件在压力油作用下向左运动；当滑阀处于右位时[图 7-30(c)]，压力油从 P 口进入阀体，经 B 口通向执行元件，回油则经 A、O 口流回油箱，执行元件在压力油的作用下向右运动。

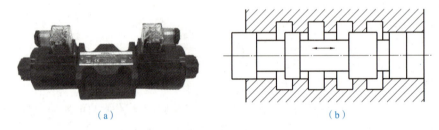

(a)　　　　　　　　　　　　　　　(b)

图 7-29　换向阀

(a)换向阀实物；(b)滑阀式换向阀结构示意

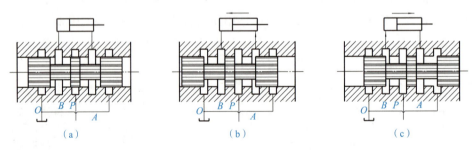

(a)　　　　　　　　　(b)　　　　　　　　　(c)

图 7-30　滑阀式换向阀的工作原理

(a)滑阀处于中位；(b)滑阀处于左位；(c)滑阀处于右位

(2)换向阀的图形符号和含义。图 7-31 所示为三位四通换向阀的图形符号。一个完整的换向阀的图形符号应表示出工作位置数、油口数和在各工作位置上油口的连通关系、操纵(控制)方式、复位方式和定位方式等内容。

图形符号的含义如下：

1)方框表示阀的工作位置数，有几个方框就是几位阀。

2)在一个方框内，箭头"↑"表示两个油口连通，但不表示其实际流向；"⊥"或"⊤"表示此油口不通油。

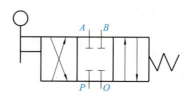

图 7-31 三位四通换向阀的图形符号

3）在一个方框内，箭头或"⊥"符号与方框的交点数为油口的通路数，即"通"数。

4）油口字母固定：P 表示压力油进口，O（或 T）表示与油箱相通的回油口，A、B 表示连接执行元件的油口，L 表示泄漏油口。

5）三位阀的中位及二位阀的侧面有弹簧的那一方框为常态位。在液压原理图中，换向阀的油路连接一般应画在常态位上。

表 7-4 列出了几种常用的滑阀式换向阀的结构图及其图形符号。

表 7-4 常用滑阀式换向阀的结构图及其图形符号

名称	结构图	图形符号
二位二通		
二位三通		
二位四通		
三位四通		

（3）换向阀的操纵方式及图形符号。换向阀的操纵方式可分为手动控制、机动控制、电磁铁控制、液动控制、电液动控制等。各种控制方式的图形符号见表 7-5。

表 7-5　换向阀常用操纵方式的图形符号

操纵方式	图形符号	操纵方式	图形符号
手动		液动	
机动		电液动	
电磁动		弹簧	

（4）滑阀机能。三位换向阀的阀芯在中间位置（常态位置）时，各通道间有不同的连接方式，可满足不同的使用要求，因此，三位换向阀在中位时油口的连通方式称为换向阀的中位机能。

三位四通换向阀常见的中位机能名称、中位状态、图形符号及其特点等见表 7-6。

表 7-6　三位四通换向阀常见的中位机能名称、中位状态、图形符号及其特点

名称	结构简图	图形符号	特点及应用
O 型			各油路全部封闭，液压缸被锁紧，液压泵不卸荷，系统保压
H 型			各油路全部连通，液压缸浮动，液压泵卸荷
Y 型			液压缸两腔通油箱，液压缸浮动，液压泵不卸荷，系统保压
P 型			压力油口与液压缸两腔连通，回油口封闭，液压泵不卸荷，单杆活塞缸实现差动连接
M 型			液压缸两腔封闭，液压缸被锁紧，液压泵卸荷

7.4.2 压力控制阀

在液压系统中，用来控制液压油的压力和利用液压油的压力来控制其他液压元件动作的阀统称为压力控制阀。此类阀都是由阀体、阀芯、弹簧和调节螺母等组成，是利用作用在阀芯上的液压力和弹簧力相平衡的原理工作的。压力控制阀按其功能和用途不同有溢流阀、减压阀、顺序阀和压力继电器等。

1. 溢流阀

(1)溢流阀的功用和分类。溢流阀的主要功用是维持液压系统压力恒定，起调压作用，其次是作为液压系统安全保护装置，起限压作用。

根据结构的不同，溢流阀分为直动式溢流阀和先导式溢流阀两类。

1)直动式溢流阀，图 7-32 所示为直动式溢流阀的工作原理图和图形符号。当压力油从压力油口 P 进入系统油压不高时，阀芯在弹簧力的作用下往下移动并关闭出油口 O，没有油液流回油箱；当系统压力大于弹簧作用力时，弹簧被压缩，阀芯上移，打开出油口，部分油液流回油箱，通过拧动调节螺母可以改变弹簧压缩量，从而调整溢流阀的开启压力值。

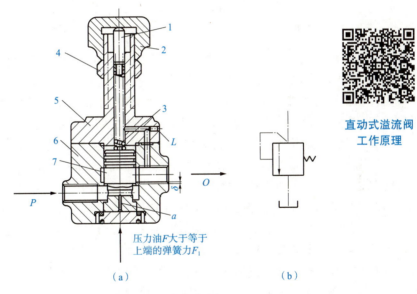

直动式溢流阀工作原理

(a)　　　　　　　　(b)

图 7-32　直动式溢流阀

(a)工作原理图；(b)图形符号

1—调节杆；2—调节螺母；3—调压弹簧；4—锁紧螺母；5—上盖；6—阀体；7—阀芯

图 7-32 中的 L 是泄油口，泄漏的油液也可从泄油口引回油箱。保持进口压力近乎恒定，阻尼小孔 a 用来避免阀芯动作过快造成振动，以提高阀的工作平稳性。

直动式溢流阀结构简单，灵敏度高，制造容易，成本低，但其调定压力受溢流量影响很大，因为当溢流量的变化引起阀口开度(弹簧压缩量)发生变化时，弹簧力变化较大，溢流阀进口压力也随之发生较大的变化，因此，直动式溢流阀的调压稳定性较差，一般只用于低压、流量不大的液压系统。

2）先导式溢流阀。先导式溢流阀由主阀和先导阀组成。先导阀是一个直动式溢流阀，阀芯是锥阀，用来控制压力；主阀阀芯是滑阀，用来控制溢流流量。图 7-33 所示为先导式溢流阀的结构和图形符号。

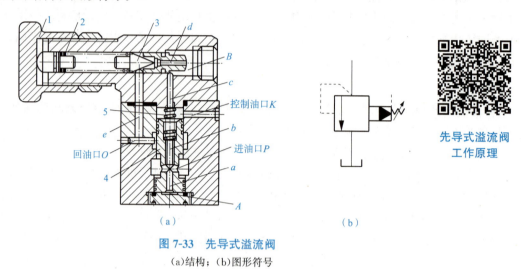

控制油口K

回油口O

进油口P

图 7-33　先导式溢流阀

（a）结构；（b）图形符号

1—调节螺母；2—调压弹簧；3—锥阀；4—主阀芯；5—主阀弹簧

先导式溢流阀工作原理

先导式溢流阀的工作原理：压力油由进油口 P 进入阀体，经 a 孔至阀芯下腔 A，再经 b 孔、c 孔进入先导阀右侧油腔 B，进入 d 孔给锥阀以向左的作用力，调压弹簧给锥阀以向右的作用力。在稳定的状态下，当油液压力较小时，作用于锥阀上的液压作用力小于弹簧力，先导阀关闭。此时，没有油液流过节流小孔 b，油腔 A、B 的压力相同，在主阀弹簧的作用下，主阀芯处于最下端位置，回油口 O 关闭，没有溢流。当油液压力增大，使作用于锥阀上的液压作用力大于调压弹簧的弹簧力时，先导阀开启，油液经通道 e、回油口 O 流回油箱。这时，压力油流经节流小孔 b 时产生压力降，使 B 腔油液压力小于油腔 A 中油液压力，当此压力差产生的向上作用力超过主阀弹簧的作用力并克服主阀芯自重和摩擦力时，主阀芯向上移动，接通进油口 P 和回油口 O，溢流阀溢流。溢流口的压力随着溢流而下降，B 腔的油压也随之下降，直到作用于锥阀上的液压作用力小于调压弹簧的作用力时，先导阀关闭，节流小孔 b 中没有油液流过，主阀阀芯在主阀弹簧的作用下，往下移动，关闭回油口 O，停止溢流。这样，在系统压力超过调定压力时，溢流阀溢油，不超过时则不溢油，起限压、溢流作用。调节螺母可调节调压弹簧的预紧力，从而调定系统的压力。

先导式溢流阀设有远程控制口 K，可实现远程调压（与远程调压阀接通）或卸荷（与油箱接通），不用时封闭。

先导式溢流阀的稳压性能优于直动式溢流阀，但先导式溢流阀是二级阀，其灵敏度低于直动式溢流阀。

（2）溢流阀的应用。溢流阀在液压系统中主要用于调压溢流、安全保护、使泵卸荷、远程调压、背压等多种场合。

2. 减压阀

（1）减压阀的功用和分类。减压阀是用来降低系统某一支路的油液压力，使同一系统有两个或多个不同压力，以满足执行元件的需要。

减压阀按其结构不同分为直动式减压阀和先导式减压阀两类，一般采用先导式减压阀。

（2）减压阀的工作原理。减压阀的工作原理是依靠压力油通过缝隙（液阻）降压，使出口压力低于进口压力，并保持出口压力为一定值。缝隙越小，压力损失越大，减压作用就越强。

图 7-34 所示为先导式减压阀的结构和图形符号。先导式减压阀也由主阀和先导阀两部分组成。

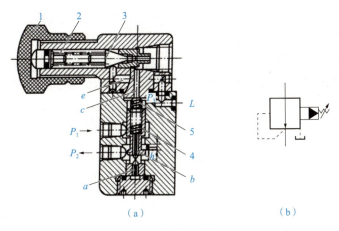

（a）　　　　　　　　　　（b）

图 7-34　先导式减压阀

（a）结构；（b）图形符号

1—调节螺母；2—调压弹簧；3—锥阀；4—主阀芯；5—主阀弹簧

液压系统主油路的高压油液 P_1 从进油口（P_1）进入减压阀，经节流缝隙 h 减压后的低压油液 P_2 从出油口（P_2）输出，经分支油路送往执行机构。同时低压油液 P_2 经通道 a 进入主阀芯下端油腔，又经节流小孔 b 进入主阀芯上端油腔，且经通道 c 进入先导阀锥阀右端油腔，给锥阀一个向左的液压力，该液压力与调压弹簧的弹簧力相平衡，从而控制低压油 P_2 基本保持调定压力。当出油口的低压油 P_2 低于调定压力时，锥阀关闭，主阀芯上端油腔油液压力 $P_3 = P_2$，主阀弹簧的弹簧力克服摩擦阻力将主阀芯推向下端，节流缝隙 h 增大，减压阀处于不工作状态。当分支油路负载增大时，P_2 升高，P_3 随之升高，在 P_3 超过调定压力时，锥阀打开，少量油液经锥阀口、通道 e，由泄油口流回油箱。由于这时有油液流过节流小孔 b，产生压力降使 P_3 小于 P_2。当此压力差产生的向上的作用力大于主阀芯重力、摩擦力主阀弹簧的弹簧力之和时，主阀芯向上移动，使节流缝隙 h 减小，节流加剧，P_2 随之下降，直到作用在主阀芯上诸力相平衡，主阀芯便处于新的平衡位置，节流缝隙 h 保持一定的开启量。

（3）减压阀与溢流阀相比较，最主要的区别有以下几点：

1）减压阀利用出口油压与弹簧力平衡，而溢流阀利用进口油压与弹簧力平衡。

2）减压阀的进、出油口均有压力，所以弹簧腔的泄油需从外部单独接油箱（称外部回油）；而溢流阀的泄油可沿内部通道经回油口流回油箱（称内部回油）。

3）非工作状态时，减压阀的阀口是常开的，而溢流阀是常闭的。

这三点区别从两者的图形符号也可以看出来。

（4）减压阀的应用。减压阀在控制油路、夹紧油路和润滑油路中得到广泛应用。

3. 顺序阀

(1)顺序阀的功用和分类。顺序阀是利用油路本身的压力变化来控制阀口开启,达到油路通断,实现执行元件的顺序动作,它一般不控制系统压力,是一个由压力油液控制其开启的二通阀。

顺序阀根据其结构和工作原理的不同,可分为直动式顺序阀和先导式顺序阀两类,一般使用直动式顺序阀。

(2)顺序阀的工作原理。直动式顺序阀的结构和图形符号如图 7-35 所示。其结构和工作原理都和直动式溢流阀相似。压力油液从进油口 P 进入阀体,经阀芯中间小孔流入阀芯底部油腔,对阀芯产生一个向上的液压作用力。当油液的压力较低时,液压作用力小于阀芯上部的弹簧力,在弹簧力作用下,阀芯处于下端位置,P 和 O 两油口被隔开。当油液的压力升高到作用于阀芯底端的液压作用力大于调定的弹簧力时,在液压力的作用下,阀芯上移,使进油口 P 和出油口 O 相通,压力油液自 O 口流出,可控制另一执行元件动作。

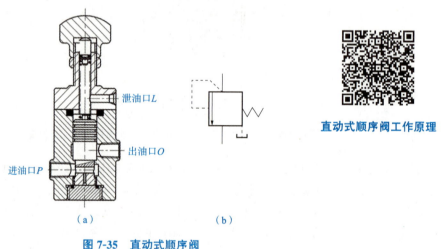

泄油口 L
出油口 O
进油口 P

直动式顺序阀工作原理

(a) (b)

图 7-35 直动式顺序阀

(a)结构;(b)图形符号

(3)顺序阀与溢流阀的主要区别。

1)溢流阀的出油口连通油箱,顺序阀的出油口通常是连接另一个工作油路,因此顺序阀的进、出口处的油液都是压力油。

2)溢流阀打开时,进油口的油液压力基本上是保持在调定压力值附近,顺序阀打开后,进油口的油液压力可以继续升高。

3)由于溢流阀出油口连通油箱,其内部泄油可通过出油口流回油箱,而顺序阀的出油口油液为压力油,且通往另一工作油路,所以顺序阀的内部要有单独设置的泄油口。

(4)顺序阀的应用。

1)控制多个执行元件的顺序动作。

2)与单向阀组合,形成单向顺序阀,起液压平衡的作用。

3)作卸荷阀用。将外控顺序阀的出口通油箱,使液压泵在工作需要时可以卸荷。

4)作背压阀使用。将顺序阀安装在油箱之前,使执行元件回油建立一定阻力。

4. 压力继电器

压力继电器是一种将油液的压力信号转换为电信号的电液控制元件，当油液压力达到压力继电器的调定压力时，即发出电信号，以控制电磁铁、电磁离合器、继电器等元件动作，使油路卸压、换向、执行元件实现顺序动作，或关闭电动机，使系统停止工作，起安全保护作用等。压力继电器有膜片式和柱塞式。

（1）压力继电器的工作原理。图 7-36 所示为柱塞式压力继电器的结构和图形符号。当油液压力达到压力继电器的设定压力时，作用在柱塞上的液压力克服弹簧力，通过顶杆的推动，合上微动开关，发出电信号，调节螺钉改变弹簧的预压缩量，可以调节压力继电器的设定压力。

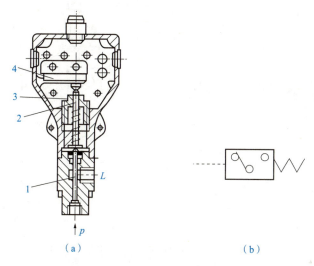

（a）　　　　　　　　　　　　　　　（b）

图 7-36　柱塞式压力继电器

(a)结构；(b)图形符号

1—柱塞；2—顶杆；3—调节螺钉；4—微动开关

（2）柱塞式压力继电器的特点及其应用。柱塞式压力继电器工作可靠，寿命长，成本低。因其容积变化较大，故不易受压力波动的影响，但由于弹簧刚度较大，所以重复精度较低，误差为调定压力的 1.5%～2.5%。此外，开启压力和闭合压力的差值较大。在液压系统中可用于系统的顺序控制、安全控制和卸荷控制等。

7.4.3　流量控制阀

流量控制阀是靠改变阀口通流面积的大小或通流通道的长短来改变通过阀口的流量，从而达到调节执行元件运动速度的液压元件，简称流量阀。常用的流量控制阀有节流阀、调速阀、压力补偿和温度补偿调速阀等。其中节流阀是最基本的流量控制阀。

1. 节流阀

（1）普通节流阀。图 7-37 所示为普通节流阀的结构和图形符号。压力油从进油口 P_1 流入，经节流阀口后从 P_2 流出，节流口的形状为针状。当调节手轮时，阀芯的位置随着轴向移动，使阀芯下部的环形通流面积改变，通过阀的流量也随之改变。

（2）单向节流阀。节流阀与单向阀组合成单向节流阀，使阀在油液正向流动时为节流阀功能，反向流动时为单向阀功能。

图 7-38 所示为单向节流阀的结构和图形符号。下阀芯在弹簧的推力作用下，始终紧靠在推杆上。调节顶盖上的手轮，借助推杆可推动阀芯做上下移动，改变节流口的开口流量大小。由于作用在下阀芯上的液压力是平衡的，因而调节力较小，便于在高压下进行调节。当压力油从 P_2 口进入时，阀芯被压下，油液流往 P_1 口，起单向阀作用。当压力油从 P_1 口进入时，则油液经过阀芯上的节流口从 P_2 口流出。

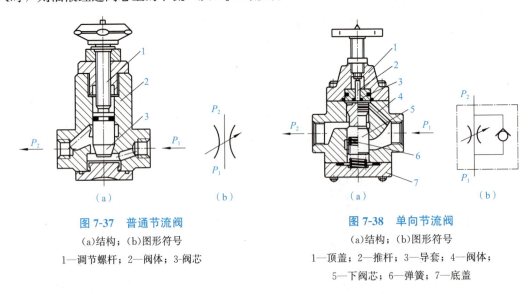

图 7-37　普通节流阀

(a)结构；(b)图形符号

1—调节螺杆；2—阀体；3-阀芯

图 7-38　单向节流阀

(a)结构；(b)图形符号

1—顶盖；2—推杆；3—导套；4—阀体；
5—下阀芯；6—弹簧；7—底盖

（3）节流阀的特点及应用。节流阀结构简单，制造容易，体积小，但流量的稳定性较差，受负载和温度的变化影响较大，因此，只适用负载和温度变化不大，或速度稳定性要求较低的液压系统。如与定量泵、溢流阀一起组成节流调速回路，还可用作液压加载器、缓冲器等。

2. 调速阀

普通节流阀在节流开口一定的条件下通过它的工作流量受工作负载(其出口压力)变化的影响，不能保持执行元件速度的稳定。为了改善流量的特性，通常是对节流阀进行补偿，采取措施使节流口前后压力差在负载变化时始终保持不变，通常采用调速阀。

将定差减压阀与节流阀串联，或将定差溢流阀与节流阀并联而形成的不同形式的阀，称为调速阀。

图 7-39 所示是由一个定差减压阀和一个节流阀串联而成的调速阀的结构。调速阀的进口压力为 p_1，出口压力为 p_2，进口压力 p_1 由阀的前级溢流阀调定，而出口压力 p_2 为负载压力。节流阀的进口压力为 p_a，出口压力 p_2 分别经通道 e、f 和 a 传送至定差减压阀阀芯的两侧，两者的作用力差值与减压弹簧力平衡。当负载压力 p_2 增加时，减压阀芯下移，减压口 X_H 开大，压降减小，p_a 增大；反之，当负载压力 p_2 减小时，减压口 X_H 关小，压降增大，p_a 减小，从而保证节流口两端压力差基本保持不变，最终保证了通过节流阀阀口的流量稳定。

与节流阀相比较，调速阀的流量稳定性和调速性能较好，因此，在对于速度稳定性要求高的液压系统中采用调速阀进行调速。

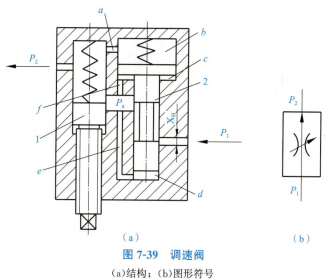

图 7-39　调速阀

(a)结构；(b)图形符号

1—节流阀阀芯；2—减压阀阀芯

✿ 任务 7.5　液压辅助元件

在液压系统中，除动力元件、执行元件和控制元件外，进行储油、过滤、热交换、密封及连接等元件，称为液压系统的辅助元件。它们对液压系统的动态性能、工作稳定性、工作寿命、油温和噪声等都有直接影响。此类装置中，除液压油箱多数自制外，一般由专业生产厂家系列化生产。

7.5.1　油箱

1. 油箱的功用

油箱的作用是储存、保持油液的温度和清洁度、分离油液中的空气和杂质。

按油箱液面是否与大气相通，油箱可分为开式和闭式两种。开式油箱与大气相通，为了防止污染，油箱上安装空气滤清器，用于一般的液压系统；闭式油箱不与大气相通，用于水下和对工作稳定性、噪声有严格要求的精密机械的液压系统。

2. 油箱的结构

图 7-40 所示为油箱结构和图形符号。为了保证油箱的功用，在结构上应注意以下几点：

(1)油箱必须有足够大的容积。一方面，尽可能地满足散热要求；另一方面，在液压系统停止工作时应能容纳系统中的所用工作介质，而工作时又能保持适当的液位。

(2)油箱应是完全密封，并在油箱顶盖上安装用于通气的空气过滤器。

(3)吸油管与回油管之间的距离要尽量远些，并采用多块隔板隔开，分成吸油区和回油区，隔板高度约为油面高度的 3/4。

(4)吸油管和回油管应当设置在最低油面以下。吸油管口离油箱底面距离大于两倍油管外径，离油箱箱边距离大于三倍油管外径。吸油管和回油管的管端应切成 45°的斜口，回油管的斜口应朝向箱壁。

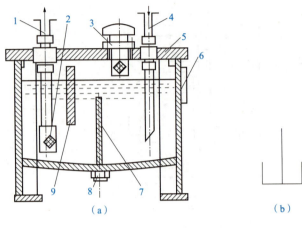

图7-40 油箱

(a)结构；(b)图形符号

1—吸油管；2—滤油器；3—空气过滤器；4—回油管；5—顶盖；6—液位指示器；7、9—隔板；8—放油塞

（5）为了便于清洗，在油箱底部应有适当斜度，并在最低处设置放油塞，换油时可使油液和污物顺利排出。

（6）在容易看见的油箱侧壁上设置液位计（俗称油标），以指示油位高度。

7.5.2 油管和管接头

1. 油管

在液压系统中，油管的种类很多，有钢管、纯铜管、橡胶管、塑料管和尼龙管等，须按照安装位置、工作压力和工作环境来选用。

2. 管接头

管接头是油管和油管、油管与液压元件之间的可拆式连接件，管接头应具有装拆方便、连接牢固、密封可靠、外形尺寸小、通流能力大、压降小、工艺性能好等特点。

管接头的种类很多，从安装方式上分为螺纹连接和法兰连接，从管接头结构形式上分为焊接式、卡套式、扩口式、胶管式、对分法兰式和卡箍式等。图7-41所示为几种常用的管接头结构。

7.5.3 过滤器

1. 过滤器的作用

外界的尘埃、脏物和油液氧化变质的析出物混入油液，会引起系统中相对运动零件表面磨损、划伤甚至卡死，还会堵塞控制阀的节流口和管路小口，使系统不能正常工作。因此，清除油液中的杂质，使油液保持清洁是确保液压系统能正常工作的必要条件。通常，油液利用油箱结构先沉淀，然后采用过滤器进行过滤。

过滤器也称滤油器，它的主要功用是清除油液中的杂质，保证系统正常工作。

2. 过滤器的类型及特点

过滤器的性能指标是过滤精度，即能从油液中过滤掉的杂质颗粒的尺寸大小。按照其过滤精度分类，过滤器分为粗过滤器、普通过滤器和精过滤器。粗过滤器过滤的杂质颗粒尺寸在 $100~\mu m$ 以上，普通过滤器过滤的杂质颗粒尺寸为 $10\sim100~\mu m$，精过滤器过滤的杂质颗粒尺寸在 $10~\mu m$ 以下。

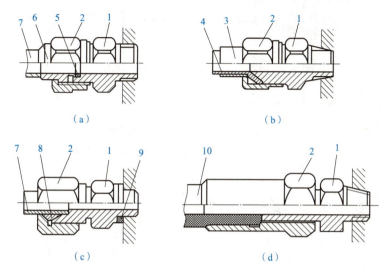

图 7-41　管接头结构

(a)焊接钢管接头；(b)扩口薄管接头；(c)卡套式管接头　(d)高压软管接头

1—接头体；2—螺母；3—管套；4—扩口薄管；5—密封垫；6—接管；7—钢管；

8、9—组合密封垫；10—橡胶软管

过滤精度的选择是与系统的泵相匹配的，如齿轮泵、叶片泵和柱塞泵的压力不同，所选用的过滤器也是不同的。齿轮泵的压力低选择粗过滤器，柱塞泵属于高压泵选择精过滤器。

过滤器按结构分类可分为网式过滤器、线隙式过滤器、烧结式过滤器、纸芯式过滤器和磁性过滤器等。

(1)图 7-42 所示为网式过滤器的结构示意。由金属丝编织的方孔网或特种网做成的滤芯，过滤精度与金属丝网层数及网孔大小有关。其特点是结构简单、通流能力大、方便清洗，但过滤效果差，属于粗过滤器，一般安装在液压泵吸油路上，用来保护液压泵。

(2)图 7-43 所示为线隙式过滤器的结构示意。滤芯由绕在芯架上的一层金属线组成，依靠金属丝螺旋线间间隙阻挡油液中杂质的通过。结构简单，通流能力大，过滤精度较高。$30\sim50~\mu m$ 大小的用于低压管道中，$80\sim100~\mu m$ 大小的用在液压泵吸油管上时，允许泵的流量为过滤器额定流量的 $1/3\sim2/3$。

(3)图 7-44 所示为烧结式过滤器的结构示意。滤芯由金属粉末烧结而成，利用金属颗粒间的微孔来滤除油液中杂质，属于精密过滤器。滤芯强度高，耐高温，抗腐蚀性强，过滤效果好，可在压力较大的条件下工作，是一种使用广泛的精过滤器。缺点是金属颗粒易脱落，堵塞后不易清洗。

(4)图 7-45 所示为纸芯式过滤器的结构示意。滤芯由平纹或波纹的酚醛树脂或木浆微孔滤纸制成。为了增大过滤面积，纸芯常制成折叠形。这类过滤器为精密过滤器，过滤精度高，但通油能力差，易堵塞，纸芯需要经常更换，主要用于低压小流量的精过滤。

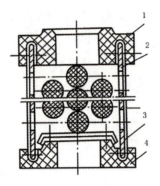

图 7-42　网式过滤器

1—上盖；2—圆筒；3—钢丝网；4—下盖

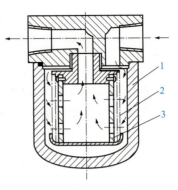

图 7-43　线隙式过滤器

1—芯架；2—滤芯；3—壳体

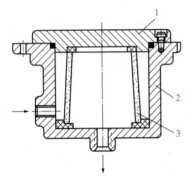

图 7-44　烧结式过滤器

1—端盖；2—壳体；3—滤芯

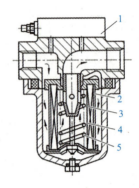

图 7-45　纸芯式过滤器

1—堵塞状态发信装置；2—滤芯外层；3—滤芯中层；
4—滤芯里层；5—支撑弹簧

3. 过滤器的安装位置

(1)安装在泵的吸油口处。泵的吸油路上一般安装粗滤油器，目的是滤去较大的杂质微粒以保护液压泵。

(2)安装在泵的出油口处。此处安装滤油器的目的是滤除可能浸入控制阀等元件的污染物。

(3)安装在液压系统的回油路上。这种安装起间接过滤作用。一般与过滤器并联安装一个旁通阀，当过滤器堵塞达到一定压力值时，旁通阀打开。

(4)安装在重要元件的前面。在一些重要元件的前面单独安装一个专用的精过滤器来确保它们的正常工作。

4. 过滤器的结构和材料的要求

(1)要有足够的过滤精度，能阻挡一定大小的杂质。

(2)过滤器的通油性能要好。

(3)过滤材料应有一定的机械强度，不致因受油的压力而损坏。

(4)在一定的温度下，应有良好的抗腐蚀性和足够的寿命。

(5)清洗维修方便，容易更换过滤材料。

5. 过滤器的图形符号

图 7-46 所示分别是粗过滤器和精过滤器的图形符号。

7.5.4 冷却器

1. 冷却器的功用

液压系统的各种能量损失都导致系统发热，使油液黏度下降，导致泄漏量的增加及油液变质，给系统带来效率下降等危害。液压系统正常工作温度应保持在 15 ℃～65 ℃。对于通风条件好、油箱表面积大、系统效率高的场合可采用自然散热方式，但对于自然散热无法满足要求的液压系统须安装冷却器，冷却器也称散热器。

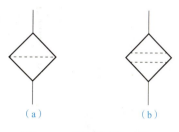

图 7-46　过滤器的图形符号

(a)粗过滤器；(b)精过滤器

2. 冷却器的类型

常用的冷却器有水冷和风冷两种冷却方式。

(1)水冷式冷却器。水冷式冷却器常见的有蛇形管冷却器和强制对流多管冷却器。图 7-47(a)所示为多管式冷却器，是大型设备上常用的冷却器。油液从进油口流入，从出油口流出，冷却水从进水口流入，通过多根水管后由出水口流出。水冷式冷却器一般用于室内有水源的泵站上，冷却器的散热效果好。

(2)风冷式冷却器。图 7-47(b)所示为风冷式冷却器。风冷式冷却器是利用液压系统环境周围的空气作为交换的介质，对其液压系统的油液进行热量交换，从而把热量强制带走，降低液压系统油液的温度。

(a)　　　　　　　　　　　(b)　　　　　　　　　　　(c)

图 7-47　冷却器实物和图形符号

(a)多管式冷却器；(b)风冷式冷却器；(c)图形符号

7.5.5 蓄能器

1. 蓄能器的功用

蓄能器是液压系统中存储压力油的容器，其主要作用是在短时间内提供大量压力油，补偿油液的泄漏，消除系统内油压的波动，缓和液压冲击，以保持系统油压的稳定。

2. 蓄能器的主要类型和结构特点

蓄能器按储能方式分，主要有重锤式、弹簧式、充气式(气囊式和活塞式)。

(1)重锤式蓄能器。重锤式蓄能器的结构原理如图 7-48(a)所示，它利用重锤的势能变化来储存、释放能量。特点是结构简单、压力恒定，能提供大容量、压力高的油液；但体积大、笨重、运动惯性大、反应不灵敏、密封处易泄漏、摩擦损失大。

(2)弹簧式蓄能器。弹簧式蓄能器的结构原理如图 7-48(b)所示，它利用弹簧的压缩能来储存能量。特点是结构简单、反应较灵敏；但容量小、有噪声，使用寿命取决于弹簧的寿命。

（3）充气式蓄能器。气囊式和活塞式蓄能器都属于充气式蓄能器，它们的工作原理：利用压缩气体（通常为氮气）储存能量。图7-48(c)所示为气囊式蓄能器，图7-48(d)所示为活塞式蓄能器，其中使用较多的是气囊式蓄能器。

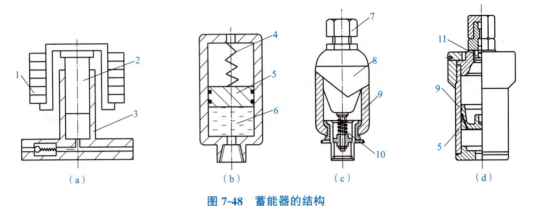

图7-48　蓄能器的结构

(a)重锤式蓄能器；(b)弹簧式蓄能器；(c)气囊式蓄能器；(d)活塞式蓄能器

1—重锤；2—柱塞；3—缸体；4—弹簧；5—活塞；6—液压油；7—充气阀；8—皮囊；9—壳体；10—菌形阀；11—气门

1）气囊式蓄能器。优点是惯性小、反应灵敏、容易维护，所以最常用。缺点是容量较小，气囊和壳体的制造比较困难。

2）活塞式蓄能器。主要由活塞、壳体和气门组成。活塞的上部为压缩空气，气体由气门充入，其下部经油孔通入液压系统，气体和油液在蓄能器中由活塞隔开，利用气体压缩后的膨胀来储存、释放压力能。活塞随下部液压油的储存和释放而在缸筒内滑动。

这种蓄能器结构简单，工作可靠，安装容易，维护方便，使用寿命长，但是因为活塞有一定的惯性及受到摩擦力作用，反应不够灵敏，所以不宜用于缓和冲击、脉动及低压系统中。此外，密封件磨损后会使气液混合，也将影响液压系统的工作稳定性。

图7-49所示为蓄能器的图形符号。

7.5.6　压力计

图7-50所示为压力计实物图和图形符号。压力计主要用于观测系统的工作压力。最常用的是弹簧式压力计。其工作原理是当液压油进入弹簧弯管时，管子端口产生变形，从而推动杠杆使扇形齿轮与小齿轮啮合，小齿轮又带动指针旋转，在刻度盘上标出油液的压力值。

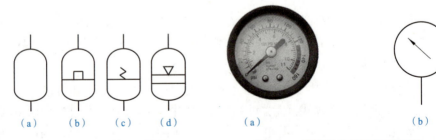

图7-49　蓄能器的图形符号

(a)一般式；(b)重力式；(c)弹簧式；(d)气体隔离式

图7-50　压力计实物和图形符号

(a)实物；(b)图形符号

✿ 任务 7.6 液压基本回路

液压基本回路是由有关液压元件组成的具有某些特定功能的典型回路。任何液压系统都可以看作由若干个基本回路组成。液压基本回路按功能不同可分为方向控制回路、压力控制回路和速度控制回路三大类。

7.6.1 方向控制回路

方向控制回路主要是利用方向控制阀控制系统油液的接通、截止或换向，从而实现系统工作机构的启动、停止或变换运动方向的回路。

1. 换向回路

换向回路是利用换向阀控制执行元件的运动方向，从而改变执行元件的运动方向。如图 7-51 所示为常用二位四通电磁换向阀的换向回路。电磁铁通电时，阀芯右移，压力油进入液压缸的左腔，推动活塞杆向右移动(工作进给)；电磁铁断电时，弹簧力使阀芯左移复位，压力油进入液压缸的右腔，推动活塞杆向左移动(快速退回)。根据执行元件换向的要求，可采用二位(或三位)四通或五通换向阀。控制方式可以采用手动、机械、电磁、液动或电液动等换向阀，都可实现换向回路。

2. 锁紧回路

为了使工作部件能在任意位置上停留，并防止在外力的作用下发生移动，需要采用锁紧回路。最简单的锁紧回路是采用 O 型或 M 型滑阀机能的三位换向阀，还可采用液控单向阀等构成执行元件的锁紧回路。

图 7-52 所示为采用液控单向阀的锁紧回路。在液压缸两腔的油路上都设置一个液控单向阀。当三位四通电磁换向阀处于中位时，液压泵卸荷，输出油液经换向阀流回油箱，由于系统无压力，液控单向阀 1 和 2 关闭，液压缸左右两腔的油液均不能流动，活塞被双向锁紧。当换向阀左边电磁铁通电，阀芯右移，左位接入系统，压力油经单向阀 1 进入液压缸左腔，同时打开单向阀 2，液压缸右腔的油液可经单向阀 2 及换向阀回油箱，活塞向右运动。当换向阀右边电磁铁通电时，阀芯左移，右位接入系统，压力油经单向阀 2 进入液压缸右腔，同时打开单向阀 1，使液压缸左腔油液经液控单向阀 1 和换向阀流回油箱，活塞向左运动。液控单向阀有良好的密封性，且锁紧效果较好。

7.6.2 压力控制回路

为了控制系统的压力，以适应执行机构对力的要求，可采用压力控制回路。常用的压力控制回路有减压回路、调压回路、卸荷回路、保压回路、增压回路和平衡回路等。

1. 减压回路

减压回路使系统中某个执行元件或某条支路所需的工作压力低于主系统的压力，如图 7-53(a)所示。减压回路中也可以采用类似两级或多级调压的方法获得两级或多级减压。

2. 调压回路

调定液压系统或限制液压泵的最高输出压力，以适应系统负载规定并保护系统安全工

作。图 7-53(b)所示为采用溢流阀实现调压的回路。

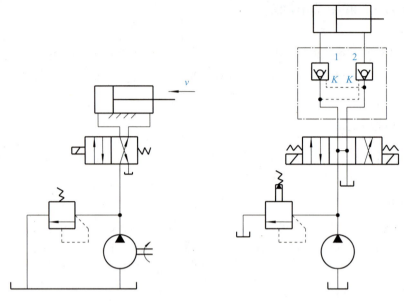

图 7-51　用换向阀组成的换向回路　　　图 7-52　用液控单向阀的锁紧回路

3. 增压回路

增压回路使液压系统局部油路或某个执行机构获得比液压泵工作压力高若干倍的高压油。图 7-53(c)所示为单作用增压缸的增压回路。

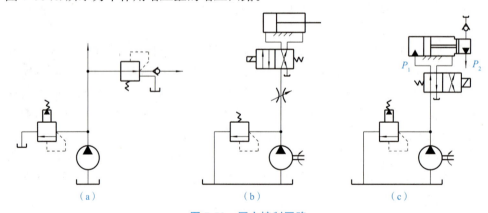

图 7-53　压力控制回路

(a)减压回路；(b)调压回路；(c)增压回路

7.6.3　速度控制回路

速度控制回路是通过改变系统中油液的流量来控制和调节执行元件运动速度的回路。常见的速度控制回路有调速回路、增速回路和速度换接回路。

1. 节流调速回路

节流调速回路是在定量液压泵供油的液压系统中安装节流阀来调节进入液压缸的油液流量，从而调节执行元件工作行程的速度。节流调速回路按流量阀在回路中的安装位置不同分为进油节流调速、回油节流调速、旁路节流调速和进回油节流调速等多种形式。图 7-54（a）所示为进油节流调速回路，图 7-54（b）所示为回油节流调速回路。

2. 速度换接回路

采用流量阀与行程阀、换向阀、单向阀等组合而成的回路，可实现执行元件在工作时多种速度之间的转换。图 7-54（c）所示为两个调速阀串联的速度换接回路。

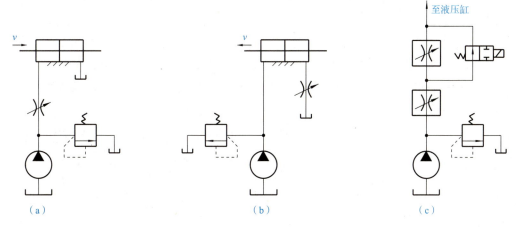

图 7-54　速度控制回路

(a)进油节流调速回路；(b)回油节流调速回路；(c)两个调速阀串联的速度换接回路

7.6.4　汽车起重机中典型的液压传动系统

汽车起重机是将起重装置安装在汽车底盘上的一种起重运输设备。它主要由起升、回转、变幅和支腿等工作机构组成。以上各机构的动作完成均由液压系统来实现。对于汽车起重机的液压系统，一般要求输出力大，动作要平稳，耐冲击，操作要灵活、方便、可靠、安全。

图 7-55 所示为汽车起重机外形简图。这种起重机采用液压传动，最大起重量为 80 kN（幅度 3 m 时），最大起重高度为 11.5 m，起重装置连续回转。该机具有较高的行走速度，可与装运工具的车编队行驶，机动性好。

当装上附加吊臂后（图中未表示），可用于建筑工地吊装预制件，吊装的最大高度为 6 m。

1. 汽车起重机液压系统的特点

（1）重物在下降及大臂收缩和变幅时，负载与液压力方向相同，执行元件会失控，为此，在其回油路上必须设置平衡阀。

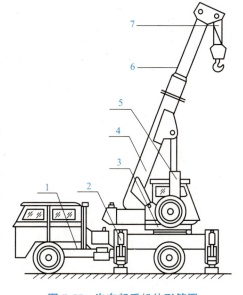

图 7-55　汽车起重机外形简图

1—载重汽车；2—支腿；3—回转机构；
4—基本臂；5—吊臂变幅液压缸；
6—伸缩吊臂；7—起升机构

（2）因作业工况的随机性较大，且动作频繁，所以大多采用手动弹簧复位的多路换向阀来控制各动作。

换向阀常用 M 型中位机能。当换向阀处于中位时，各执行元件的进油路均被切断，液压泵出口通油箱使泵卸荷，减少了功率损失。

2. 汽车起重机液压系统的组成

如图 7-56 所示，整个系统由支腿收放、转台回转、吊臂伸缩、吊臂变幅和吊重起升五个工作支路组成，各部分都有相对的独立性。其中前、后支腿收放支路的换向阀 A、B 组成一个双联多路阀组 1，其余四支路的换向阀 C、D、E、F 组成一个四联阀组 2 布置在操作室中。各换向阀均为 M 型中位机能三位四通手动换向阀，其相互串联组合。根据起重工作的具体要求，操纵各阀不仅能分别控制各执行元件的运动方向，还可通过控制阀芯的位移量实现流量调整，从而实现无级变速和灵活的位移微量调整。

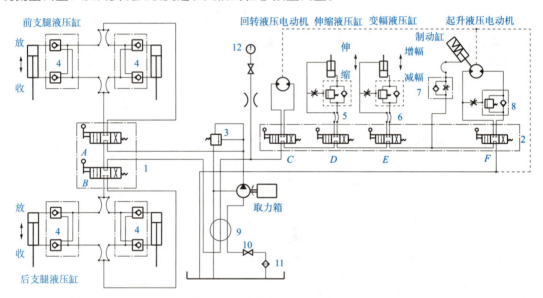

图 7-56 汽车起重机液压系统

1—手动双联多路阀；2—手动四联多路阀；3—安全阀；4—液压锁；5、6、8—平衡阀；7—单向节流阀；
9—回转接头；10—开关；11—滤油器；12—压力表

3. 液压系统的工作过程

（1）支脚收放回路。起重机机架前后左右共有四条液压支腿。由于汽车轮胎的支承能力有限，且有很大的柔性，受力后不能保持稳定，故汽车起重机必须采用刚性的液压支腿。它的支腿架伸出后，支撑点距离更大，使起重机的稳定性进一步得到加强。起重作业时必须放下支腿，使汽车轮胎悬空，汽车行驶时则必须收起支腿，使轮胎着地。

起重机的每一条支腿各配有一个液压缸操纵。两条前支腿用车架上的一个三位四通手动换向阀 A 控制其同时收放，而两条后支腿则用另一个三位四通阀 B 控制。A、B 都是 M 型中位机能的换向阀，其油路是串联的。每一个油缸上都配有一个双向液压锁 4，以保证支腿可靠地锁住，防止在起重作业过程中发生危险的"软腿"（液压缸上腔油路泄漏引起支腿受压缩回）现象，或汽车行驶过程中出现液压支腿自行下落（由液压缸下腔油路泄漏引起）的情况。

例如，当推动阀 A 左位工作时，前支腿放下，其进回油路线如下。

进油路：液压泵→换向阀 A 左位→液控单向阀→前支腿液压缸无杆腔。

回油路：前支腿液压缸有杆腔→液控单向阀→换向阀 A 左位→阀 B→回转接头 9→阀 C→阀 D→阀 E→阀 F→油箱。

（2）转台回转回路。起重机分为不动的底盘部分和可回转的上车部分，两者通过转台连接。转台采用液压驱动回转。

转台回转回路比较简单。回路采用了一个低速大扭矩的双向液压电动机。液压电动机通过齿轮、蜗轮减速箱、开式小齿轮与转盘上的大内齿轮啮合。小齿轮做行星运动带动转台。转台回转速度较低，一般为 1～3 r/min，驱动转台的液压电动机转速也不高，停转时转台不受扭矩作用，故不必设置制动回路。

液压电动机由手动换向阀 C 控制，转台回转有左转、右转、停转三种工况，其进回油路线如下。

进油路：液压泵→换向阀 A→阀 B→阀 C→液压电动机。

回油路：液压电动机→换向阀 C→阀 D→阀 E→阀 F→油箱。

（3）吊臂伸缩回路。基本臂和套装在基本臂之中的伸缩臂组成吊臂。吊臂的伸缩由吊臂内伸缩液压缸带动。为防止吊臂在自重作用下下落，伸缩回路中装有液控平衡阀 5。

吊臂的伸缩由手动换向阀 D 控制，有伸出、缩回、停止三种工况。例如，当操作阀 D 右位工作时，吊臂伸出，其进回油路线如下。

进油路：泵→换向阀 A→阀 B→阀 C→阀 D 右位→阀 5 中的单向阀→伸缩液压缸无杆腔。

回油路：伸缩液压缸有杆腔→阀 D 右位→阀 E→阀 F→油箱。

（4）吊臂变幅回路。吊臂变幅就是用变幅液压缸改变起重臂的俯仰角度。变幅作业也要求平稳可靠，因此吊臂回路上也装有液控平衡阀 6。吊臂的变幅由手动换向阀 E 控制，有增幅、减幅、停止三种工况。其控制方法、进回油路线类似吊臂伸缩回路。

（5）吊重起升回路。吊重起升机构是起重机的主要执行机构，它是由一个大扭矩双向液压电动机带动的卷扬机来实现吊重起升动作的。液压电动机的正、反转由一个三位四通手动换向阀 F 控制，吊重起升有起升、下降两种工况。电动机的转速，即起吊速度可通过控制汽车油门改变发动机的转速和操纵阀 F 来调节。

与吊臂伸缩回路、吊臂变幅回路类似，在下降的回路上设置有平衡阀 8，用以防止重物自由下落。平衡阀 8 是由经过改进的液控顺序阀和单向阀组成的。由于设置了平衡阀，使得液压电动机只有在进油路上有一定压力时才能旋转。改进后的平衡阀使重物下降时不会产生"点头"（由于下降时速度周期性突快、突慢变化，造成起重臂上下大幅振动）现象。

由于液压电动机的泄漏比液压缸大得多，当负载吊在空中时，尽管油路上设有平衡阀，仍然会产生"溜车"（在停止起吊状态时，重物仍然缓慢下降）现象。为此，在液压电动机输出轴上设有制动缸，以便在电动机停转时，用制动缸自动锁住起升液压电动机。当吊重起升机构工作时，压力油经过阀 7 中的节流阀进入制动缸，使闸块松开；当阀 F 中位起升电动机停止时，回油经过阀 7 中的单向阀进入油箱，在制动器弹簧作用下，闸块将轴抱紧。单向节流阀 7 的作用是使制动器出油紧闸快、进油松闸慢（松闸时间由节流阀调节）。紧闸快是为了使电动机迅速制动，重物迅速停止下降；而松闸慢可在起升扭矩建立后才松闸，可以避免当负载在半空中再次起升时，将液压电动机拖动反转，产生"滑降"现象。

1. 实施条件

(1)多功能液压教学实验台。

(2)常用液压元件若干。

(3)连接用软管、管接头等。

2. 实施内容

(1)识读组装的液压回路和选择所需液压元件。

(2)组装液压回路。

3. 实施步骤

(1)识读组装的液压回路。

(2)根据液压回路，选择所需液压元件。

(3)将液压元件挂装在实验台的挂装架上。

(4)用软管和管接头将液压元件连接成回路。

(5)检查回路组装是否正确，无误后接通电源，启动液压泵。

(6)观察回路工作情况，如有异常分析异常情况产生的原因。

液压传动的应用发展展望

今天，为了和最新技术的发展保持同步，液压技术必须不断发展、不断提高，改进元件和系统性能，以满足日益变化的市场需求。这是液压技术的创新特征。液压技术的不断发展体现在以下几个比较重要的特征上。

(1)提高元件性能，创制新元件，体积不断缩小。为了能在尽可能小的空间里传递尽可能大的功率，液压元件的结构不断地在向小型化发展。市场上出现了一种新型的被称为"肌腱"的执行元件。它的形状像一根两端有接头的软管，把它接入系统使用时，它的径向和轴向都会发生伸缩，轴向的伸缩量可达其总长的15%～30%。在相同的条件下，它的作用是普通气缸的10倍。这种元件抗污染，运动时不会发生抖动，在有些场合还可用它的径向膨胀去夹持工件等，是一种极有应用前景的元件。而微型元件也得到发展，如活塞直径小到2.5 mm的气缸、10 mm宽的气阀及相关的辅助元件已成为系列化产品。小型阀在流量相同时，它的体积仅是过去的7%。这些小、微型的元件已被应用于精密机械加工、电子工业、制药工业、食品加工和包装技术等场合。

(2)高度的组合化、集成化和模块化。液压系统由管式配置、板式配置、箱式配置、集成块式配置发展到叠加式配置、插装式配置，使连接的通道越来越短。也出现了一些组合集成件，如把液压泵和压力阀做成一体，把压力阀插装在液压泵的壳体内，把液压缸和换向阀做成一体，只需接一条高压管与液压泵相连，一条回油管与油箱相连，就可以构成一个液压系统。这种组合件不但结构紧凑，工作可靠，而且简便，也容易维护保养。

(3)与微电子结合，走上智能化。液压技术从20世纪70年代中期起就开始和微电子工业接触，并相互结合。在迄今50多年时间内，结合层次不断提高，由简单拼装、分散混合到总体组合，出现了多种形式的独立产品，如数字液压泵、数字阀、数字液压缸等，其中的高级形式已发展到把带有程序的芯片和液压控制元件、液压执行元件或能源装置、检测反馈装置、数模转换装置、集成电路等汇成一体，这种汇在一起的连接体只要一收到微处理机或微型计算机送来的信息，就能实现预先规定的任务。

总之，液压技术在与微电子技术紧密结合后，在微型计算机或微处理机的控制下，可以进一步拓宽它的应用领域，形形色色的机器人和智能元件的使用不过是它最常见的例子而已。液压元件将向高性能、高质量、高可靠性、系统成套方向发展；向低能耗、低噪声、低振动、无泄漏以及污染控制、应用水基介质等适应环保要求方向发展；开发高集成化、高功率密度、智能化、机电一体化以及轻小型微型液压元件；积极采用新工艺、新材料和电子、传感等高新技术。

项目小结

(1)液压传动是以液体(通常是油液)作为工作介质，利用液体压力来传递动力和进行控制的一种传动方式。它通过液压泵，将电动机的机械能转换为液体的压力能，又通过管路、控制阀等元件，经液压缸(或液压电动机)将液体的压力能转换为机械能，驱动负载并实现执行机构的运动。由于液压传动系统优点诸多，使其得以迅速发展，一切工程领域，凡是有机械设备的场合，均可采用液压技术，其前景非常光明。

(2)液压泵是液压系统的动力元件，它能将原动机输入的机械能转换为液压能，常用的液压泵是靠密封容积的变化来实现吸油和压油的，故可称为容积泵。液压泵主要有齿轮泵、叶片泵和柱塞泵。

(3)液压缸是液压系统中的重要执行元件，它将液压能转换为机械能。液压缸一般用于实现往复直线运动或摆动。常见的结构形式为活塞缸、伸缩缸和柱塞缸。

(4)液压控制阀可分为方向控制阀、压力控制阀和流量控制阀三大类，分别用于控制或调节液压系统中液流的方向、压力和流量，以满足执行机构运动和动力要求。

(5)液压基本回路是由液压元件组成，以液体为工作介质并能完成特定功能的基本回路。常用的基本回路按其功能分为方向控制回路、压力控制回路、速度控制回路等。

活页工单

一、技能测试

常用零部件认知应用作业表见表7-7。

表 7-7　液压传动认知应用作业表

基本信息	姓名		班级		学号		组别	
	考核日期		规定时间		完成时间		总评成绩	
序号	图例		技能操作要求				评分标准	得分
	技能操作							
1	看图写出图形符号所代表的液压元件的名称 ①(　　　) ②(　　　) ③(　　　) ④(　　　) ⑤(　　　) ⑥(　　　)						24	
2	在液压泵卸荷的图形符号下面打"√" ①(　　　) ②(　　　) ③(　　　)						10	
3	在表示控制油液流量大小的控制阀图形符号下面打"√" ①(　　　) ②(　　　) ③(　　　)						12	
4	写出下面液压基本回路的名称和序号 1.　　　　　2.　　　　　3. 4.　　　　　5.　　　　　6.						24	

基本信息	姓名		班级		学号		组别	
	考核日期		规定时间		完成时间		总评成绩	
序号	图例		技能操作要求				评分标准	得分
技能操作								
5	请写出下面调压回路中调定和限制系统压力的控制阀的名称 （　　　　　）						10	
	技能操作改进意见和建议						5	
	团队合作						5	
	语言表达						5	
	工单填写						5	
	教师评语							

二、理论测试

题号	一	二	三	总分
分数				

(一)填空题(每空 5 分，共计 50 分)

1. 液压传动的工作原理：以_____作为工作介质，依靠_____的变化来传递运动，依靠液体内部的_____来传递动力。

2. 液压传动的基本参数是_____和_____。

3. _____可以调节的液压泵称为变量泵。

4. 非工作状态时，减压阀的阀口是_____的，而溢流阀是_____的。

5. 常用的冷却器有_____和_____两种冷却方式。

(二)选择题(每小题 5 分，共计 25 分)

1. 把机械能转换成液体压力能的装置是( )。
   A. 动力装置　　　B. 执行装置　　　C. 控制调节装置　　　D. 传动装置

2. 在某一液压设备中需要一个完成很长工作行程的液压缸，宜采用( )。
   A. 单活塞液压缸　　B. 双活塞杆液压缸　　C. 柱塞式液压缸　　　D. 伸缩式液压缸

3. 溢流阀的作用是配合泵等，溢出系统中的多余的油液，使系统保持一定的( )。
   A. 压力　　　　　B. 流量　　　　　C. 流向　　　　　D. 清洁度

4. 要降低液压系统中某一部分的压力时，一般系统中要配置( )。
   A. 溢流阀　　　　B. 减压阀　　　　C. 节流阀　　　　D. 单向阀

5. 过滤器的作用是( )。
   A. 储油、散热　　　　　　　　　B. 连接液压管路
   C. 保护液压元件　　　　　　　　D. 指示系统压力

(三)判断题(每小题 5 分，共计 25 分)

1. 液压传动适合在传动比要求严格的场合采用。　　　　　　　　　　( )

2. 液压缸活塞运动速度只取决于输入流量的大小，与压力无关。　　　( )

3. 油箱在液压系统中的功用是储存液压系统所需的足够油液。　　　　( )

4. 齿轮泵是变量泵。　　　　　　　　　　　　　　　　　　　　　( )

5. 蓄能器是液压系统中的一种储存油液压力能的元件。　　　　　　　( )

附　录

附录 1　轴的极限偏差

附表 1-1　轴的极限偏差（基本偏差 a、b 和 c）[a]（摘自 GB/T 1800.2—2020）

上极限偏差＝es
下极限偏差＝ei

μm

公称尺寸/mm 大于	至	a[b] 9	a[b] 10	a[b] 11	a[b] 12	a[b] 13	b[b] 8	b[b] 9	b[b] 10	b[b] 11	b[b] 12	b[b] 13	c 8	c 9	c 10	c 11	c 12
—	3[b]	−270 −295	−270 −310	−270 −330	−270 −370	−270 −410	−60 −74	−60 −85	−60 −100	−60 −120	−60 −160	— —					
3	6	−270 −300	−270 −318	−270 −345	−270 −390	−270 −450	−140 −154	−140 −165	−140 −180	−140 −200	−140 −240	−140 −280	−70 −88	−70 −100	−70 −118	−70 −145	−70 −190
6	10	−280 −316	−280 −338	−280 −370	−280 −430	−280 −500	−150 −172	−150 −186	−150 −208	−150 −240	−150 −300	−150 −370	−80 −102	−80 −116	−80 −138	−80 −170	−80 −230
10	18	−290 −333	−290 −360	−290 −400	−290 −470	−290 −560	−150 −177	−150 −193	−150 −220	−150 −260	−150 −330	−150 −420	−95 −122	−95 −138	−95 −165	−95 −205	−95 −275
18	30	−300 −352	−300 −384	−300 −430	−300 −510	−300 −630	−160 −193	−160 −212	−160 −244	−160 −290	−160 −370	−160 −490	−110 −143	−110 −162	−110 −194	−110 −240	−110 −320
30	40	−310 −372	−310 −410	−310 −470	−310 −560	−310 −700	−170 −209	−170 −232	−170 −270	−170 −330	−170 −420	−170 −560	−120 −159	−120 −182	−120 −220	−120 −280	−120 −370
40	50	−320 −382	−320 −420	−320 −480	−320 −570	−320 −710	−180 −219	−180 −242	−180 −280	−180 −340	−180 −430	−180 −570	−130 −169	−130 −192	−130 −230	−130 −290	−130 −380
50	65	−340 −414	−340 −460	−340 −530	−340 −640	−340 −800	−190 −236	−190 −264	−190 −310	−190 −380	−190 −490	−190 −650	−140 −186	−140 −214	−140 −260	−140 −330	−140 −440
65	80	−360 −434	−360 −480	−360 −550	−360 −660	−360 −820	−200 −246	−200 −274	−200 −320	−200 −390	−200 −500	−200 −660	−150 −196	−150 −224	−150 −270	−150 −340	−150 −450

续表

公称尺寸/mm		a[b]					b[b]						c				
大于	至	9	10	11	12	13	8	9	10	11	12	13	8	9	10	11	12
80	100	−380 / −467	−380 / −520	−380 / −600	−380 / −730	−380 / −920	−220 / −274	−220 / −307	−220 / −360	−220 / −440	−220 / −570	−220 / −760	−170 / −224	−170 / −257	−170 / −310	−170 / −390	−170 / −520
100	120	−410 / −497	−410 / −550	−410 / −630	−410 / −760	−410 / −950	−240 / −294	−240 / −327	−240 / −380	−240 / −460	−240 / −590	−240 / −780	−180 / −234	−180 / −267	−180 / −320	−180 / −400	−180 / −530
120	140	−460 / −560	−460 / −620	−460 / −710	−460 / −860	−460 / −1 090	−260 / −323	−260 / −360	−260 / −420	−260 / −510	−260 / −660	−260 / −890	−200 / −263	−200 / −300	−200 / −360	−200 / −450	−200 / −600
140	160	−520 / −620	−520 / −680	−520 / −770	−520 / −920	−520 / −1 150	−280 / −343	−280 / −380	−280 / −440	−280 / −530	−280 / −680	−280 / −910	−210 / −273	−210 / −310	−210 / −370	−210 / −460	−210 / −610
160	180	−580 / −680	−580 / −740	−580 / −830	−580 / −980	−580 / −1 210	−310 / −373	−310 / −410	−310 / −470	−310 / −560	−310 / −710	−310 / −940	−230 / −293	−230 / −330	−230 / −390	−230 / −480	−230 / −630
180	200	−660 / −775	−660 / −845	−660 / −950	−660 / −1 120	−660 / −1 380	−340 / −412	−340 / −455	−340 / −525	−340 / −630	−340 / −800	−340 / −1 060	−240 / −312	−240 / −355	−240 / −425	−240 / −530	−240 / −700
200	225	−740 / −855	−740 / −925	−740 / −1 030	−740 / −1 200	−740 / −1 460	−380 / −452	−380 / −495	−380 / −565	−380 / −670	−380 / −840	−380 / −1 100	−260 / −332	−260 / −375	−260 / −445	−260 / −550	−260 / −720
225	250	−820 / −935	−820 / −1 005	−820 / −1 110	−820 / −1 280	−820 / −1 540	−420 / −492	−420 / −535	−420 / −605	−420 / −710	−420 / −880	−420 / −1 140	−280 / −352	−280 / −395	−280 / −465	−280 / −570	−280 / −740
250	280	−920 / −1 050	−920 / −1 130	−920 / −1 240	−920 / −1 440	−920 / −1 730	−480 / −561	−480 / −610	−480 / −690	−480 / −800	−480 / −1 000	−480 / −1 290	−300 / −381	−300 / −430	−300 / −510	−300 / −620	−300 / −820
280	315	−1 050 / −1 180	−1 050 / −1 260	−1 050 / −1 370	−1 050 / −1 570	−1 050 / −1 860	−540 / −621	−540 / −670	−540 / −750	−540 / −860	−540 / −1 060	−540 / −1 350	−330 / −411	−330 / −460	−330 / −540	−330 / −650	−330 / −850
315	355	−1 200 / −1 340	−1 200 / −1 430	−1 200 / −1 560	−1 200 / −1 770	−1 200 / −2 090	−600 / −689	−600 / −740	−600 / −830	−600 / −960	−600 / −1 170	−600 / −1 490	−360 / −449	−360 / −500	−360 / −590	−360 / −720	−360 / −930
355	400	−1 350 / −1 490	−1 350 / −1 580	−1 350 / −1 710	−1 350 / −1 920	−1 350 / −2 240	−680 / −769	−680 / −820	−680 / −910	−680 / −1 040	−680 / −1 250	−680 / −1 570	−400 / −489	−400 / −540	−400 / −630	−400 / −760	−400 / −970
400	450	−1 500 / −1 655	−1 500 / −1 750	−1 500 / −1 900	−1 500 / −2 130	−1 500 / −2 470	−760 / −857	−760 / −915	−760 / −1 010	−760 / −1 160	−760 / −1 390	−760 / −1 730	−440 / −537	−440 / −595	−440 / −690	−440 / −840	−440 / −1 070
450	500	−1 650 / −1 805	−1 650 / −1 900	−1 650 / −2 050	−1 650 / −2 280	−1 650 / −2 620	−840 / −937	−840 / −995	−840 / −1 090	−840 / −1 240	−840 / −1 470	−840 / −1 810	−480 / −577	−480 / −635	−480 / −730	−480 / −880	−480 / −1 110

a 没有给出公称尺寸大于 500 mm 的基本偏差 a、b 和 c。

b 公称尺寸小于 1 mm 时，各级的 a 和 b 均不采用。

附表 1-2　轴的极限偏差（基本偏差 cd 和 d）（摘自 GB/T 1800.2—2020）

上极限偏差=es
下极限偏差=ei

μm

公称尺寸/mm		cd[a]						d								
大于	至	5	6	7	8	9	10	5	6	7	8	9	10	11	12	13
—	3	-34 -38	-34 -40	-34 -44	-34 -48	-34 -59	-34 -74	-20 -24	-20 -26	-20 -30	-20 -34	-20 -45	-20 -60	-20 -80	-20 -120	-20 -160
3	6	-46 -51	-46 -54	-46 -58	-46 -64	-46 -76	-46 -94	-30 -35	-30 -38	-30 -42	-30 -48	-30 -60	-30 -78	-30 -105	-30 -150	-30 -210
6	10	-56 -62	-56 -65	-56 -71	-56 -78	-56 -92	-56 -114	-40 -46	-40 -49	-40 -55	-40 -62	-40 -76	-40 -98	-40 -130	-40 -190	-40 -260
10	18							-50 -58	-50 -61	-50 -68	-50 -77	-50 -93	-50 -120	-50 -160	-50 -230	-50 -320
18	30							-65 -74	-65 -78	-65 -86	-65 -98	-65 -117	-65 -149	-65 -195	-65 -275	-65 -395
30	50							-80 -91	-80 -96	-80 -105	-80 -119	-80 -142	-80 -180	-80 -240	-80 -330	-80 -470
50	80							-100 -113	-100 -119	-100 -130	-100 -146	-100 -174	-100 -220	-100 -290	-100 -400	-100 -560
80	120							-120 -135	-120 -142	-120 -155	-120 -174	-120 -207	-120 -260	-120 -340	-120 -470	-120 -660
120	180							-145 -163	-145 -170	-145 -185	-145 -208	-145 -245	-145 -305	-145 -395	-145 -545	-145 -775
180	250							-170 -190	-170 -199	-170 -216	-170 -242	-170 -285	-170 -355	-170 -460	-170 -630	-170 -890
250	315							-190 -213	-190 -222	-190 -242	-190 -271	-190 -320	-190 -400	-190 -510	-190 -710	-190 -1 000

公称尺寸/mm		cd^a						d								
大于	至	5	6	7	8	9	10	5	6	7	8	9	10	11	12	13
315	400							−210 −235	−210 −246	−210 −267	−210 −299	−210 −350	−210 −440	−210 −570	−210 −780	−210 −1 100
400	500							−230 −257	−230 −270	−230 −293	−230 −327	−230 −385	−230 −480	−230 −630	−230 −860	−230 −1 200
500	630									−260 −330	−260 −370	−260 −435	−260 −540	−260 −700		
630	800									−290 −370	−290 −415	−290 −490	−290 −610	−290 −790		
800	1 000									−320 −410	−320 −460	−320 −550	−320 −680	−320 −880		
1 000	1 250									−350 −455	−350 −515	−350 −610	−350 −770	−350 −1 010		
1 250	1 600									−390 −515	−390 −585	−390 −700	−390 −890	−390 −1 170		
1 600	2 000									−430 −580	−430 −660	−430 −800	−430 −1 030	−430 −1 350		
2 000	2 500									−480 −655	−480 −760	−480 −920	−480 −1 180	−480 −1 580		
2 500	3 150									−520 −730	−520 −850	−520 −1 060	−520 −1 380	−520 −1 870		

a 中间的基本偏差 cd 主要应用于精密机构和钟和表制造业。如果需要在其他公称尺寸中包含该基本偏差的公差带代号，可依据 GB/T 1800.1 计算。

附表 1-3　轴的极限偏差（基本偏差 e 和 ef）（摘自 GB/T 1800.2—2020）

上极限偏差＝es
下极限偏差＝ei

μm

公称尺寸/mm		e						ef[a]							
大于	至	5	6	7	8	9	10	3	4	5	6	7	8	9	10
—	3	−14 −18	−14 −20	−14 −24	−14 −28	−14 −39	−14 −54	−10 −12	−10 −13	−10 −14	−10 −16	−10 −20	−10 −24	−10 −35	−10 −50
3	6	−20 −25	−20 −28	−20 −32	−20 −38	−20 −50	−20 −68	−14 −16.5	−14 −18	−14 −19	−14 −22	−14 −26	−14 −32	−14 −44	−14 −62
6	10	−25 −31	−25 −34	−25 −40	−25 −47	−25 −61	−25 −83	−18 −20.5	−18 −22	−18 −24	−18 −27	−18 −33	−18 −40	−18 −54	−18 −76
10	18	−32 −40	−32 −43	−32 −50	−32 −59	−32 −75	−32 −102								
18	30	−40 −49	−40 −53	−40 −61	−40 −73	−40 −92	−40 −124								
30	50	−50 −61	−50 −66	−50 −75	−50 −89	−50 −112	−50 −150								
50	80	−60 −73	−60 −79	−60 −90	−60 −106	−60 −134	−60 −180								
80	120	−72 −87	−72 −94	−72 −107	−72 −126	−72 −159	−72 −212								
120	180	−85 −103	−85 −110	−85 −125	−85 −148	−85 −185	−85 −245								
180	250	−100 −120	−100 −129	−100 −146	−100 −172	−100 −215	−100 −285								
250	315	−110 −133	−110 −142	−110 −162	−110 −191	−110 −240	−110 −320								

续表

公称尺寸/mm		e						ef^a							
大于	至	5	6	7	8	9	10	3	4	5	6	7	8	9	10
315	400	−125 −150	−125 −161	−125 −182	−125 −214	−125 −265	−125 −355								
400	500	−135 −162	−135 −175	−135 −198	−135 −232	−135 −290	−135 −385								
500	630		−145 −189	−145 −215	−145 −255	−145 −320	−145 −425								
630	800		−160 −210	−160 −240	−160 −285	−160 −360	−160 −480								
800	1 000		−170 −226	−170 −260	−170 −310	−170 −400	−170 −530								
1 000	1 250		−195 −261	−195 −300	−195 −360	−195 −455	−195 −615								
1 250	1 600		−220 −298	−220 −345	−220 −415	−220 −530	−220 −720								
1 600	2 000		−240 −332	−240 −390	−240 −470	−240 −610	−240 −840								
2 000	2 500		−260 −370	−260 −435	−260 −540	−260 −700	−260 −960								
2 500	3 150		−290 −425	−290 −500	−290 −620	−290 −830	−290 −1 150								

a 中间的基本偏差 ef 主要应用于精密机构和钟表制造业，如果需要在其他公称尺寸中包含该基本偏差的公差带代号，可依据 GB/T 1800.1 计算。

附表 1-4 轴的极限偏差(基本偏差 f 和 fg)(摘自 GB/T 1800.2—2020)

上极限偏差＝es
下极限偏差＝ei

μm

公称尺寸/mm 大于	至	f 3	f 4	f 5	f 6	f 7	f 8	f 9	f 10	fg[a] 3	fg[a] 4	fg[a] 5	fg[a] 6	fg[a] 7	fg[a] 8	fg[a] 9	fg[a] 10
—	3	-6 / -8	-6 / -9	-6 / -10	-6 / -12	-6 / -16	-6 / -20	-6 / -31	-6 / -46	-4 / -6	-4 / -7	-4 / -8	-4 / -10	-4 / -14	-4 / -18	-4 / -29	-4 / -44
3	6	-10 / -12.5	-10 / -14	-10 / -15	-10 / -18	-10 / -22	-10 / -28	-10 / -40	-10 / -58	-6 / -8.5	-6 / -10	-6 / -11	-6 / -14	-6 / -18	-6 / -24	-6 / -36	-6 / -54
6	10	-13 / -15.5	-13 / -17	-13 / -19	-13 / -22	-13 / -28	-13 / -35	-13 / -49	-13 / -71	-8 / -10.5	-8 / -12	-8 / -14	-8 / -17	-8 / -23	-8 / -30	-8 / -44	-8 / -66
10	18	-16 / -19	-16 / -21	-16 / -24	-16 / -27	-16 / -34	-16 / -43	-16 / -59	-16 / -86								
18	30	-20 / -24	-20 / -26	-20 / -29	-20 / -33	-20 / -41	-20 / -53	-20 / -72	-20 / -104								
30	50	-25 / -29	-25 / -32	-25 / -36	-25 / -41	-25 / -50	-25 / -64	-25 / -87	-25 / -125								
50	80		-30 / -38	-30 / -43	-30 / -49	-30 / -60	-30 / -76	-30 / -104									
80	120		-36 / -46	-36 / -51	-36 / -58	-36 / -71	-36 / -90	-36 / -123									
120	180		-43 / -55	-43 / -61	-43 / -68	-43 / -83	-43 / -106	-43 / -143									
180	250		-50 / -64	-50 / -70	-50 / -79	-50 / -96	-50 / -122	-50 / -165									
250	315		-56 / -72	-56 / -79	-56 / -88	-56 / -108	-56 / -137	-56 / -186									

续表

公称尺寸/mm		f								fg[a]							
大于	至	3	4	5	6	7	8	9	10	3	4	5	6	7	8	9	10
315	400		−62 −80	−62 −87	−62 −98	−62 −119	−62 −151	−62 −202									
400	500		−68 −88	−68 −95	−68 −108	−68 −131	−68 −165	−68 −223									
500	630				−76 −120	−76 −146	−76 −186	−76 −251									
630	800				−80 −130	−80 −160	−80 −205	−80 −280									
800	1 000				−86 −142	−86 −176	−86 −226	−86 −316									
1 000	1 250				−98 −164	−98 −203	−98 −263	−98 −358									
1 250	1 600				−110 −188	−110 −235	−110 −305	−110 −420									
1 600	2 000				−120 −212	−120 −270	−120 −350	−120 −490									
2 000	2 500				−130 −240	−130 −305	−130 −410	−130 −570									
2 500	3 150				−145 −280	−145 −355	−145 −475	−145 −685									

a 中间的基本偏差 fg 主要应用于精密机构机构和钟表制造业，如果需要在其他公称尺寸中包含该基本偏差带的公差带代号，可依据 GB/T 1800.1 计算。

附表 1-5　轴的极限偏差(基本偏差 g)(摘自 GB/T 1800.2—2020)

上极限偏差=es
下极限偏差=ei

单位：μm

公称尺寸/mm 大于	至	g 3	g 4	g 5	g 6	g 7	g 8	g 9	g 10
—	3	−2 / −4	−2 / −5	−2 / −6	−2 / −8	−2 / −12	−2 / −16	−2 / −27	−2 / −42
3	6	−4 / −6.5	−4 / −8	−4 / −9	−4 / −12	−4 / −16	−4 / −22	−4 / −34	−4 / −52
6	10	−5 / −7.5	−5 / −9	−5 / −11	−5 / −14	−5 / −20	−5 / −27	−5 / −41	−5 / −63
10	18	−6 / −9	−6 / −11	−6 / −14	−6 / −17	−6 / −24	−6 / −33	−6 / −49	−6 / −76
18	30	−7 / −11	−7 / −13	−7 / −16	−7 / −20	−7 / −28	−7 / −40	−7 / −59	−7 / −91
30	50	−9 / −13	−9 / −16	−9 / −20	−9 / −25	−9 / −34	−9 / −48	−9 / −71	−9 / −109
50	80		−10 / −18	−10 / −23	−10 / −29	−10 / −40	−10 / −56		
80	120		−12 / −22	−12 / −27	−12 / −34	−12 / −47	−12 / −66		
120	180		−14 / −26	−14 / −32	−14 / −39	−14 / −54	−14 / −77		
180	250		−15 / −29	−15 / −35	−15 / −44	−15 / −61	−15 / −87		

附录

257

公称尺寸 /mm		g							
大于	至	3	4	5	6	7	8	9	10
250	315		−17 −33	−17 −40	−17 −49	−17 −69	−17 −98		
315	400		−18 −36	−18 −43	−18 −54	−18 −75	−18 −107		
400	500		−20 −40	−20 −47	−20 −60	−20 −83	−20 −117		
500	630				−22 −66	−22 −92	−22 −132		
630	800				−24 −74	−24 −104	−24 −149		
800	1000				−26 −82	−26 −116	−26 −166		
1 000	1 250				−28 −94	−28 −133	−28 −193		
1 250	1 600				−30 −108	−30 −155	−30 −225		
1 600	2 000				−32 −124	−32 −182	−32 −262		
2 000	2 500				−34 −144	−34 −209	−34 −314		
2 500	3 150				−38 −173	−38 −248	−38 −368		

附表 1-6 孔的极限偏差（基本偏差 h）（摘自 GB/T 1800.2—2020）

上极限偏差＝es
下极限偏差＝ei

h（偏差）

公差等级 1~11 单位 μm；公差等级 12~18 单位 mm。上极限偏差 es 均为 0。

公称尺寸/mm 大于	至	1	2	3	4	5	6	7	8	9	10	11	12	13	14a	15a	16a	17	18
—	3a	−0.8	−1.2	−2	−3	−4	−6	−10	−14	−25	−40	−60	−0.1	−0.14					
3	6	−1	−1.5	−2.5	−4	−5	−8	−12	−18	−30	−48	−75	−0.12	−0.18	−0.25	−0.4	−0.6	−1.2	−1.8
6	10	−1	−1.5	−2.5	−4	−6	−9	−15	−22	−36	−58	−90	−0.15	−0.22	−0.3	−0.48	−0.75	−1.5	−2.2
10	18	−1.2	−2	−3	−5	−8	−11	−18	−27	−43	−70	−110	−0.18	−0.27	−0.36	−0.58	−0.9	−1.8	−2.7
18	30	−1.5	−2.5	−4	−6	−9	−13	−21	−33	−52	−84	−130	−0.21	−0.33	−0.43	−0.7	−1.1	−2.1	−3.3
30	50	−1.5	−2.5	−4	−7	−11	−16	−25	−39	−62	−100	−160	−0.25	−0.39	−0.52	−0.84	−1.3	−2.5	−3.9
50	80	−2	−3	−5	−8	−13	−19	−30	−46	−74	−120	−190	−0.3	−0.46	−0.62	−1	−1.6	−3	−4.6
80	120	−2.5	−4	−6	−10	−15	−22	−35	−54	−87	−140	−220	−0.35	−0.54	−0.74	−1.2	−1.9	−3.5	−5.4
120	180	−3.5	−5	−8	−12	−18	−25	−40	−63	−100	−160	−250	−0.4	−0.63	−0.87	−1.4	−2.2	−4	−6.3
180	250	−4.5	−7	−10	−14	−20	−29	−46	−72	−115	−185	−290	−0.46	−0.72	−1	−1.6	−2.5	−4.6	−7.2

（注：各公差等级上极限偏差 es 均为 0；表中数值为下极限偏差 ei。公差等级 1~11 单位 μm，公差等级 12~18 单位 mm。）

续表

h 偏差

公称尺寸/mm 大于	至	1	2	3	4	5	6	7	8	9	10	11	12	13	14[a]	15[a]	16[a]	17	18
		μm											mm						
250	315	0/−6	0/−8	0/−12	0/−16	0/−23	0/−32	0/−52	0/−81	0/−130	0/−210	0/−320	0/−0.52	0/−0.81	0/−1.3	0/−2.1	0/−3.2	0/−5.2	0/−8.1
315	400	0/−7	0/−9	0/−13	0/−18	0/−25	0/−36	0/−57	0/−89	0/−140	0/−230	0/−360	0/−0.57	0/−0.89	0/−1.4	0/−2.3	0/−3.6	0/−5.7	0/−8.9
400	500	0/−8	0/−10	0/−15	0/−20	0/−27	0/−40	0/−63	0/−97	0/−155	0/−250	0/−400	0/−0.63	0/−0.97	0/−1.55	0/−2.5	0/−4	0/−6.3	0/−9.7
500	630	0/−9	0/−11	0/−16	0/−22	0/−32	0/−44	0/−70	0/−110	0/−175	0/−280	0/−440	0/−0.7	0/−1.1	0/−1.75	0/−2.8	0/−4.4	0/−7	0/−11
630	800	0/−10	0/−13	0/−18	0/−25	0/−36	0/−50	0/−80	0/−125	0/−200	0/−320	0/−500	0/−0.8	0/−1.25	0/−2	0/−3.2	0/−5	0/−8	0/−12.5
800	1 000	0/−11	0/−15	0/−21	0/−28	0/−40	0/−56	0/−90	0/−140	0/−230	0/−360	0/−560	0/−0.9	0/−1.4	0/−2.3	0/−3.6	0/−5.6	0/−9	0/−14
1 000	1 250	0/−13	0/−18	0/−24	0/−33	0/−47	0/−66	0/−105	0/−165	0/−260	0/−420	0/−660	0/−1.05	0/−1.65	0/−2.6	0/−4.2	0/−6.6	0/−10.5	0/−16.5
1 250	1 600	0/−15	0/−21	0/−29	0/−39	0/−55	0/−78	0/−125	0/−195	0/−310	0/−500	0/−780	0/−1.25	0/−1.95	0/−3.1	0/−5	0/−7.8	0/−12.5	0/−19.5
1 600	2 000	0/−18	0/−25	0/−35	0/−46	0/−65	0/−92	0/−150	0/−230	0/−370	0/−600	0/−920	0/−1.5	0/−2.3	0/−3.7	0/−6	0/−9.2	0/−15	0/−23
2 000	2 500	0/−22	0/−30	0/−41	0/−55	0/−78	0/−110	0/−175	0/−280	0/−440	0/−700	0/−1 100	0/−1.75	0/−2.8	0/−4.4	0/−7	0/−11	0/−17.5	0/−28
2 500	3 150	0/−26	0/−36	0/−50	0/68	0/−96	0/−135	0/−210	0/−330	0/−540	0/−860	0/−1 350	0/−2.1	0/−3.3	0/−5.4	0/−8.6	0/−13.5	0/−21	0/−33

a IT14～IT16 只用于大于 1 mm 的公称尺寸。

附表 1-7 轴的极限偏差（基本偏差 js）[a]（摘自 GB/T 1800.2—2020）

上极限偏差＝es
下极限偏差＝ei

公称尺寸/mm 大于	至	1	2	3	4	5	6	7	8	9	10	11	12	13	14[b]	15[b]	16[b]	17	18
		偏差 μm											偏差 mm						
—	3[b]	±0.4	±0.6	±1	±1.5	±2	±3	±5	±7	±12.5	±20	±30	±0.05	±0.07	±0.125	±0.2	±0.3		
3	6	±0.5	±0.75	±1.25	±2	±2.5	±4	±6	±9	±15	±24	±37.5	±0.06	±0.09	±0.15	±0.24	±0.375	±0.6	±0.9
6	10	±0.5	±0.75	±1.25	±2	±3	±4.5	±7.5	±11	±18	±29	±45	±0.075	±0.11	±0.18	±0.29	±0.45	±0.75	±1.1
10	18	±0.6	±1	±1.5	±2.5	±4	±5.5	±9	±13.5	±21.5	±35	±55	±0.09	±0.135	±0.215	±0.35	±0.55	±0.9	±1.35
18	30	±0.75	±1.25	±2	±3	±4.5	±6.5	±10.5	±16.5	±26	±42	±65	±0.105	±0.165	±0.26	±0.42	±0.65	±1.05	±1.65
30	50	±0.75	±1.25	±2	±3.5	±5.5	±8	±12.5	±19.5	±31	±50	±80	±0.125	±0.195	±0.31	±0.5	±0.8	±1.25	±1.95
50	80	±1	±1.5	±2.5	±4	±6.5	±9.5	±15	±23	±37	±60	±95	±0.15	±0.23	±0.37	±0.6	±0.95	±1.5	±2.3
80	120	±1.25	±2	±3	±5	±7.5	±11	±17.5	±27	±43.5	±70	±110	±0.175	±0.27	±0.435	±0.7	±1.1	±1.75	±2.7
120	180	±1.75	±2.5	±4	±6	±9	±12.5	±20	±31.5	±50	±80	±125	±0.2	±0.315	±0.5	±0.8	±1.25	±2	±3.15
180	250	±2.25	±3.5	±5	±7	±10	±14.5	±23	±36	±57.5	±92.5	±145	±0.23	±0.36	±0.575	±0.925	±1.45	±2.3	±3.6
250	315	±3	±4	±6	±8	±11.5	±16	±26	±40.5	±65	±105	±160	±0.26	±0.405	±0.65	±1.05	±1.6	±2.6	±4.05
315	400	±3.5	±4.5	±6.5	±9	±12.5	±18	±28.5	±44.5	±70	±115	±180	±0.285	±0.445	±0.7	±1.15	±1.8	±2.85	±4.45
400	500	±4	±5	±7.5	±10	±13.5	±20	±31.5	±48.5	±77.5	±125	±200	±0.315	±0.485	±0.775	±1.25	±2	±3.15	±4.85
500	630	±4.5	±5.5	±8	±11	±16	±22	±35	±55	±87.5	±140	±220	±0.35	±0.55	±0.875	±1.4	±2.2	±3.5	±5.5
630	800	±5	±6.5	±9	±12.5	±18	±25	±40	±62.5	±100	±160	±250	±0.4	±0.625	±1	±1.6	±2.5	±4	±6.25
800	1 000	±5.5	±7.5	±10.5	±14	±20	±28	±45	±70	±115	±180	±280	±0.45	±0.7	±1.15	±1.8	±2.8	±4.5	±7
1 000	1 250	±6.5	±9	±12	±16.5	±23.5	±33	±52.5	±82.5	±130	±210	±330	±0.525	±0.825	±1.3	±2.1	±3.3	±5.25	±8.25
1 250	1 600	±7.5	±10.5	±14.5	±19.5	±27.5	±39	±62.5	±97.5	±155	±250	±390	±0.625	±0.975	±1.55	±2.5	±3.9	±6.25	±9.75
1 600	2 000	±9	±12.5	±17.5	±23	±32.5	±46	±75	±115	±185	±300	±460	±0.75	±1.15	±1.85	±3	±4.6	±7.5	±11.5
2 000	2 500	±11	±15	±20.5	±27.5	±39	±55	±87.5	±140	±220	±350	±550	±0.875	±1.4	±2.2	±3.5	±5.5	±8.75	±14
2 500	3 150	±13	±18	±25	±34	±48	±67.5	±105	±165	±270	±430	±675	±1.05	±1.65	±2.7	±4.3	±6.75	±10.5	±16.5

a 为了避免相同值的重复，表列值以"±x"给出，可为 $es＝＋x$，$ei＝－x$，例如，$^{+0.23}_{-0.23}$ mm。

b IT14～IT16 只用于大于 1 mm 的公称尺寸。

附表 1-8　轴的极限偏差（基本偏差 j 和 k）(摘自 GB/T 1800. 2—2020)

上极限偏差＝es
下极限偏差＝ei

μm

公称尺寸/mm		j				k										
大于	至	5ᵃ	6ᵃ	7ᵃ	8	3	4	5	6	7	8	9	10	11	12	13
—	3	±2	+4/−2	+6/−4	+8/−6	+2/0	+3/0	+4/0	+6/0	+10/0	+14/0	+25/0	+40/0	+60/0	+100/0	+140/0
3	6	+3/−2	+6/−2	+8/−4		+2.5/0	+5/+1	+6/+1	+9/+1	+13/+1	+18/0	+30/0	+48/0	+75/0	+120/0	+180/0
6	10	+4/−2	+7/−2	+10/−5		+2.5/0	+5/+1	+7/+1	+10/+1	+16/+1	+22/0	+36/0	+58/0	+90/0	+150/0	+220/0
10	18	+5/−3	+8/−3	+12/−6		+3/0	+6/+1	+9/+1	+12/+1	+19/+1	+27/0	+43/0	+70/0	+110/0	+180/0	+270/0
18	30	+5/−4	+9/−4	+13/−8		+4/0	+8/+2	+11/+2	+15/+2	+23/+2	+33/0	+52/0	+84/0	+130/0	+210/0	+330/0
30	50	+6/−5	+11/−5	+15/−10		+4/0	+9/+2	+13/+2	+18/+2	+27/+2	+39/0	+62/0	+100/0	+160/0	+250/0	+390/0
50	80	+6/−7	+12/−7	+18/−12			+10/+2	+15/+2	+21/+2	+32/+2	+46/0	+74/0	+120/0	+190/0	+300/0	+460/0
80	120	+6/−9	+13/−9	+20/−15			+13/+3	+18/+3	+25/+3	+38/+3	+54/0	+87/0	+140/0	+220/0	+350/0	+540/0
120	180	+7/−11	+14/−11	+22/−18			+15/+3	+21/+3	+28/+3	+43/+3	+63/0	+100/0	+160/0	+250/0	+400/0	+630/0
180	250	+7/−13	+16/−13	+25/−21			+18/+4	+24/+4	+33/+4	+50/+4	+72/0	+115/0	+185/0	+290/0	+460/0	+720/0

公称尺寸/mm 大于	至	j 5ᵃ	j 6ᵃ	j 7ᵃ	j 8	k 3	k 4	k 5	k 6	k 7	k 8	k 9	k 10	k 11	k 12	k 13
250	315	+7 / −16	±16	±26			+20 / +4	+27 / +4	+36 / +4	+56 / +4	+81 / 0	+130 / 0	+210 / 0	+320 / 0	+520 / 0	+810 / 0
315	400	+7 / −18	±18	+29 / −28			+22 / +4	+29 / +4	+40 / +4	+61 / +4	+89 / 0	+140 / 0	+230 / 0	+360 / 0	+570 / 0	+890 / 0
400	500	+7 / −20	±20	+31 / −32			+25 / +5	+32 / +5	+45 / +5	+68 / +5	+97 / 0	+155 / 0	+250 / 0	+400 / 0	+630 / 0	+970 / 0
500	630								+44 / 0	+70 / 0	+110 / 0	+175 / 0	+280 / 0	+440 / 0	+700 / 0	+1 100 / 0
630	800								+50 / 0	+80 / 0	+125 / 0	+200 / 0	+320 / 0	+500 / 0	+800 / 0	+1 250 / 0
800	1 000								+56 / 0	+90 / 0	+140 / 0	+230 / 0	+360 / 0	+560 / 0	+900 / 0	+1 400 / 0
1 000	1 250								+66 / 0	+105 / 0	+165 / 0	+260 / 0	+420 / 0	+660 / 0	+1 050 / 0	+1 650 / 0
1 250	1 600								+78 / 0	+125 / 0	+195 / 0	+310 / 0	+500 / 0	+780 / 0	+1 250 / 0	+1 950 / 0
1 600	2 000								+92 / 0	+150 / 0	+230 / 0	+370 / 0	+600 / 0	+920 / 0	+1 500 / 0	+2 300 / 0
2 000	2 500								+110 / 0	+175 / 0	+280 / 0	+440 / 0	+700 / 0	+1 100 / 0	+1 750 / 0	+2 800 / 0
2 500	3 150								+135 / 0	+210 / 0	+330 / 0	+540 / 0	+860 / 0	+1 350 / 0	+2 100 / 0	+3 300 / 0

a 表中公差带代号 js5、js6 和 js7 的某些极限偏差与公差带代号 js5、js6 和 js7 一样用"±x"表示。

附表 1-9　轴的极限偏差（基本偏差 m 和 n）

上极限偏差＝es
下极限偏差＝ei

单位：μm

| 公称尺寸/mm | | m | | | | | | | n | | | | | | |
大于	至	3	4	5	6	7	8	9	3	4	5	6	7	8	9
—	3	+4 +2	+5 +2	+6 +2	+8 +2	+12 +2	+16 +2	+27 +2	+6 +4	+7 +4	+8 +4	+10 +4	+14 +4	+18 +4	+29 +4
3	6	+6.5 +4	+8 +4	+9 +4	+12 +4	+16 +4	+22 +4	+34 +4	+10.5 +8	+12 +8	+13 +8	+16 +8	+20 +8	+26 +8	+38 +8
6	10	+8.5 +6	+10 6	+12 +6	+15 +6	+21 +6	+28 +6	+42 +6	+12.5 +10	+14 +10	+16 +10	+19 +10	+25 +10	+32 +10	+46 +10
10	18	+10 +7	+12 +7	+15 +7	+18 +7	+25 +7	+34 +7	+50 +7	+15 +12	+17 +12	+20 +12	+23 +12	+30 +12	+39 +12	+55 +12
18	30	+12 +8	+14 +8	+17 +8	+21 +8	+29 +8	+41 +8	+60 +8	+19 +15	+21 +15	+24 +15	+28 +15	+36 +15	+48 +15	+67 +15
30	50	+13 +9	+16 +9	+20 +9	+25 +9	+34 +9	+48 +9	+71 +9	+21 +17	+24 +17	+28 +17	+33 +17	+42 +17	+56 +17	+79 +17
50	80		+19 +11	+24 +11	+30 +11	+41 +11				+28 +20	+33 +20	+39 +20	+50 +20		
80	120		+23 +13	+28 +13	+35 +13	+48 +13				+33 +23	+38 +23	+45 +23	+58 +23		
120	180		+27 +15	+33 +15	+40 +15	+55 +15				+39 +27	+45 +27	+52 +27	+67 +27		
180	250		+31 +17	+37 +17	+46 +17	+63 +17				+45 +31	+51 +31	+60 +31	+77 +31		

公称尺寸/mm		m							n						
大于	至	3	4	5	6	7	8	9	3	4	5	6	7	8	9
250	315		+36 +20	+43 +20	+52 +20	+72 +20				+50 +34	+57 +34	+66 +34	+86 +34		
315	400		+39 +21	+46 +21	+57 +21	+78 +21				+55 +37	+62 +37	+73 +37	+94 +37		
400	500		+43 +23	+50 +23	+63 +23	+86 +23				+60 +40	+67 +40	+80 +40	+103 +40		
500	630				+70 +26	+96 +26						+88 +44	+114 +44		
630	800				+80 +30	+110 +30						+100 +50	+130 +50		
800	1 000				+90 +34	+124 +34						+112 +56	+146 +56		
1 000	1 250				+106 +40	+145 +40						+132 +66	+171 +66		
1 250	1 600				+126 +48	+173 +48						+156 +78	+203 +78		
1 600	2 000				+150 +58	+208 +58						+184 +92	+242 +92		
2 000	2 500				+178 +68	+243 +68						+220 +110	+285 +110		
2 500	3 150				+211 +76	+286 +76						+270 +135	+345 +135		

汽车机械基础

附表 1-10 轴的极限偏差（基本偏差 p）（摘自 GB/T 1800.2—2020）

上极限偏差＝es
下极限偏差＝ei

单位：μm

公称尺寸/mm 大于	至	3	4	5	6	7	8	9	10
—	3	+8 +6	+9 +6	+10 +6	+12 +6	+16 +6	+20 +6	+31 +6	+46 +6
3	6	+14.5 +12	+16 +12	+17 +12	+20 +12	+24 +12	+30 +12	+42 +12	+60 +12
6	10	+17.5 +15	+19 +15	+21 +15	+24 +15	+30 +15	+37 +15	+51 +15	+73 +15
10	18	+21 +18	+23 +18	+26 +18	+29 +18	+36 +18	+45 +18	+61 +18	+88 +18
18	30	+26 +22	+28 +22	+31 +22	+35 +22	+43 +22	+55 +22	+74 +22	+106 +22
30	50	+30 +26	+33 +26	+37 +26	+42 +26	+51 +26	+65 +26	+88 +26	+126 +26
50	80		+40 +32	+45 +32	+51 +32	+62 +32	+78 +32		
80	120		+47 +37	+52 +37	+59 +37	+72 +37	+91 +37		
120	180		+55 +43	+61 +43	+68 +43	+83 +43	+106 +43		
180	250		+64 +50	+70 +50	+79 +50	+96 +50	+122 +50		

公称尺寸/mm		p							
大于	至	3	4	5	6	7	8	9	10
250	315		+72 +56	+79 +56	+88 +56	+108 +56	+137 +56		
315	400		+80 +62	+87 +62	+98 +62	+119 +62	+151 +62		
400	500		+88 +68	+95 +68	+108 +68	+131 +68	+165 +68		
500	630				+122 +78	+148 +78	+188 +78		
630	800				+138 +88	+168 +88	+213 +88		
800	1 000				+156 +100	+190 +100	+240 +100		
1 000	1 250				+186 +120	+225 +120	+285 +120		
1 250	1 600				+218 +140	+265 +140	+335 +140		
1 600	2 000				+262 +170	+320 +170	+400 +170		
2 000	2 500				+305 +195	+370 +195	+475 +195		
2 500	3 150				+375 +240	+450 +240	+570 +240		

附录

附表 1-11　轴的极限偏差（基本偏差 r）（摘自 GB/T 1800.2—2020）

上极限偏差＝es
下极限偏差＝ei

单位：μm

公称尺寸/mm		r							
大于	至	3	4	5	6	7	8	9	10
—	3	+12 +10	+13 +10	+14 +10	+16 +10	+20 +10	+24 +10	+35 +10	+50 +10
3	6	+17.5 +15	+19 +15	+20 +15	+23 +15	+27 +15	+33 +15	+45 +15	+63 +15
6	10	+21.5 +19	+23 +19	+25 +19	+28 +19	+34 +19	+41 +19	+55 +19	+77 +19
10	18	+26 +23	+28 +23	+31 +23	+34 +23	+41 +23	+50 +23	+66 +23	+93 +23
18	30	+32 +28	+34 +28	+37 +28	+41 +28	+49 +28	+61 +28	+80 +28	+112 +28
30	50	+38 +34	+41 +34	+45 +34	+50 +34	+59 +34	+73 +34	+96 +34	+134 +34
50	65		+49 +41	+54 +41	+60 +41	+71 +41	+87 +41		
65	80		+51 +43	+56 +43	+62 +43	+73 +43	+89 +43		
80	100		+61 +51	+66 +51	+73 +51	+86 +51	+105 +51		
100	120		+64 +54	+69 +54	+76 +54	+89 +54	+108 +54		

公称尺寸 /mm		r							
大于	至	3	4	5	6	7	8	9	10
120	140		+75 +63	+81 +63	+88 +63	+103 +63	+126 +63		
140	160		+77 +65	+83 +65	+90 +65	+105 +65	+128 +65		
160	180		+80 +68	+86 +68	+93 +68	+108 +68	+131 +68		
180	200		+91 +77	+97 +77	+106 +77	+123 +77	+149 +77		
200	225		+94 +80	+100 +80	+109 +80	+126 +80	+152 +80		
225	250		+98 +84	+104 +84	+113 +84	+130 +84	+156 +84		
250	280		+110 +94	+117 +94	+126 +94	+146 +94	+175 +94		
280	315		+114 +98	+121 +98	+130 +98	+150 +98	+179 +98		
315	355		+126 +108	+133 +108	+144 +108	+165 +108	+197 +108		
355	400		+132 +114	+139 +114	+150 +114	+171 +114	+203 +114		
400	450		+146 +126	+153 +126	+166 +126	+189 +126	+223 +126		

附录

汽车机械基础

公称尺寸/mm		r							
大于	至	3	4	5	6	7	8	9	10
450	500		+152 +132	+159 +132	+172 +132	+195 +132	+229 +132		
500	560				+194 +150	+220 +150	+260 +150		
560	630				+199 +155	+225 +155	+265 +155		
630	710				+225 +175	+255 +175	+300 +175		
710	800				+235 +185	+265 +185	+310 +185		
800	900				+266 +210	+300 +210	+350 +210		
900	1 000				+276 +220	+310 +220	+360 +220		
1 000	1 120				+316 +250	+355 +250	+415 +250		
1 120	1 250				+326 +260	+365 +260	+425 +260		
1 250	1 400				+378 +300	+425 +300	+495 +300		
1 400	1 600				+408 +330	+455 +330	+525 +330		

公称尺寸 /mm		r							
大于	至	3	4	5	6	7	8	9	10
1 600	1 800				+462 +370	+520 +370	+600 +370		
1 800	2 000				+492 +400	+550 +400	+630 +400		
2 000	2 240				+550 +440	+615 +440	+720 +440		
2 240	2 500				+570 +460	+635 +460	+740 +460		
2 500	2 800				+685 +550	+760 +550	+880 +550		
2 800	3 150				+715 +580	+790 +580	+910 +580		

附表 1-12 轴的极限偏差(基本偏差 s)(摘自 GB/T 1800.2—2020)

上极限偏差 $=es$
下极限偏差 $=ei$

μm

公称尺寸 /mm		s							
大于	至	3	4	5	6	7	8	9	10
—	3	+16 +14	+17 +14	+18 +14	+20 +14	+24 +14	+28 +14	+39 +14	+54 +14

| 公称尺寸 /mm | | s | | | | | | | |
大于	至	3	4	5	6	7	8	9	10
3	6	+21.5 / +19	+23 / +19	+24 / +19	+27 / +19	+31 / +19	+37 / +19	+49 / +19	+67 / +19
6	10	+25.5 / +23	+27 / +23	+29 / +23	+32 / +23	+38 / +23	+45 / +23	+59 / +23	+81 / +23
10	18	+31 / +28	+33 / +28	+36 / +28	+39 / +28	+46 / +28	+55 / +28	+71 / +28	+98 / +28
18	30	+39 / +35	+41 / +35	+44 / +35	+48 / +35	+56 / +35	+68 / +35	+87 / +35	+119 / +35
30	50	+47 / +43	+50 / +43	+54 / +43	+59 / +43	+68 / +43	+82 / +43	+105 / +43	+143 / +43
50	65		+61 / +53	+66 / +53	+72 / +53	+83 / +53	+99 / +53	+127 / +53	
65	80		+67 / +59	+72 / +59	+78 / +59	+89 / +59	+105 / +59	+133 / +59	
80	100		+81 / +71	+86 / +71	+93 / +71	+106 / +71	+125 / +71	+158 / +71	
100	120		+89 / +79	+94 / +79	+101 / +79	+114 / +79	+133 / +79	+166 / +79	
120	140		+104 / +92	+110 / +92	+117 / +92	+132 / +92	+155 / +92	+192 / +92	
140	160		+112 / +100	+118 / +100	+125 / +100	+140 / +100	+163 / +100	+200 / +100	

公称尺寸/mm		\(s\)							
大于	至	3	4	5	6	7	8	9	10
160	180		+120 +108	+126 +108	+133 +108	+148 +108	+171 +108	+208 +108	
180	200		+136 +122	+142 +122	+151 +122	+168 +122	+194 +122	+237 +122	
200	225		+144 +130	+150 +130	+159 +130	+176 +130	+202 +130	+245 +130	
225	250		+154 +140	+160 +140	+169 +140	+186 +140	+212 +140	+255 +140	
250	280		+174 +158	+181 +158	+190 +158	+210 +158	+239 +158	+288 +158	
280	315		+186 +170	+193 +170	+202 +170	+222 +170	+251 +170	+300 +170	
315	355		+208 +190	+215 +190	+226 +190	+247 +190	+279 +190	+330 +190	
355	400		+226 +208	+233 +208	+244 +208	+265 +208	+297 +208	+348 +208	
400	450		+252 +232	+259 +232	+272 +232	+295 +232	+329 +232	+387 +232	
450	500		+272 +252	+279 +252	+272 +252	+315 +252	+349 +252	+407 +252	
500	560				+324 +280	+350 +280	+390 +280		

公称尺寸/mm		s							
大于	至	3	4	5	6	7	8	9	10
560	630				+354 +310	+380 +310	+420 +310		
630	710				+390 +340	+420 +340	+465 +340		
710	800				+430 +380	+460 +380	+505 +380		
800	900				+486 +430	+520 +430	+570 +430		
900	1 000				+526 +470	+560 +470	+610 +470		
1 000	1 120				+586 +520	+625 +520	+685 +520		
1 120	1 250				+646 +580	+685 +580	+745 +580		
1 250	1 400				+718 +640	+765 +640	+835 +640		
1 400	1 600				+798 +720	+845 +720	+915 +720		
1 600	1 800				+912 +820	+970 +820	+1 050 +820		
1 800	2 000				+1 012 +920	+1 070 +920	+1 150 +920		

公称尺寸/mm		s							
大于	至	3	4	5	6	7	8	9	10
2 000	2 240				+1 110 +1 000	+1 175 +1 000	+1 280 +1 000		
2 240	2 500				+1 210 +1 100	+1 275 +1 100	+1 380 +1 100		
2 500	2 800				+1 385 +1 250	+1 460 +1 250	+1 580 +1 250		
2 800	3 150				+1 535 +1 400	+1 610 +1 400	+1 730 +1 400		

附表 1-13 轴的极限偏差(基本偏差 t 和 u)[a](摘自 GB/T 1800.2—2020)

上极限偏差=es
下极限偏差=ei

μm

公称尺寸/mm		t^a				u				
大于	至	5	6	7	8	5	6	7	8	9
—	3					+22 +18	+24 +18	+28 +18	+32 +18	+43 +18
3	6					+28 +23	+31 +23	+35 +23	+41 +23	+53 +23
6	10					+34 +28	+37 +28	+43 +28	+50 +28	+64 +28

公称尺寸/mm		t^a				u				
大于	至	5	6	7	8	5	6	7	8	9
10	18					+41 +33	+44 +33	+51 +33	+60 +33	+76 +33
18	24					+50 +41	+54 +41	+62 +41	+74 +41	+93 +41
24	30	+50 +41	+54 +41	+62 +41	+74 +41	+57 +48	+61 +48	+69 +48	+81 +48	+100 +48
30	40	+59 +48	+64 +48	+73 +48	+87 +48	+71 +60	+76 +60	+85 +60	+99 +60	+122 +60
40	50	+65 +54	+70 +54	+79 +54	+93 +54	+81 +70	+86 +70	+95 +70	+109 +70	+132 +70
50	65	+79 +66	+85 +66	+96 +66	+112 +66	+100 +87	+106 +87	+117 +87	+133 +87	+161 +87
65	80	+88 +75	+94 +75	+105 +75	+121 +75	+115 +102	+121 +102	+132 +102	+148 +102	+176 +102
80	100	+106 +91	+113 +91	+126 +91	+145 +91	+139 +124	+146 +124	+159 +124	+178 +124	+211 +124
100	120	+119 +104	+126 +104	+139 +104	+158 +104	+159 +144	+166 +144	+179 +144	+198 +144	+231 +144
120	140	+140 +122	+147 +122	+162 +122	+185 +122	+188 +170	+195 +170	+210 +170	+233 +170	+270 +170
140	160	+152 +134	+159 +134	+174 +134	+197 +134	+208 +190	+215 +190	+230 +190	+253 +190	+290 +190

公称尺寸 /mm 大于	至	t^a 5	6	7	8	u 5	6	7	8	9
160	180	+164 +146	+171 +146	+186 +146	+209 +146	+228 +210	+235 +210	+250 +210	+273 +210	+310 +210
180	200	+186 +166	+195 +166	+212 +166	+238 +166	+256 +236	+265 +236	+282 +236	+308 +236	+351 +236
200	225	+200 +180	+209 +180	+226 +180	+252 +180	+278 +258	+287 +258	+304 +258	+330 +258	+373 +258
225	250	+216 +196	+225 +196	+242 +196	+268 +196	+304 +284	+313 +284	+330 +284	+356 +284	+399 +284
250	280	+241 +218	+250 +218	+270 +218	+299 +218	+338 +315	+347 +315	+367 +315	+396 +315	+345 +315
280	315	+263 +240	+272 +240	+292 +240	+321 +240	+373 +350	+382 +350	+402 +350	+431 +350	+480 +350
315	355	+293 +268	+304 +268	+325 +268	+357 +268	+415 +390	+426 +390	+447 +390	+479 +390	+530 +390
355	400	+319 +294	+330 +294	+351 +294	+383 +294	+460 +435	+471 +435	+492 +435	+524 +435	+575 +435
400	450	+357 +330	+370 +330	+393 +330	+427 +330	+517 +490	+530 +490	+553 +490	+587 +490	+645 +490
450	500	+387 +360	+400 +360	+423 +360	+457 +360	+567 +540	+580 +540	+603 +540	+637 +540	+695 +540
500	560		+444 +400	+470 +400			+644 +600	+670 +600	+710 +600	

续表

公称尺寸/mm		t^a				u				
大于	至	5	6	7	8	5	6	7	8	9
560	630		+494 +450	+520 +450			+704 +660	+730 +660	+770 +660	
630	710		+550 +500	+580 +500			+790 +740	+820 +740	+865 +740	
710	800		+610 +560	+640 +560			+890 +840	+920 +840	+965 +840	
800	900		+676 +620	+710 +620			+996 +940	+1030 +940	+1080 +940	
900	1000		+736 +680	+770 +680			+1106 +1050	+1140 +1050	+1190 +1050	
1000	1120		+846 +780	+885 +780			+1216 +1150	+1255 +1150	+1315 +1150	
1120	1250		+906 +840	+945 +840			+1366 +1300	+1405 +1300	+1465 +1300	
1250	1400		+1038 +960	+1085 +960			+1528 +1450	+1575 +1450	+1645 +1450	
1400	1600		+1128 +1050	+1175 +1050			+1678 +1600	+1725 +1600	+1795 +1600	
1600	1800		+1292 +1200	+1350 +1200			+1942 +1850	+2000 +1850	+2080 +1850	
1800	2000		+1442 +1350	+1500 +1350			+2092 +2000	+2150 +2000	+2230 +2000	

公称尺寸 /mm		t^a				u				
大于	至	5	6	7	8	5	6	7	8	9
2 000	2 240		+1 610 +1 500	+1 675 +1 500			+2 410 +2 300	+2 475 +2 300	+2 580 +2 300	
2 240	2 500		+1 760 +1 650	+1 825 +1 650			+2 610 +2 500	+2 675 +2 500	+2 780 +2 500	
2 500	2 800		+2 035 +1 900	+2 110 +1 900			+3 035 +2 900	+3 110 +2 900	+3 230 +2 900	
2 800	3 150		+2 235 +2 100	+2 310 +2 100			+3 335 +3 200	+3 410 +3 200	+3 530 +3 200	

a 公称尺寸至 24 mm 的公差带代号 t5～t8 的偏差数值没有列入表中，建议用公差带代号 u5～u8 替代。

附表 1-14 轴的极限偏差（基本偏差 v、x 和 y）^{a}（摘自 GB/T 1800.2—2020）

上极限偏差＝es
下极限偏差＝ei

μm

公称尺寸 /mm		v^b			x						y^c		
大于	至	5	6	7	5	6	7	8	9	10	8	9	10
—	3				+24 +20	+26 +20	+30 +20	+34 +20	+45 +20	+60 +20			
3	6				+33 +28	+36 +28	+40 +28	+46 +28	+58 +28	+76 +28			

附录

279

汽车 机械基础

公称尺寸/mm		v^b				x						y^c				
大于	至	5	6	7	8	5	6	7	8	9	10	6	7	8	9	10
6	10					+40 / +34	+43 / +34	+49 / +34	+56 / +34	+70 / +34	+92 / +34					
10	14					+48 / +40	+51 / +40	+58 / +40	+67 / +40	+83 / +40	+110 / +40					
14	18	+47 / +39	+50 / +39	+57 / +39	+66 / +39	+53 / +45	+56 / +45	+63 / +45	+72 / +45	+88 / +45	+115 / +45					
18	24	+56 / +47	+60 / +47	+68 / +47	+80 / +47	+63 / +54	+67 / +54	+75 / +54	+87 / +54	+106 / +54	+138 / +54	+76 / +63	+84 / +63	+96 / +63	+115 / +63	+147 / +63
24	30	+64 / +55	+68 / +55	+76 / +55	+88 / +55	+73 / +64	+77 / +64	+85 / +64	+97 / +64	+116 / +64	+148 / +64	+88 / +75	+96 / +75	+108 / +75	+127 / +75	+159 / +75
30	40	+79 / +68	+84 / +68	+93 / +68	+107 / +68	+91 / +80	+96 / +80	+105 / +80	+119 / +80	+142 / +80	+180 / +80	+110 / +94	+119 / +94	+133 / +94	+156 / +94	+194 / +94
40	50	+92 / +81	+97 / +81	+106 / +81	+120 / +81	+108 / +97	+113 / +97	+122 / +97	+136 / +97	+159 / +97	+197 / +97	+130 / +114	+139 / +114	+153 / +114	+176 / +114	+214 / +114
50	65	+115 / +102	+121 / +102	+132 / +102	+148 / +102	+135 / +122	+141 / +122	+152 / +122	+168 / +122	+196 / +122	+242 / +122	+163 / +144	+174 / +144	+190 / +144		
65	80	+133 / +120	+139 / +120	+150 / +120	+166 / +120	+159 / +146	+165 / +146	+176 / +146	+192 / +146	+220 / +146	+266 / +146	+193 / +174	+204 / +174	+220 / +174		
80	100	+161 / +146	+168 / +146	+181 / +146	+200 / +146	+193 / +178	+200 / +178	+213 / +178	+232 / +178	+265 / +178	+318 / +178	+236 / +214	+249 / +214	+268 / +214		
100	120	+187 / +172	+194 / +172	+207 / +172	+226 / +172	+225 / +210	+232 / +210	+245 / +210	+264 / +210	+297 / +210	+350 / +210	+276 / +254	+289 / +254	+308 / +254		
120	140	+220 / +202	+227 / +202	+242 / +202	+265 / +202	+266 / +248	+273 / +248	+288 / +248	+311 / +248	+348 / +248	+408 / +248	+325 / +300	+340 / +300	+363 / +300		

公称尺寸/mm		v^b				x						y^c				
大于	至	5	6	7	8	5	6	7	8	9	10	6	7	8	9	10
140	160	+246/+228	+253/+228	+268/+228	+291/+228	+298/+280	+305/+280	+320/+280	+343/+280	+380/+280	+440/+280	+365/+340	+380/+340	+403/+340		
160	180	+270/+252	+277/+252	+292/+252	+315/+252	+328/+310	+335/+310	+350/+310	+373/+310	+410/+310	+470/+310	+405/+380	+420/+380	+443/+380		
180	200	+304/+284	+313/+284	+330/+284	+356/+284	+370/+350	+379/+350	+396/+350	+422/+350	+465/+350	+535/+350	+454/+425	+471/+425	+497/+425		
200	225	+330/+310	+339/+310	+356/+310	+382/+310	+405/+385	+414/+385	+431/+385	+457/+385	+500/+385	+570/+385	+499/+470	+516/+470	+542/+470		
225	250	+360/+340	+369/+340	+386/+340	+412/+340	+445/+425	+454/+425	+471/+425	+497/+425	+540/+425	+610/+425	+549/+520	+566/+520	+592/+520		
250	280	+408/+385	+417/+385	+437/+385	+466/+385	+498/+475	+507/+475	+527/+475	+556/+475	+605/+475	+685/+475	+612/+580	+632/+580	+661/+580		
280	315	+448/+425	+457/+425	+477/+425	+506/+425	+548/+525	+557/+525	+577/+525	+606/+525	+655/+525	+735/+525	+682/+650	+702/+650	+731/+650		
315	355	+500/+475	+511/+475	+532/+475	+564/+475	+615/+590	+626/+590	+647/+590	+679/+590	+730/+590	+820/+590	+766/+730	+787/+730	+819/+730		
355	400	+555/+530	+566/+530	+587/+530	+619/+530	+685/+660	+696/+660	+717/+660	+749/+660	+800/+660	+890/+660	+856/+820	+877/+820	+909/+820		
400	450	+622/+595	+635/+595	+658/+595	+692/+595	+767/+740	+780/+740	+803/+740	+837/+740	+895/+740	+990/+740	+960/+920	+983/+920	+1 017/+920		
450	500	+687/+660	+700/+660	+723/+660	+757/+660	+847/+820	+860/+820	+883/+820	+917/+820	+975/+820	+1 070/+820	+1 040/+1 000	+1 063/+1 000	+1 097/+1 000		

a 公称尺寸大于 500 mm 的 v、x 和 y 的基本偏差数值没有列入表中。

b 公称尺寸至 14 mm 的公差带代号 v5～v8 的偏差数值没有列入表中，建议以公差带代号 x5～x8 替代。

c 公称尺寸至 18 mm 的公差带代号 y6～y10 的偏差数值没有列入表中，建议以公差带代号 z6～z10 替代。

附表 1-15 轴的极限偏差(基本偏差 z 和 za)[a](摘自 GB/T 1800.2—2020)

上极限偏差=es
下极限偏差=ei

μm

公称尺寸/mm		z						za					
大于	至	6	7	8	9	10	11	6	7	8	9	10	11
—	3	+32 / +26	+36 / +26	+40 / +26	+51 / +26	+66 / +26	+86 / +26	+38 / +32	+42 / +32	+46 / +32	+57 / +32	+72 / +32	+92 / +32
3	6	+43 / +35	+47 / +35	+53 / +35	+65 / +35	+83 / +35	+110 / +35	+50 / +42	+54 / +42	+60 / +42	+72 / +42	+90 / +42	+117 / +42
6	10	+51 / +42	+57 / +42	+64 / +42	+78 / +42	+100 / +42	+132 / +42	+61 / +52	+67 / +52	+74 / +52	+88 / +52	+110 / +52	+142 / +52
10	14	+61 / +50	+68 / +50	+77 / +50	+93 / +50	+120 / +50	+160 / +50	+75 / +64	+82 / +64	+91 / +64	+107 / +64	+134 / +64	+174 / +64
14	18	+71 / +60	+78 / +60	+87 / +60	+103 / +60	+130 / +60	+170 / +60	+88 / +77	+95 / +77	+104 / +77	+120 / +77	+147 / +77	+187 / +77
18	24	+86 / +73	+94 / +73	+106 / +73	+125 / +73	+157 / +73	+203 / +73	+111 / +98	+119 / +98	+131 / +98	+150 / +98	+182 / +98	+228 / +98
24	30	+101 / +88	+109 / +88	+121 / +88	+140 / +88	+172 / +88	+218 / +88	+131 / +118	+139 / +118	+151 / +118	+170 / +118	+202 / +118	+248 / +118
30	40	+128 / +112	+137 / +112	+151 / +112	+174 / +112	+212 / +112	+272 / +112	+164 / +148	+173 / +148	+187 / +148	+210 / +148	+248 / +148	+308 / +148
40	50	+152 / +136	+161 / +136	+175 / +136	+198 / +136	+236 / +136	+296 / +136	+196 / +180	+205 / +180	+219 / +180	+242 / +180	+280 / +180	+340 / +180
50	65	+191 / +172	+202 / +172	+218 / +172	+246 / +172	+292 / +172	+362 / +172	+245 / +226	+256 / +226	+272 / +226	+300 / +226	+346 / +226	+416 / +226

公称尺寸/mm		z						za					
大于	至	6	7	8	9	10	11	6	7	8	9	10	11
65	80	+229 +210	+240 +210	+256 +210	+284 +210	+330 +210	+400 +210	+293 +274	+304 +274	+320 +274	+348 +274	+394 +274	+464 +274
80	100	+280 +258	+293 +258	+312 +258	+345 +258	+398 +258	+478 +258	+357 +335	+370 +335	+389 +335	+422 +335	+475 +335	+555 +335
100	120	+332 +310	+345 +310	+364 +310	+397 +310	+450 +310	+530 +310	+422 +400	+435 +400	+454 +400	+487 +400	+540 +400	+620 +400
120	140	+390 +365	+405 +365	+428 +365	+465 +365	+525 +365	+615 +365	+495 +470	+510 +470	+533 +470	+570 +470	+630 +470	+720 +470
140	160	+440 +415	+455 +415	+478 +415	+515 +415	+575 +415	+665 +415	+560 +535	+575 +535	+598 +535	+635 +535	+695 +535	+785 +535
160	180	+490 +465	+505 +465	+528 +465	+565 +465	+625 +465	+715 +465	+625 +600	+640 +600	+663 +600	+700 +600	+760 +600	+850 +600
180	200	+549 +520	+566 +520	+592 +520	+635 +520	+705 +520	+810 +520	+699 +670	+716 +670	+742 +670	+785 +670	+855 +670	+960 +670
200	225	+604 +575	+621 +575	+647 +575	+690 +575	+760 +575	+865 +575	+769 +740	+786 +740	+812 +740	+855 +740	+925 +740	+1 030 +740
225	250	+669 +640	+686 +640	+712 +640	+755 +640	+825 +640	+930 +640	+849 +820	+866 +820	+892 +820	+935 +820	+1 005 +820	+1 100 +820
250	280	+742 +710	+762 +710	+791 +710	+840 +710	+920 +710	+1 030 +710	+952 +920	+972 +920	+1 001 +920	+1 050 +920	+1 130 +920	+1 240 +920
280	315	+822 +790	+842 +790	+871 +790	+920 +790	+1 000 +790	+1 110 +790	+1 032 +1 000	+1 052 +1 000	+1 081 +1 000	+1 130 +1 000	+1 210 +1 000	+1 320 +1 000

续表

公称尺寸/mm 大于	至	z 6	z 7	z 8	z 9	z 10	z 11	za 6	za 7	za 8	za 9	za 10	za 11
315	355	+936 / +900	+957 / +900	+989 / +900	+1 040 / +900	+1 130 / +900	+1 260 / +900	+1 186 / +1 150	+1 207 / +1 150	+1 239 / +1 150	+1 290 / +1 150	+1 380 / +1 150	+1 510 / +1 150
355	400	+1 036 / +1 000	+1 057 / +1 000	+1 089 / +1 000	+1 140 / +1 000	+1 230 / +1 000	+1 360 / +1 000	+1 336 / +1 300	+1 357 / +1 300	+1 389 / +1 300	+1 440 / +1 300	+1 530 / +1 300	+1 660 / +1 300
400	450	+1 140 / +1 100	+1 163 / +1 100	+1 197 / +1 100	+1 255 / +1 100	+1 350 / +1 100	+1 500 / +1 100	+1 490 / +1 450	+1 513 / +1 450	+1 547 / +1 450	+1 605 / +1 450	+1 700 / +1 450	+1 850 / +1 450
450	500	+1 290 / +1 250	+1 313 / +1 250	+1 347 / +1 250	+1 405 / +1 250	+1 500 / +1 250	+1 650 / +1 250	+1 640 / +1 600	+1 663 / +1 600	+1 697 / +1 600	+1 755 / +1 600	+1 850 / +1 600	+2 000 / +1 600

a 公称尺寸大于 500 mm 的 z 和 za 的基本偏差数值没有列入表中。

附表 1-16　轴的极限偏差（基本偏差 zb 和 zc）[a]（摘自 GB/T 1800.2—2020）

上极限偏差$=es$

下极限偏差$=ei$

μm

公称尺寸/mm 大于	至	zb 7	zb 8	zb 9	zb 10	zb 11	zc 7	zc 8	zc 9	zc 10	zc 11
—	3	+50 / +40	+54 / +40	+65 / +40	+80 / +40	+100 / +40	+70 / +60	+74 / +60	+85 / +60	+100 / +60	+120 / +60
3	6	+62 / +50	+68 / +50	+80 / +50	+98 / +50	+125 / +50	+92 / +80	+98 / +80	+110 / +80	+128 / +80	+155 / +80
6	10	+82 / +67	+89 / +67	+103 / +67	+125 / +67	+157 / +67	+112 / +97	+119 / +97	+133 / +97	+155 / +97	+187 / +97

公称尺寸/mm		zb					zc				
大于	至	7	8	9	10	11	7	8	9	10	11
10	14	+108 / +90	+117 / +90	+133 / +90	+160 / +90	+200 / +90	+148 / +130	+157 / +130	+173 / +130	+200 / +130	+240 / +130
14	18	+126 / +108	+135 / +108	+151 / +108	+178 / +108	+218 / +108	+168 / +150	+177 / +150	+193 / +150	+220 / +150	+260 / +150
18	24	+157 / +136	+169 / +136	+188 / +136	+220 / +136	+266 / +136	+209 / +188	+221 / +188	+240 / +188	+272 / +188	+318 / +188
24	30	+181 / +160	+193 / +160	+212 / +160	+244 / +160	+290 / +160	+239 / +218	+251 / +218	+270 / +218	+302 / +218	+348 / +218
30	40	+225 / +200	+239 / +200	+262 / +200	+300 / +200	+360 / +200	+299 / +274	+313 / +274	+336 / +274	+374 / +274	+434 / +274
40	50	+267 / +242	+281 / +242	+304 / +242	+342 / +242	+402 / +242	+350 / +325	+364 / +325	+387 / +325	+425 / +325	+485 / +325
50	65	+330 / +300	+346 / +300	+374 / +300	+420 / +300	+490 / +300	+435 / +405	+451 / +405	+479 / +405	+525 / +405	+595 / +405
65	80	+390 / +360	+406 / +360	+434 / +360	+480 / +360	+550 / +360	+510 / +480	+526 / +480	+554 / +480	+600 / +480	+670 / +480
80	100	+480 / +445	+499 / +445	+532 / +445	+585 / +445	+665 / +445	+620 / +585	+639 / +585	+672 / +585	+725 / +585	+805 / +585
100	120	+560 / +525	+579 / +525	+612 / +525	+665 / +525	+745 / +525	+725 / +690	+744 / +690	+777 / +690	+830 / +690	+910 / +690
120	140	+660 / +620	+683 / +620	+720 / +620	+780 / +620	+870 / +620	+840 / +800	+863 / +800	+900 / +800	+960 / +800	+1 050 / +800

公称尺寸/mm		zb					zc				
大于	至	7	8	9	10	11	7	8	9	10	11
140	160	+740 / +700	+763 / +700	+800 / +700	+860 / +700	+950 / +700	+940 / +900	+963 / +900	+1 000 / +900	+1 060 / +900	+1 150 / +900
160	180	+820 / +780	+843 / +780	+880 / +780	+940 / +780	+1 030 / +780	+1 040 / +1 000	+1 063 / +1 000	+1 100 / +1 000	+1 160 / +1 000	+1 250 / +1 000
180	200	+926 / +880	+952 / +880	+995 / +880	+1 065 / +880	+1 170 / +880	+1 196 / +1 150	+1 222 / +1 150	+1 265 / +1 150	+1 335 / +1 150	+1 440 / +1 150
200	225	+1 006 / +960	+1 032 / +960	+1 075 / +960	+1 145 / +960	+1 250 / +960	+1 296 / +1 250	+1 322 / +1 250	+1 365 / +1 250	+1 435 / +1 250	+1 540 / +1 250
225	250	+1 096 / +1 050	+1 122 / +1 050	+1 165 / +1 050	+1 235 / +1 050	+1 340 / +1 050	+1 396 / +1 350	+1 422 / +1 350	+1 465 / +1 350	+1 535 / +1 350	+1 640 / +1 350
250	280	+1 252 / +1 200	+1 281 / +1 200	+1 330 / +1 200	+1 410 / +1 200	+1 520 / +1 200	+1 602 / +1 550	+1 631 / +1 550	+1 680 / +1 550	+1 760 / +1 550	+1 870 / +1 550
280	315	+1 352 / +1 300	+1 381 / +1 300	+1 430 / +1 300	+1 510 / +1 300	+1 620 / +1 300	+1 752 / +1 700	+1 781 / +1 700	+1 830 / +1 700	+1 910 / +1 700	+2 020 / +1 700
315	355	+1 557 / +1 500	+1 589 / +1 500	+1 640 / +1 500	+1 730 / +1 500	+1 860 / +1 500	+1 957 / +1 900	+1 989 / +1 900	+2 040 / +1 900	+2 130 / +1 900	+2 260 / +1 900
355	400	+1 707 / +1 650	+1 739 / +1 650	+1 790 / +1 650	+1 880 / +1 650	+2 010 / +1 650	+2 157 / +2 100	+2 189 / +2 100	+2 240 / +2 100	+2 330 / +2 100	+2 460 / +2 100
400	450	+1 913 / +1 850	+1 947 / +1 850	+2 005 / +1 850	+2 100 / +1 850	+2 250 / +1 850	+2 463 / +2 400	+2 497 / +2 400	+2 555 / +2 400	+2 650 / +2 400	+2 800 / +2 400
450	500	+2 163 / +2 100	+2 197 / +2 100	+2 255 / +2 100	+2 350 / +2 100	+2 500 / +2 100	+2 663 / +2 600	+2 697 / +2 600	+2 755 / +2 600	+2 850 / +2 600	+3 000 / +2 600

a 公称尺寸大于 500 mm 的 zb 和 zc 的基本偏差数值没有列入表中。

附录2 孔的极限偏差

附录

附表2-1 孔的极限偏差（基本偏差A、B和C）ᵃ（摘自 GB/T 1800.2—2020）

上极限偏差=ES
下极限偏差=EI

μm

公称尺寸/mm 大于	至	A⁹	A¹⁰	A¹¹	A¹²	A¹³	B⁸	B⁹	B¹⁰	B¹¹	B¹²	B¹³	C⁸	C⁹	C¹⁰	C¹¹	C¹²	C¹³
—	3ᵇ	+295 / +270	+310 / +270	+330 / +270	+370 / +270	+410 / +270	+154 / +140	+165 / +140	+180 / +140	+200 / +140	+240 / +140	+280 / +140	+74 / +60	+85 / +60	+100 / +60	+120 / +60	+160 / +60	+200 / +60
3	6	+300 / +270	+318 / +270	+345 / +270	+390 / +270	+450 / +270	+158 / +140	+170 / +140	+188 / +140	+215 / +140	+260 / +140	+320 / +140	+88 / +70	+100 / +70	+118 / +70	+145 / +70	+190 / +70	+250 / +70
6	10	+316 / +280	+338 / +280	+370 / +280	+430 / +280	+500 / +280	+172 / +150	+186 / +150	+208 / +150	+240 / +150	+300 / +150	+370 / +150	+102 / +80	+116 / +80	+138 / +80	+170 / +80	+230 / +80	+300 / +80
10	18	+333 / +290	+360 / +290	+400 / +290	+470 / +290	+560 / +290	+177 / +150	+193 / +150	+220 / +150	+260 / +150	+330 / +150	+420 / +150	+122 / +95	+138 / +95	+165 / +95	+205 / +95	+275 / +95	+365 / +95
18	30	+352 / +300	+384 / +300	+430 / +300	+510 / +300	+630 / +300	+193 / +160	+212 / +160	+244 / +160	+290 / +160	+370 / +160	+490 / +160	+143 / +110	+162 / +110	+194 / +110	+240 / +110	+320 / +110	+440 / +110
30	40	+372 / +310	+410 / +310	+470 / +310	+560 / +310	+700 / +310	+209 / +170	+232 / +170	+270 / +170	+330 / +170	+420 / +170	+560 / +170	+159 / +120	+182 / +120	+220 / +120	+280 / +120	+370 / +120	+510 / +120
40	50	+382 / +320	+420 / +320	+480 / +320	+570 / +320	+710 / +320	+219 / +180	+242 / +180	+280 / +180	+340 / +180	+430 / +180	+570 / +180	+169 / +130	+192 / +130	+230 / +130	+290 / +130	+380 / +130	+520 / +130
50	65	+414 / +340	+460 / +340	+530 / +340	+640 / +340	+800 / +340	+236 / +190	+264 / +190	+310 / +190	+380 / +190	+490 / +190	+650 / +190	+186 / +140	+214 / +140	+260 / +140	+330 / +140	+440 / +140	+600 / +140
65	80	+434 / +360	+480 / +360	+550 / +360	+660 / +360	+820 / +360	+246 / +200	+274 / +200	+320 / +200	+390 / +200	+500 / +200	+660 / +200	+196 / +150	+224 / +150	+270 / +150	+340 / +150	+450 / +150	+610 / +150

公称尺寸/mm		A^b					B^b						C					
大于	至	9	10	11	12	13	8	9	10	11	12	13	8	9	10	11	12	13
80	100	+467/+380	+520/+380	+600/+380	+730/+380	+920/+380	+274/+220	+307/+220	+360/+220	+440/+220	+570/+220	+760/+220	+224/+170	+257/+170	+310/+170	+390/+170	+520/+170	+710/+170
100	120	+497/+410	+550/+410	+630/+410	+760/+410	+950/+410	+294/+240	+327/+240	+380/+240	+460/+240	+590/+240	+780/+240	+234/+180	+267/+180	+320/+180	+400/+180	+530/+180	+720/+180
120	140	+560/+460	+620/+460	+710/+460	+860/+460	+1090/+460	+323/+260	+360/+260	+420/+260	+510/+260	+660/+260	+890/+260	+263/+200	+300/+200	+360/+200	+450/+200	+600/+200	+830/+200
140	160	+620/+520	+680/+520	+770/+520	+920/+520	+1150/+520	+343/+280	+380/+280	+440/+280	+530/+280	+680/+280	+910/+280	+273/+210	+310/+210	+370/+210	+460/+210	+610/+210	+840/+210
160	180	+680/+580	+740/+580	+830/+580	+980/+580	+1210/+580	+373/+310	+410/+310	+470/+310	+560/+310	+710/+310	+940/+310	+293/+230	+330/+230	+390/+230	+480/+230	+630/+230	+860/+230
180	200	+775/+660	+845/+660	+950/+660	+1120/+660	+1380/+660	+412/+340	+455/+340	+525/+340	+630/+340	+800/+340	+1060/+340	+312/+240	+355/+240	+425/+240	+530/+240	+700/+240	+960/+240
200	225	+855/+740	+925/+740	+1030/+740	+1200/+740	+1460/+740	+452/+380	+495/+380	+565/+380	+670/+380	+840/+380	+1100/+380	+322/+260	+375/+260	+445/+260	+550/+260	+720/+260	+980/+260
225	250	+935/+820	+1005/+820	+1100/+820	+1280/+820	+1540/+820	+492/+420	+535/+420	+605/+420	+710/+420	+880/+420	+1140/+420	+352/+280	+395/+280	+465/+280	+570/+280	+740/+280	+1000/+280
250	280	+1050/+920	+1130/+920	+1240/+920	+1440/+920	+1730/+920	+561/+480	+610/+480	+690/+480	+800/+480	+1000/+480	+1290/+480	+381/+300	+430/+300	+510/+300	+620/+300	+820/+300	+1140/+300
280	315	+1180/+1050	+1260/+1050	+1370/+1050	+1570/+1050	+1860/+1050	+621/+540	+670/+540	+750/+540	+860/+540	+1060/+540	+1350/+540	+411/+330	+460/+330	+540/+330	+650/+330	+850/+330	+1150/+330
315	355	+1340/+1200	+1430/+1200	+1560/+1200	+1770/+1200	+2090/+1200	+689/+600	+740/+600	+830/+600	+960/+600	+1170/+600	+1490/+600	+449/+360	+500/+360	+590/+360	+720/+360	+930/+360	+1250/+360

公称尺寸/mm		A^b					B^b						C					
大于	至	9	10	11	12	13	8	9	10	11	12	13	8	9	10	11	12	13
355	400	+1 490 / +1 350	+1 580 / +1 350	+1 710 / +1 350	+1 920 / +1 350	+2 240 / +1 350	+769 / +680	+820 / +680	+910 / +680	+1 040 / +680	+1 250 / +680	+1 570 / +680	+489 / +400	+540 / +400	+630 / +400	+760 / +400	+970 / +400	+1 290 / +400
400	450	+1 655 / +1 500	+1 750 / +1 500	+1 900 / +1 500	+2 130 / +1 500	+2 470 / +1 500	+857 / +760	+915 / +760	+1 010 / +760	+1 160 / +760	+1 390 / +760	+1 730 / +760	+537 / +440	+595 / +440	+690 / +440	+840 / +440	+1 070 / +440	+1 410 / +440
450	500	+1 805 / +1 650	+1 900 / +1 650	+2 050 / +1 650	+2 280 / +1 650	+2 620 / +1 650	+937 / +840	+995 / +840	+1 090 / +840	+1 240 / +840	+1 470 / +840	+1 810 / +840	+577 / +480	+635 / +480	+730 / +480	+880 / +480	+1 110 / +480	+1 450 / +480

a 没有给出公称尺寸大于 500 mm 的基本偏差 A、B 和 C。

b 公称尺寸小于 1 mm 时，各级的 A 和 B 均不采用。

附表 2-2 孔的极限偏差（基本偏差 CD、D 和 E）（摘自 GB/T 1800.2—2020）

上极限偏差=ES
下极限偏差=EI

μm

公称尺寸/mm		CD^a					D								E					
大于	至	6	7	8	9	10	6	7	8	9	10	11	12	13	5	6	7	8	9	10
—	3	+40 / +34	+44 / +34	+48 / +34	+59 / +34	+74 / +34	+26 / +20	+30 / +20	+34 / +20	+45 / +20	+60 / +20	+80 / +20	+120 / +20	+160 / +20	+18 / +14	+20 / +14	+24 / +14	+28 / +14	+39 / +14	+54 / +14
3	6	+54 / +46	+58 / +46	+64 / +46	+76 / +46	+94 / +46	+38 / +30	+42 / +30	+48 / +30	+60 / +30	+78 / +30	+105 / +30	+150 / +30	+210 / +30	+25 / +20	+28 / +20	+32 / +20	+38 / +20	+50 / +20	+68 / +20
6	10	+65 / +56	+71 / +56	+78 / +56	+92 / +56	+114 / +56	+49 / +40	+55 / +40	+62 / +40	+76 / +40	+98 / +40	+130 / +40	+190 / +40	+260 / +40	+31 / +25	+34 / +25	+40 / +25	+47 / +25	+61 / +25	+83 / +25

附录

| 公称尺寸/mm | | CD^a | | | | | D | | | | | | | | E | | | | | |
大于	至	6	7	8	9	10	6	7	8	9	10	11	12	13	5	6	7	8	9	10
10	18						+61/+50	+68/+50	+77/+50	+93/+50	+120/+50	+160/+50	+230/+50	+320/+50	+40/+32	+43/+32	+50/+32	+59/+32	+75/+32	+102/+32
18	30						+78/+65	+86/+65	+98/+65	+117/+65	+149/+65	+195/+65	+275/+65	+395/+65	+49/+40	+53/+40	+61/+40	+73/+40	+92/+40	+124/+40
30	50						+96/+80	+105/+80	+119/+80	+142/+80	+180/+80	+240/+80	+330/+80	+470/+80	+61/+50	+66/+50	+75/+50	+89/+50	+112/+50	+150/+50
50	80						+119/+100	+130/+100	+146/+100	+174/+100	+220/+100	+290/+100	+400/+100	+560/+100	+73/+60	+79/+60	+90/+60	+106/+60	+134/+60	+180/+60
80	120						+142/+120	+155/+120	+174/+120	+207/+120	+260/+120	+340/+120	+470/+120	+660/+120	+87/+72	+94/+72	+107/+72	+126/+72	+159/+72	+212/+72
120	180						+170/+145	+185/+145	+208/+145	+245/+145	+305/+145	+395/+145	+545/+145	+775/+145	+103/+85	+110/+85	+125/+85	+148/+85	+185/+85	+245/+85
180	250						+199/+170	+216/+170	+242/+170	+285/+170	+355/+170	+460/+170	+630/+170	+890/+170	+120/+100	+129/+100	+146/+100	+172/+100	+215/+100	+285/+100
250	315						+222/+190	+242/+190	+271/+190	+320/+190	+400/+190	+510/+190	+710/+190	+1 000/+190	+133/+110	+142/+110	+162/+110	+191/+110	+240/+110	+320/+110
315	400						+246/+210	+267/+210	+299/+210	+350/+210	+440/+210	+570/+210	+780/+210	+1 100/+210	+150/+125	+161/+125	+182/+125	+214/+125	+265/+125	+355/+125
400	500						+270/+230	+293/+230	+327/+230	+385/+230	+480/+230	+630/+230	+860/+230	+1 200/+230	+162/+135	+175/+135	+198/+135	+232/+135	+290/+135	+385/+135

公称尺寸/mm		CDᵃ					D								E					
大于	至	6	7	8	9	10	6	7	8	9	10	11	12	13	5	6	7	8	9	10
500	630						+304/+260	+330/+260	+370/+260	+435/+260	+540/+260	+700/+260	+960/+260	+1 360/+260		+189/+145	+215/+145	+255/+145	+320/+145	+425/+145
630	800						+340/+290	+370/+290	+415/+290	+490/+290	+610/+290	+790/+290	+1 090/+290	+1 540/+290		+210/+160	+240/+160	+285/+160	+360/+160	+480/+160
800	1 000						+376/+320	+410/+320	+460/+320	+550/+320	+680/+320	+880/+320	+1 220/+320	+1 720/+320		+226/+170	+260/+170	+310/+170	+400/+170	+530/+170
1 000	1 250						+416/+350	+455/+350	+515/+350	+610/+350	+770/+350	+1 010/+350	+1 400/+350	+2 000/+350		+261/+195	+300/+195	+360/+195	+455/+195	+615/+195
1 250	1 600						+468/+390	+515/+390	+585/+390	+700/+390	+890/+390	+1 170/+390	+1 640/+390	+2 340/+390		+298/+220	+345/+220	+415/+220	+530/+220	+720/+220
1 600	2 000						+522/+430	+580/+430	+660/+430	+800/+430	+1 030/+430	+1 350/+430	+1 930/+430	+2 730/+430		+332/+240	+390/+240	+470/+240	+610/+240	+840/+240
2 000	2 500						+590/+480	+655/+480	+760/+480	+920/+480	+1 180/+480	+1 580/+480	+2 230/+480	+3 280/+480		+370/+260	+435/+260	+540/+260	+700/+260	+960/+260
2 500	3 150						+655/+520	+730/+520	+850/+520	+1 060/+520	+1 380/+520	+1 870/+520	+2 620/+520	+3 820/+520		+425/+290	+500/+290	+620/+290	+830/+290	+1 150/+290

a 中间的基本偏差 CD 主要应用于精密机构和钟表制造业。如果需要在其他公称尺寸中包含该基本偏差的公差带代号，可依据 GB/T 1800.1 计算。

附表 2-3　孔的极限偏差（基本偏差 EF 和 F）（摘自 GB/T 1800.2—2020）

上极限偏差＝ES
下极限偏差＝EI

μm

公称尺寸/mm 大于	至	EF^a 3	EF 4	EF 5	EF 6	EF 7	EF 8	EF 9	EF 10	F 3	F 4	F 5	F 6	F 7	F 8	F 9	F 10
—	3	+12 +10	+13 +10	+14 +10	+16 +10	+20 +10	+24 +10	+35 +10	+50 +10	+8 +6	+9 +6	+10 +6	+12 +6	+16 +6	+20 +6	+31 +6	+46 +6
3	6	+16.5 +14	+18 +14	+19 +14	+22 +14	+26 +14	+32 +14	+44 +14	+62 +14	+12.5 +10	+14 +10	+15 +10	+18 +10	+22 +10	+28 +10	+40 +10	+58 +10
6	10	+20.5 +18	+22 +18	+24 +18	+27 +18	+33 +18	+40 +18	+54 +18	+76 +18	+15.5 +13	+17 +13	+19 +13	+22 +13	+28 +13	+35 +13	+49 +13	+71 +13
10	18									+19 +16	+21 +16	+24 +16	+27 +16	+34 +16	+43 +16	+59 +16	+86 +16
18	30									+24 +20	+26 +20	+29 +20	+33 +20	+41 +20	+53 +20	+72 +20	+104 +20
30	50									+29 +25	+32 +25	+36 +25	+41 +25	+50 +25	+64 +25	+87 +25	+125 +25
50	80											+43 +30	+49 +30	+60 +30	+76 +30	+104 +30	
80	120											+51 +36	+58 +36	+71 +36	+90 +36	+123 +36	
120	180											+61 +43	+68 +43	+83 +43	+106 +43	+143 +43	
180	250											+70 +50	+79 +50	+96 +50	+122 +50	+165 +50	

续表

公称尺寸/mm 大于	至	EF[a] 3	4	5	6	7	8	9	10	F 3	4	5	6	7	8	9	10
250	315											+79 +56	+88 +56	+108 +56	+137 +56	+186 +56	
315	400											+87 +62	+98 +62	+119 +62	+151 +62	+202 +62	
400	500											+95 +68	+108 +68	+131 +68	+165 +68	+223 +68	
500	630												+120 +76	+146 +76	+186 +76	+251 +76	
630	800												+130 +80	+160 +80	+205 +80	+280 +80	
800	1 000												+142 +86	+176 +86	+226 +86	+316 +86	
1 000	1 250												+164 +98	+203 +98	+263 +98	+358 +98	
1 250	1 600												+188 +110	+235 +110	+305 +110	+420 +110	
1 600	2 000												+212 +120	+270 +120	+350 +120	+490 +120	
2 000	2 500												+240 +130	+305 +130	+410 +130	+570 +130	
2 500	3 150												+280 +145	+355 +145	+475 +145	+685 +145	

a 中间的基本偏差 EF 主要应用于精密机构和钟表制造业。如果需要在其他公称尺寸中包含该基本偏差的公差带代号，可依据 GB/T 1800.1 计算。

附录

附表 2-4 孔的极限偏差（基本偏差 FG 和 G）(摘自 GB/T 1800.2—2020)

上极限偏差＝ES
下极限偏差＝EI

μm

公称尺寸/mm 大于	至	FG^a								G							
		3	4	5	6	7	8	9	10	3	4	5	6	7	8	9	10
—	3	+6 +4	+7 +4	+8 +4	+10 +4	+14 +4	+18 +4	+29 +4	+44 +4	+4 +2	+5 +2	+6 +2	+8 +2	+12 +2	+16 +2	+27 +2	+42 +2
3	6	+8.5 +6	+10 +6	+11 +6	+14 +6	+18 +6	+24 +6	+36 +6	+54 +6	+6.5 +4	+8 +4	+9 +4	+12 +4	+16 +4	+22 +4	+34 +4	+52 +4
6	10	+10.5 +8	+12 +8	+14 +8	+17 +8	+23 +8	+30 +8	+44 +8	+66 +8	+7.5 +5	+9 +5	+11 +5	+14 +5	+20 +5	+27 +5	+41 +5	+63 +5
10	18									+9 +6	+11 +6	+14 +6	+17 +6	+24 +6	+33 +6	+49 +6	+76 +6
18	30									+11 +7	+13 +7	+16 +7	+20 +7	+28 +7	+40 +7	+59 +7	+91 +7
30	50									+13 +9	+16 +9	+20 +9	+25 +9	+34 +9	+48 +9	+71 +9	+109 +9
50	80											+23 +10	+29 +10	+40 +10	+56 +10		
80	120											+27 +12	+34 +12	+47 +12	+66 +12		
120	180											+32 +14	+39 +14	+54 +14	+77 +14		
180	250											+35 +15	+44 +15	+61 +15	+87 +15		

续表

公称尺寸/mm 大于	至	FGᵃ 3	4	5	6	7	8	9	10	G 3	4	5	6	7	8	9	10
250	315											+40 +17	+49 +17	+69 +17	+98 +17		
315	400											+43 +18	+54 +18	+75 +18	+107 +18		
400	500											+47 +20	+60 +20	+83 +20	+117 +20		
500	630												+66 +22	+92 +22	+132 +22		
630	800												+74 +24	+104 +24	+149 +24		
800	1 000												+82 +26	+116 +26	+166 +26		
1 000	1 250												+94 +28	+133 +28	+193 +28		
1 250	1 600												+108 +30	+155 +30	+225 +30		
1 600	2 000												+124 +32	+182 +32	+262 +32		
2 000	2 500												+144 +34	+209 +34	+314 +34		
2 500	3 150												+173 +38	+248 +38	+368 +38		

a 中间的基本偏差 FG 主要应用于精密机构和钟表制造业，如果需要在其他公称尺寸中包含该基本偏差的公差带代号，可依据 GB/T 1800.1 计算。

附录

附表 2-5　孔的极限偏差（基本偏差 H）（摘自 GB/T 1800.2—2020）

上极限偏差＝ES
下极限偏差＝EI

H　偏差

公称尺寸/mm 大于	至	1	2	3	4	5	6	7	8	9	10	11	12	13	14[a]	15[a]	16[a]	17[a]	18[a]
		（μm）											（mm）						
—	3[a]	+0.8 / 0	+1.2 / 0	+2 / 0	+3 / 0	+4 / 0	+6 / 0	+10 / 0	+14 / 0	+25 / 0	+40 / 0	+60 / 0	+0.1 / 0	+0.14 / 0	+0.25 / 0	+0.4 / 0	+0.6 / 0		
3	6	+1 / 0	+1.5 / 0	+2.5 / 0	+4 / 0	+5 / 0	+8 / 0	+12 / 0	+18 / 0	+30 / 0	+48 / 0	+75 / 0	+0.12 / 0	+0.18 / 0	+0.3 / 0	+0.48 / 0	+0.75 / 0	+1.2 / 0	+1.8 / 0
6	10	+1 / 0	+1.5 / 0	+2.5 / 0	+4 / 0	+6 / 0	+9 / 0	+15 / 0	+22 / 0	+36 / 0	+58 / 0	+90 / 0	+0.15 / 0	+0.22 / 0	+0.36 / 0	+0.58 / 0	+0.9 / 0	+1.5 / 0	+2.2 / 0
10	18	+1.2 / 0	+2 / 0	+3 / 0	+5 / 0	+8 / 0	+11 / 0	+18 / 0	+27 / 0	+43 / 0	+70 / 0	+110 / 0	+0.18 / 0	+0.27 / 0	+0.43 / 0	+0.7 / 0	+1.1 / 0	+1.8 / 0	+2.7 / 0
18	30	+1.5 / 0	+2.5 / 0	+4 / 0	+6 / 0	+9 / 0	+13 / 0	+21 / 0	+33 / 0	+52 / 0	+84 / 0	+130 / 0	+0.21 / 0	+0.33 / 0	+0.52 / 0	+0.84 / 0	+1.3 / 0	+2.1 / 0	+3.3 / 0
30	50	+1.5 / 0	+2.5 / 0	+4 / 0	+7 / 0	+11 / 0	+16 / 0	+25 / 0	+39 / 0	+62 / 0	+100 / 0	+160 / 0	+0.25 / 0	+0.39 / 0	+0.62 / 0	+1 / 0	+1.6 / 0	+2.5 / 0	+3.9 / 0
50	80	+2 / 0	+3 / 0	+5 / 0	+8 / 0	+13 / 0	+19 / 0	+30 / 0	+46 / 0	+74 / 0	+120 / 0	+190 / 0	+0.3 / 0	+0.46 / 0	+0.74 / 0	+1.2 / 0	+1.9 / 0	+3 / 0	+4.6 / 0
80	120	+2.5 / 0	+4 / 0	+6 / 0	+10 / 0	+15 / 0	+22 / 0	+35 / 0	+54 / 0	+87 / 0	+140 / 0	+220 / 0	+0.35 / 0	+0.54 / 0	+0.87 / 0	+1.4 / 0	+2.2 / 0	+3.5 / 0	+5.4 / 0
120	180	+3.5 / 0	+5 / 0	+8 / 0	+12 / 0	+18 / 0	+25 / 0	+40 / 0	+63 / 0	+100 / 0	+160 / 0	+250 / 0	+0.4 / 0	+0.63 / 0	+1 / 0	+1.6 / 0	+2.5 / 0	+4 / 0	+6.3 / 0
180	250	+4.5 / 0	+7 / 0	+10 / 0	+14 / 0	+20 / 0	+29 / 0	+46 / 0	+72 / 0	+115 / 0	+185 / 0	+290 / 0	+0.46 / 0	+0.72 / 0	+1.15 / 0	+1.85 / 0	+2.9 / 0	+4.6 / 0	+7.2 / 0

续表

H

偏差

公称尺寸/mm		1	2	3	4	5	6	7	8	9	10	11	12	13	14ᵃ	15ᵃ	16ᵃ	17ᵃ	18ᵃ
大于	至	μm											mm						
250	315	+6 0	+8 0	+12 0	+16 0	+23 0	+32 0	+52 0	+81 0	+130 0	+210 0	+320 0	+0.52 0	+0.81 0	+1.3 0	+2.1 0	+3.2 0	+5.2 0	+8.1 0
315	400	+7 0	+9 0	+13 0	+18 0	+25 0	+36 0	+57 0	+89 0	+140 0	+230 0	+360 0	+0.57 0	+0.89 0	+1.4 0	+2.3 0	+3.6 0	+5.7 0	+8.9 0
400	500	+8 0	+10 0	+15 0	+20 0	+27 0	+40 0	+63 0	+97 0	+155 0	+250 0	+400 0	+0.63 0	+0.97 0	+1.55 0	+2.5 0	+4 0	+6.3 0	+9.7 0
500	630	+9 0	+11 0	+16 0	+22 0	+32 0	+44 0	+70 0	+110 0	+175 0	+280 0	+440 0	+0.7 0	+1.1 0	+1.75 0	+2.8 0	+4.4 0	+7 0	+11 0
630	800	+10 0	+13 0	+18 0	+25 0	+36 0	+50 0	+80 0	+125 0	+200 0	+320 0	+500 0	+0.8 0	+1.25 0	+2 0	+3.2 0	+5 0	+8 0	+12.5 0
800	1 000	+11 0	+15 0	+21 0	+28 0	+40 0	+56 0	+90 0	+140 0	+230 0	+360 0	+560 0	+0.9 0	+1.4 0	+2.3 0	+3.6 0	+5.6 0	+9 0	+14 0
1 000	1 250	+13 0	+18 0	+24 0	+33 0	+47 0	+66 0	+105 0	+165 0	+260 0	+420 0	+660 0	+1.05 0	+1.65 0	+2.6 0	+4.2 0	+6.6 0	+10.5 0	+16.5 0
1 250	1 600	+15 0	+21 0	+29 0	+39 0	+55 0	+78 0	+125 0	+195 0	+310 0	+500 0	+780 0	+1.25 0	+1.95 0	+3.1 0	+5 0	+7.8 0	+12.5 0	+19.5 0
1 600	2 000	+18 0	+25 0	+35 0	+46 0	+65 0	+92 0	+150 0	+230 0	+370 0	+600 0	+920 0	+1.5 0	+2.3 0	+3.7 0	+6 0	+9.2 0	+15 0	+23 0
2 000	2 500	+22 0	+30 0	+41 0	+55 0	+78 0	+110 0	+175 0	+280 0	+440 0	+700 0	+1 100 0	+1.75 0	+2.8 0	+4.4 0	+7 0	+11 0	+17.5 0	+28 0
2 500	3 150	+26 0	+36 0	+50 0	+68 0	+96 0	+135 0	+210 0	+330 0	+540 0	+860 0	+1 350 0	+2.1 0	+3.3 0	+5.4 0	+8.6 0	+13.5 0	+21 0	+33 0

a IT14～IT18 只用于大于 1 mm 的公称尺寸。

附录

附表 2-6　孔的极限偏差(基本偏差 JS)ᵃ(摘自 GB/T 1800.2—2020)

偏差 JS：上极限偏差=ES　下极限偏差=EI

公称尺寸/mm		1	2	3	4	5	6	7	8	9	10	11	12	13	14ᵇ	15ᵇ	16ᵇ	17	18
大于	至	μm											mm						
—	3ᵇ	±0.4	±0.6	±1	±1.5	±2	±3	±5	±7	±12.5	±20	±30	±0.05	±0.07	±0.125	±0.2	±0.3		
3	6	±0.5	±0.75	±1.25	±2	±2.5	±4	±6	±9	±15	±24	±37.5	±0.06	±0.09	±0.15	±0.24	±0.375	±0.6	±0.9
6	10	±0.5	±0.75	±1.25	±2	±3	±4.5	±7.5	±11	±18	±29	±45	±0.075	±0.11	±0.18	±0.29	±0.45	±0.75	±1.1
10	18	±0.6	±1	±1.5	±2.5	±4	±5.5	±9	±13.5	±21.5	±35	±55	±0.09	±0.135	±0.215	±0.35	±0.55	±0.9	±1.35
18	30	±0.75	±1.25	±2	±3	±4.5	±6.5	±10.5	±16.5	±26	±42	±65	±0.105	±0.165	±0.26	±0.42	±0.65	±1.05	±1.65
30	50	±0.75	±1.25	±2	±3.5	±5.5	±8	±12.5	±19.5	±31	±50	±80	±0.125	±0.195	±0.31	±0.5	±0.8	±1.25	±1.95
50	80	±1	±1.5	±2.5	±4	±6.5	±9.5	±15	±23	±37	±60	±95	±0.15	±0.23	±0.37	±0.6	±0.95	±1.5	±2.3
80	120	±1.25	±2	±3	±5	±7.5	±11	±17.5	±27	±43.5	±70	±110	±0.175	±0.27	±0.435	±0.7	±1.1	±1.75	±2.7
120	180	±1.75	±2.5	±4	±6	±9	±12.5	±20	±31.5	±50	±80	±125	±0.2	±0.315	±0.5	±0.8	±1.25	±2	±3.15
180	250	±2.25	±3.5	±5	±7	±10	±14.5	±23	±36	±57.5	±92.5	±145	±0.23	±0.36	±0.575	±0.925	±1.45	±2.3	±3.6
250	315	±3	±4	±6	±8	±11.5	±16	±26	±40.5	±65	±105	±160	±0.26	±0.405	±0.65	±1.05	±1.6	±2.6	±4.05

公称尺寸/mm		JS 偏差																	
大于	至	1	2	3	4	5	6	7	8	9	10	11	12	13	14b	15b	16b	17	18
		μm											mm						
315	400	±3.5	±4.5	±6.5	±9	±12.5	±18	±28.5	±44.5	±70	±115	±180	±0.285	±0.445	±0.7	±1.15	±1.8	±2.85	±4.45
400	500	±4	±5	±7.5	±10	±13.5	±20	±31.5	±48.5	±77.5	±125	±200	±0.315	±0.485	±0.775	±1.25	±2	±3.15	±4.85
500	630	±4.5	±5.5	±8	±11	±16	±22	±35	±55	±87.5	±140	±220	±0.35	±0.55	±0.875	±1.4	±2.2	±3.5	±5.5
630	800	±5	±6.5	±9	±12.5	±18	±25	±40	±62.5	±100	±160	±250	±0.4	±0.625	±1	±1.6	±2.5	±4	±6.25
800	1 000	±5.5	±7.5	±10.5	±14	±20	±28	±45	±70	±115	±180	±280	±0.45	±0.7	±1.15	±1.8	±2.8	±4.5	±7
1 000	1 250	±6.5	±9	±12	±16.5	±23.5	±33	±52.5	±82.5	±130	±210	±330	±0.525	±0.825	±1.3	±2.1	±3.3	±5.25	±8.25
1 250	1 600	±7.5	±10.5	±14.5	±19.5	±27.5	±39	±62.5	±97.5	±155	±250	±390	±0.625	±0.975	±1.55	±2.5	±3.9	±6.25	±9.75
1 600	2 000	±9	±12.5	±17.5	±23	±32.5	±46	±75	±115	±185	±300	±460	±0.75	±1.15	±1.85	±3	±4.6	±7.5	±11.5
2 000	2 500	±11	±15	±20.5	±27.5	±39	±55	±87.5	±140	±220	±350	±550	±0.875	±1.4	±2.2	±3.5	±5.5	±8.75	±14
2 500	3 150	±13	±18	±25	±34	±48	±67.5	±105	±165	±270	±430	±675	±1.05	±1.65	±2.7	±4.3	±6.75	±10.5	±16.5

a 为了避免相同的重复。表列值以"±x"给出，可为 $ES=+x$，$EI=-x$，例如 $^{+0.23}_{-0.23}$ mm。

b IT14～IT16 只用于大于 1 mm 的公称尺寸。

附录

附表 2-7 孔的极限偏差（基本偏差 J 和 K）（摘自 GB/T 1800. 2—2020）

上极限偏差=ES
下极限偏差=EI

μm

公称尺寸/mm		J			9ᵃ	K						9ᵇ	10ᵇ
大于	至	6	7	8		3	4	5	6	7	8		
—	3	+2 / −4	+4 / −6	+6 / −8		0 / −2	0 / −3	0 / −4	0 / −6	0 / −10	0 / −14	0 / −25	0 / −40
3	6	+5 / −3	±6ᶜ	+10 / −8		0 / −2.5	+0.5 / −3.5	0 / −5	+2 / −6	+3 / −9	+5 / −13		
6	10	+5 / −4	+8 / −7	+12 / −10		0 / −2.5	+0.5 / −3.5	+1 / −5	+2 / −7	+5 / −10	+6 / −16		
10	18	+6 / −5	+10 / −8	+15 / −12		0 / −3	+1 / −4	+2 / −6	+2 / −9	+6 / −12	+8 / −19		
18	30	+8 / −5	+12 / −9	+20 / −13		−0.5 / −4.5	0 / −6	+1 / −8	+2 / −11	+6 / −15	+10 / −23		
30	50	+10 / −6	+14 / −11	+24 / −15		−0.5 / −4.5	+1 / −6	+2 / −9	+3 / −13	+7 / −18	+12 / −27		
50	80	+13 / −6	+18 / −12	+28 / −18				+3 / −10	+4 / −15	+9 / −21	+14 / −32		
80	120	+16 / −6	+22 / −13	+34 / −20				+2 / −13	+4 / −18	+10 / −25	+16 / −38		
120	180	+18 / −7	+26 / −14	+41 / −22				+3 / −15	+4 / −21	+12 / −28	+20 / −43		
180	250	+22 / −7	+30 / −16	+47 / −25				+2 / −18	+5 / −24	+13 / −33	+22 / −50		

续表

公称尺寸/mm		J				K							
大于	至	6	7	8	9ª	3	4	5	6	7	8	9ᵇ	10ᵇ
250	315	+25 / −7	+36 / −16	+55 / −26				+3 / −20	+5 / −27	+16 / −36	+25 / −56		
315	400	+29 / −7	+39 / −18	+60 / −29				+3 / −22	+7 / −29	+17 / −40	+28 / −61		
400	500	+33 / −7	+43 / −20	+66 / −31				+2 / −25	+8 / −32	+18 / −45	+29 / −68		
500	630								0 / −44	0 / −70	0 / −110		
630	800								0 / −50	0 / −80	0 / −125		
800	1 000								0 / −56	0 / −90	0 / −140		
1 000	1 250								0 / −66	0 / −105	0 / −165		
1 250	1 600								0 / −78	0 / −125	0 / −195		
1 600	2 000								0 / −92	0 / −150	0 / −230		
2 000	2 500								0 / −110	0 / −175	0 / −280		
2 500	3 150								0 / −135	0 / −210	0 / −330		

a 公差带代号 J9，J10 等的公差极限对称于公称尺寸线。

b 公称尺寸大于 3 mm 时，大于 IT8 的 K 的偏差值不作规定。

c 与 JS7 相同。

附表 2-8　孔的极限偏差（基本偏差 M 和 N）（摘自 GB/T 1800.2—2020）

上极限偏差=ES
下极限偏差=EI

μm

公称尺寸/mm 大于	至	M 3	M 4	M 5	M 6	M 7	M 8	M 9	M 10	N 3	N 4	N 5	N 6	N 7	N 8	N 9[a]	N 10[a]	N 11[a]
—	3[a]	-2 / -4	-2 / -5	-2 / -6	-2 / -8	-2 / -12	-2 / -16	-2 / -27	-2 / -42	-4 / -6	-4 / -7	-4 / -8	-4 / -10	-4 / -14	-4 / -18	-4 / -29	-4 / -44	-4 / -64
3	6	-3 / -5.5	-2.5 / -6.5	-3 / -8	-1 / -9	0 / -12	+2 / -16	-4 / -34	-4 / -52	-7 / -9.5	-6.5 / -10.5	-7 / -12	-5 / -13	-4 / -16	-2 / -20	0 / -30	0 / -48	0 / -75
6	10	-5 / -7.5	-4.5 / -8.5	-4 / -10	-3 / -12	0 / -15	+1 / -21	-6 / -42	-6 / -64	-9 / -11.5	-8.5 / -12.5	-8 / -14	-7 / -16	-4 / -19	-3 / -25	0 / -36	0 / -58	0 / -90
10	18	-6 / -9	-5 / -10	-4 / -12	-4 / -15	0 / -18	+2 / -25	-7 / -50	-7 / -77	-11 / -14	-10 / -15	-9 / -17	-9 / -20	-5 / -23	-3 / -30	0 / -43	0 / -70	0 / -110
18	30	-6.5 / -10.5	-6 / -12	-5 / -14	-4 / -17	0 / -21	+4 / -29	-8 / -60	-8 / -92	-13.5 / -17.5	-13 / -19	-12 / -21	-11 / -24	-7 / -28	-3 / -36	0 / -52	0 / -84	0 / -130
30	50	-7.5 / -11.5	-6 / -13	-5 / -16	-4 / -20	0 / -25	+5 / -34	-9 / -71	-9 / -109	-15.5 / -19.5	-14 / -21	-13 / -24	-12 / -28	-8 / -33	-3 / -42	0 / -62	0 / -100	0 / -160
50	80			-6 / -19	-5 / -24	0 / -30	+5 / -41					-15 / -28	-14 / -33	-9 / -39	-4 / -50	0 / -74	0 / -120	0 / -190
80	120			-8 / -23	-6 / -28	0 / -35	+6 / -48					-18 / -33	-16 / -38	-10 / -45	-4 / -58	0 / -87	0 / -140	0 / -220
120	180			-9 / -27	-8 / -33	0 / -40	+8 / -55					-21 / -39	-20 / -45	-12 / -52	-4 / -67	0 / -100	0 / -160	0 / -250
180	250			-11 / -31	-8 / -37	0 / -46	+9 / -63					-25 / -45	-22 / -51	-14 / -60	-5 / -77	0 / -115	0 / -185	0 / -290

公称尺寸/mm		M								N								
大于	至	3	4	5	6	7	8	9	10	3	4	5	6	7	8	9a	10a	11a
250	315			−13 −36	−9 −41	0 −52	+9 −72					−27 −50	−25 −57	−14 −66	−5 −86	0 −130	0 −210	0 −320
315	400			−14 −39	−10 −46	0 −57	+11 −78					−30 −55	−26 −62	−16 −73	−5 −94	0 −140	0 −230	0 −360
400	500			−16 −43	−10 −50	0 −63	+11 −86					−33 −60	−27 −67	−17 −80	−6 −103	0 −155	0 −250	0 −400
500	630				−26 −70	−26 −96	−26 −136						−44 −88	−44 −114	−44 −154	−44 −219		
630	800				−30 −80	−30 −110	−30 −155						−50 −100	−50 −130	−50 −175	−50 −250		
800	1 000				−34 −90	−34 −124	−34 −174						−56 −112	−56 −146	−56 −196	−56 −286		
1 000	1 250				−40 −106	−40 −145	−40 −205						−66 −132	−66 −171	−66 −231	−66 −326		
1 250	1 600				−48 −126	−48 −173	−48 −243						−78 −156	−78 −203	−78 −273	−78 −388		
1 600	2 000				−58 −150	−58 −208	−58 −288						−92 −184	−92 −242	−92 −322	−92 −462		
2 000	2 500				−68 −178	−68 −243	−68 −348						−110 −220	−110 −285	−110 −390	−110 −550		
2 500	3 150				−76 −211	−76 −286	−76 −406						−135 −270	−135 −345	−135 −465	−135 −675		

a 公差带代号 N9、N10 和 N11 只用于大于 1 mm 的公称尺寸。

附录

附表 2-9　孔的极限偏差(基本偏差 P)(摘自 GB/T 1800.2—2020)

上极限偏差＝ES
下极限偏差＝EI

单位：μm

公称尺寸/mm 大于	至	P 3	4	5	6	7	8	9	10
—	3	−6 / −8	−6 / −9	−6 / −10	−6 / −12	−6 / −16	−6 / −20	−6 / −31	−6 / −46
3	6	−11 / −13.5	−10.5 / −14.5	−11 / −16	−9 / −17	−8 / −20	−12 / −30	−12 / −42	−12 / −60
6	10	−14 / −16.5	−13.5 / −17.5	−13 / −19	−12 / −21	−9 / −24	−15 / −37	−15 / −51	−15 / −73
10	18	−17 / −20	−16 / −21	−15 / −23	−15 / −26	−11 / −29	−18 / −45	−18 / −61	−18 / −88
18	30	−20.5 / −24.5	−20 / −26	−19 / −28	−18 / −31	−14 / −35	−22 / −55	−22 / −74	−22 / −106
30	50	−24.5 / −28.5	−23 / −30	−22 / −33	−21 / −37	−17 / −42	−26 / −65	−26 / −88	−26 / −126
50	80			−27 / −40	−26 / −45	−21 / −51	−32 / −78	−32 / −106	
80	120			−32 / −47	−30 / −52	−24 / −59	−37 / −91	−37 / −124	
120	180			−37 / −55	−36 / −61	−28 / −68	−43 / −106	−43 / −143	
180	250			−44 / −64	−41 / −70	−33 / −79	−50 / −122	−50 / −165	

公称尺寸 /mm		P							
大于	至	3	4	5	6	7	8	9	10
250	315			−49 −72	−47 −79	−36 −88	−56 −137	−56 −186	
315	400			−55 −80	−51 −87	−41 −98	−62 −151	−62 −202	
400	500			−61 −88	−55 −95	−45 −108	−68 −165	−68 −223	
500	630				−78 −122	−78 −148	−78 −188	−78 −253	
630	800				−88 −138	−88 −168	−88 −213	−88 −288	
800	1 000				−100 −156	−100 −190	−100 −240	−100 −330	
1 000	1 250				−120 −186	−120 −225	−120 −285	−120 −380	
1 250	1 600				−140 −218	−140 −265	−140 −335	−140 −450	
1 600	2 000				−170 −262	−170 −320	−170 −400	−170 −540	
2 000	2 500				−195 −305	−195 −370	−195 −475	−195 −635	
2 500	3 150				−240 −375	−240 −450	−240 −570	−240 −780	

附表 2-10　孔的极限偏差（基本偏差 R）（摘自 GB/T 1800. 2—2020)

上极限偏差＝ES
下极限偏差＝EI

R

μm

公称尺寸 /mm		3		4		5		6		7		8		9		10	
大于	至	ES	EI	ES	EI	ES	EI	ES	EI	ES	EI	ES	EI	ES	EI	ES	EI
—	3	−10	−12	−10	−13	−10	−14	−10	−16	−10	−20	−10	−24	−10	−35	−10	−50
3	6	−14	−16.5	−13.5	−17.5	−14	−19	−12	−20	−11	−23	−15	−33	−15	−45	−15	−63
6	10	−18	−20.5	−17.5	−21.5	−17	−23	−16	−25	−13	−28	−19	−41	−19	−55	−19	−77
10	18	−22	−25	−21	−26	−20	−28	−20	−31	−16	−34	−23	−50	−23	−66	−23	−93
18	30	−26.5	−30.5	−26	−32	−25	−34	−24	−37	−20	−41	−28	−61	−28	−80	−28	−112
30	50	−32.5	−36.5	−31	−38	−30	−41	−29	−45	−24	−50	−34	−73	−34	−96	−34	−134
50	65					−36	−49	−35	−54	−30	−60	−41	−87				
65	80					−38	−51	−37	−56	−32	−62	−43	−89				
80	100					−46	−61	−44	−66	−38	−73	−51	−105				
100	120					−49	−64	−47	−69	−41	−76	−54	−108				

续表

R

公称尺寸/mm		3	4	5	6	7	8	9	10
大于	至								
120	140			−57 −75	−56 −81	−48 −88	−63 −126		
140	160			−59 −77	−58 −83	−50 −90	−65 −128		
160	180			−62 −80	−61 −86	−53 −93	−68 −131		
180	200			−71 −91	−68 −97	−60 −106	−77 −149		
200	225			−74 −94	−71 −100	−63 −109	−80 −152		
225	250			−78 −98	−75 −104	−67 −113	−84 −156		
250	280			−87 −110	−85 −117	−74 −126	−94 −175		
280	315			−91 −114	−89 −121	−78 −130	−98 −179		
315	355			−101 −126	−97 −133	−87 −144	−108 −197		
355	400			−107 −132	−103 −139	−93 −150	−114 −203		
400	450			−119 −146	−113 −153	−103 −166	−126 −223		

续表

公称尺寸 /mm		R							
大于	至	3	4	5	6	7	8	9	10
450	500			−125 −152	−119 −159	−109 −172	−132 −229		
500	560				−150 −194	−150 −220	−150 −260		
560	630				−155 −199	−155 −225	−155 −265		
630	710				−175 −225	−175 −255	−175 −300		
710	800				−185 −235	−185 −265	−185 −310		
800	900				−210 −266	−210 −300	−210 −350		
900	1 000				−220 −276	−220 −310	−220 −360		
1 000	1 120				−250 −316	−250 −355	−250 −415		
1 120	1 250				−260 −326	−260 −365	−260 −425		
1 250	1 400				−300 −378	−300 −425	−300 −495		
1 400	1 600				−330 −408	−330 −455	−330 −525		

R

公称尺寸/mm 大于	至	3	4	5	6	7	8	9	10
1 600	1 800				−370 / −462	−370 / −520	−370 / −600		
1 800	2 000				−400 / −492	−400 / −550	−400 / −630		
2 000	2 240				−440 / −550	−440 / −615	−440 / −720		
2 240	2 500				−460 / −570	−460 / −635	−460 / −740		
2 500	2 800				−550 / −685	−550 / −760	−550 / −880		
2 800	3 150				−580 / −715	−580 / −790	−580 / −910		

附表 2-11　孔的极限偏差（基本偏差 S）（摘自 GB/T 1800.2—2020）

上极限偏差＝ES
下极限偏差＝EI

μm

S

公称尺寸/mm 大于	至	3	4	5	6	7	8	9	10
—	3	−14 / −16	−14 / −17	−14 / −18	−14 / −20	−14 / −24	−14 / −28	−14 / −39	−14 / −54

公称尺寸/mm 大于	至	s 3	s 4	s 5	s 6	s 7	s 8	s 9	s 10
3	6	-18 / -20.5	-17.5 / -21.5	-18 / -23	-16 / -24	-15 / -27	-19 / -37	-19 / -49	-19 / -67
6	10	-22 / -24.5	-21.5 / -25.5	-21 / -27	-20 / -29	-17 / -32	-23 / -45	-23 / -59	-23 / -81
10	18	-27 / -30	-26 / -31	-25 / -33	-25 / -36	-21 / -39	-28 / -55	-28 / -71	-28 / -98
18	30	-33.5 / -37.5	-33 / -39	-32 / -41	-31 / -44	-27 / -48	-35 / -68	-35 / -87	-35 / -119
30	50	-41.5 / -45.5	-40 / -47	-39 / -50	-38 / -54	-34 / -59	-43 / -82	-43 / -105	-43 / -143
50	65			-48 / -61	-47 / -66	-42 / -72	-53 / -99	-53 / -127	
65	80			-54 / -67	-53 / -72	-48 / -78	-59 / -105	-59 / -133	
80	100			-66 / -81	-64 / -86	-58 / -93	-71 / -125	-71 / -158	
100	120			-74 / -89	-72 / -94	-66 / -101	-79 / -133	-79 / -166	
120	140			-86 / -104	-85 / -110	-77 / -117	-92 / -155	-92 / -192	
140	160			-94 / -112	-93 / -118	-85 / -125	-100 / -163	-100 / -200	

公称尺寸/mm		S							
大于	至	3	4	5	6	7	8	9	10
160	180			−102 −120	−101 −126	−93 −133	−108 −171	−108 −208	
180	200			−116 −136	−113 −142	−105 −151	−122 −194	−122 −237	
200	225			−124 −144	−121 −150	−113 −159	−130 −202	−130 −245	
225	250			−134 −154	−131 −160	−123 −169	−140 −212	−140 −255	
250	280			−151 −174	−149 −181	−138 −190	−158 −239	−158 −288	
280	315			−163 −186	−161 −193	−150 −202	−170 −251	−170 −300	
315	355			−183 −208	−179 −215	−169 −226	−190 −279	−190 −330	
355	400			−201 −226	−197 −233	−187 −244	−208 −297	−208 −348	
400	450			−225 −252	−219 −259	−209 −272	−232 −329	−232 −387	
450	500			−245 −272	−239 −279	−229 −292	−252 −349	−252 −407	
500	560				−280 −324	−280 −350	−280 −390		

汽车 机械基础

公称尺寸/mm		S							
大于	至	3	4	5	6	7	8	9	10
560	630				−310 −354	−310 −380	−310 −420		
630	710				−340 −390	−340 −420	−340 −465		
710	800				−380 −430	−380 −460	−380 −505		
800	900				−430 −486	−430 −520	−430 −570		
900	1 000				−470 −526	−470 −560	−470 −610		
1 000	1 120				−520 −586	−520 −625	−520 −685		
1 120	1 250				−580 −646	−580 −685	−580 −745		
1 250	1 400				−640 −718	−640 −765	−640 −835		
1 400	1 600				−720 −798	−720 −845	−720 −915		
1 600	1 800				−820 −912	−820 −970	−820 −1 050		
1 800	2 000				−920 −1 012	−920 −1 070	−920 −1 150		

公称尺寸/mm		S							
大于	至	3	4	5	6	7	8	9	10
2 000	2 240				−1 000 −1 110	−1 000 −1 175	−1 000 −1 280		
2 240	2 500				−1 100 −1 210	−1 100 −1 275	−1 100 −1 380		
2 500	2 800				−1 250 −1 385	−1 250 −1 460	−1 250 −1 580		
2 800	3 150				−1 400 −1 535	−1 400 −1 610	−1 400 −1 730		

附表 2-12 孔的极限偏差（基本偏差 T 和 U）（摘自 GB/T 1800.2—2020）

上极限偏差＝ES
下极限偏差＝EI

μm

公称尺寸/mm		T^a				U					
大于	至	5	6	7	8	5	6	7	8	9	10
—	3					−18 −22	−18 −24	−18 −28	−18 −32	−18 −43	−18 −58
3	6					−22 −27	−20 −28	−19 −31	−23 −41	−23 −53	−23 −71
6	10					−26 −32	−25 −34	−22 −37	−28 −50	−28 −64	−28 −86

续表

| 公称尺寸/mm | | T^a | | | | U | | | | | |
大于	至	5	6	7	8	5	6	7	8	9	10
10	18					−30 / −38	−30 / −41	−26 / −44	−33 / −60	−33 / −76	−33 / −103
18	24					−38 / −47	−37 / −50	−33 / −54	−41 / −74	−41 / −93	−41 / −125
24	30	−38 / −47	−37 / −50	−33 / −54	−41 / −74	−45 / −54	−44 / −57	−40 / −61	−48 / −81	−48 / −100	−48 / −132
30	40	−44 / −55	−43 / −59	−39 / −64	−48 / −87	−56 / −67	−55 / −71	−51 / −76	−60 / −99	−60 / −122	−60 / −160
40	50	−50 / −61	−49 / −65	−45 / −70	−54 / −93	−66 / −77	−65 / −81	−61 / −86	−70 / −109	−70 / −132	−70 / −170
50	65		−60 / −79	−55 / −85	−66 / −112		−81 / −100	−76 / −106	−87 / −133	−87 / −161	−87 / −207
65	80		−69 / −88	−64 / −94	−75 / −121		−96 / −115	−91 / −121	−102 / −148	−102 / −176	−102 / −222
80	100		−84 / −106	−78 / −113	−91 / −145		−117 / −139	−111 / −146	−124 / −178	−124 / −211	−124 / −264
100	120		−97 / −119	−91 / −126	−104 / −158		−137 / −159	−131 / −166	−144 / −198	−144 / −231	−144 / −284
120	140		−115 / −140	−107 / −147	−122 / −185		−163 / −188	−155 / −195	−170 / −233	−170 / −270	−170 / −330
140	160		−127 / −152	−129 / −159	−134 / −197		−183 / −208	−175 / −215	−190 / −253	−190 / −290	−190 / −350

公称尺寸 /mm		T^a				U					
大于	至	5	6	7	8	5	6	7	8	9	10
160	180		−139 / −164	−131 / −171	−146 / −209		−203 / −228	−195 / −235	−210 / −273	−210 / −310	−210 / −370
180	200		−157 / −186	−149 / −195	−166 / −238		−227 / −256	−219 / −265	−236 / −308	−236 / −351	−236 / −421
200	225		−171 / −200	−163 / −209	−180 / −252		−249 / −278	−241 / −287	−258 / −330	−258 / −373	−258 / −443
225	250		−187 / −216	−179 / −225	−196 / −268		−275 / −304	−267 / −313	−284 / −356	−284 / −399	−284 / −469
250	280		−209 / −241	−198 / −250	−218 / −299		−306 / −338	−295 / −347	−315 / −396	−315 / −445	−315 / −525
280	315		−231 / −263	−220 / −272	−240 / −321		−341 / −373	−330 / −382	−350 / −431	−350 / −480	−350 / −560
315	355		−257 / −293	−247 / −304	−268 / −357		−379 / −415	−369 / −426	−390 / −479	−390 / −530	−390 / −620
355	400		−283 / −319	−273 / −330	−294 / −383		−424 / −460	−414 / −471	−435 / −524	−435 / −575	−435 / −665
400	450		−317 / −357	−307 / −370	−330 / −427		−477 / −517	−467 / −530	−490 / −587	−490 / −645	−490 / −740
450	500		−347 / −387	−337 / −400	−360 / −457		−527 / −567	−517 / −580	−540 / −637	−540 / −695	−540 / −790
500	560		−400 / −444	−400 / −470	−400 / −510		−600 / −644	−600 / −670	−600 / −710		

附录

315

续表

公称尺寸/mm		T^a				U					
大于	至	5	6	7	8	5	6	7	8	9	10
560	630		−450 −494	−450 −520	−450 −560		−660 −704	−660 −730	−660 −770		
630	710		−500 −550	−500 −580	−500 −625		−740 −790	−740 −820	−740 −865		
710	800		−560 −610	−560 −640	−560 −685		−840 −890	−840 −920	−840 −965		
800	900		−620 −676	−620 −710	−620 −760		−940 −996	−940 −1030	−940 −1080		
900	1 000		−680 −736	−680 −770	−680 −820		−1 050 −1 106	−1 050 −1 140	−1 050 −1 190		
1 000	1 120		−780 −846	−780 −885	−780 −945		−1 150 −1 216	−1 150 −1 255	−1 150 −1 315		
1 120	1 250		−840 −906	−840 −945	−840 −1 005		−1 300 −1 366	−1 300 −1 405	−1 300 −1 465		
1 250	1 400		−960 −1 038	−960 −1 085	−960 −1 155		−1 450 −1 528	−1 450 −1 575	−1 450 −1 645		
1 400	1 600		−1 050 −1 128	−1 050 −1 175	−1 050 −1 245		−1 600 −1 678	−1 600 −1 725	−1 600 −1 795		
1 600	1 800		−1 200 −1 292	−1 200 −1 350	−1 200 −1 430		−1 850 −1 942	−1 850 −2 000	−1 850 −2 080		
1 800	2 000		−1 350 −1 442	−1 350 −1 500	−1 350 −1 580		−2 000 −2 092	−2 000 −2 150	−2 000 −2 230		

公称尺寸/mm		T[a]				U					
大于	至	5	6	7	8	5	6	7	8	9	10
2 000	2 240		−1 500 −1 610	−1 500 −1 675	−1 500 −1 780		−2 300 −2 410	−2 300 −2 475	−2 300 −2 580		
2 240	2 500		−1 650 −1 760	−1 650 −1 825	−1 650 −1 930		−2 500 −2 610	−2 500 −2 675	−2 500 −2 780		
2 500	2 800		−1 900 −2 035	−1 900 −2 110	−1 900 −2 230		−2 900 −3 035	−2 900 −3 110	−2 900 −3 230		
2 800	3 150		−2 100 −2 235	−2 100 −2 310	−2 100 −2 430		−3 200 −3 335	−3 200 −3 410	−3 200 −3 530		

a 公称尺寸至 24 mm 的公差带号 T5~T8 的偏差数值没有列入表中，建议以公差带代号 U5~U8 替代。

附表 2-13 孔的极限偏差（基本偏差 V、X 和 Y）[a]（摘自 GB/T 1800.2—2020）

上极限偏差＝ES
下极限偏差＝EI

μm

公称尺寸/mm		V[b]			X						Y[c]				
大于	至	5	6	7	5	6	7	8	9	10	6	7	8	9	10
—	3				−20 −24	−20 −26	−20 −30	−20 −34	−20 −45	−20 −60					
3	6				−28 −33	−28 −36	−28 −40	−28 −46	−28 −58	−28 −76					
6	10				−34 −40	−34 −43	−34 −49	−34 −56	−34 −70	−34 −92					

公称尺寸/mm		V^b				X						Y^c				
大于	至	5	6	7	8	5	6	7	8	9	10	6	7	8	9	10
10	14					-37/-45	-37/-48	-33/-51	-40/-67	-40/-83	-40/-110					
14	18	-36/-44	-36/-47	-32/-50	-39/-66	-42/-50	-42/-53	-38/-56	-45/-72	-45/-88	-45/-115					
18	24	-44/-53	-43/-56	-39/-60	-47/-80	-51/-60	-50/-63	-46/-67	-54/-87	-54/-106	-54/-138	-59/-72	-55/-76	-63/-96	-63/-115	-63/-147
24	30	-52/-61	-51/-64	-47/-68	-55/-88	-61/-70	-60/-73	-56/-77	-64/-97	-64/-116	-64/-148	-71/-84	-67/-88	-75/-108	-75/-127	-75/-159
30	40	-64/-75	-63/-79	-59/-84	-68/-107	-76/-87	-75/-91	-71/-96	-80/-119	-80/-142	-80/-180	-89/-105	-85/-110	-94/-133	-94/-156	-94/-194
40	50	-77/-88	-76/-92	-72/-97	-81/-120	-93/-104	-92/-108	-88/-113	-97/-136	-97/-159	-97/-197	-109/-125	-105/-130	-114/-153	-114/-176	-114/-214
50	65		-96/-115	-91/-121	-102/-148		-116/-135	-111/-141	-122/-168	-122/-196		-138/-157	-133/-163	-144/-190		
65	80		-114/-133	-109/-139	-120/-166		-140/-159	-135/-165	-146/-192	-146/-220		-168/-187	-163/-193	-174/-220		
80	100		-139/-161	-133/-168	-146/-200		-171/-193	-165/-200	-178/-232	-178/-265		-207/-229	-201/-236	-214/-268		
100	120		-165/-187	-159/-194	-172/-226		-203/-225	-197/-232	-210/-264	-210/-297		-247/-269	-241/-276	-254/-308		
120	140		-195/-220	-187/-227	-202/-265		-241/-266	-233/-273	-248/-311	-248/-348		-293/-318	-285/-325	-300/-363		
140	160		-221/-246	-213/-253	-228/-291		-273/-298	-265/-305	-280/-343	-280/-380		-333/-358	-325/-365	-340/-403		

公称尺寸/mm		V[b]				X						Y[c]				
大于	至	5	6	7	8	5	6	7	8	9	10	6	7	8	9	10
160	180		−245	−237	−252		−303	−295	−310	−310		−373	−365	−380		
			−270	−277	−315		−328	−335	−373	−410		−398	−405	−443		
180	200		−275	−267	−284		−341	−333	−350	−350		−416	−408	−425		
			−304	−313	−356		−370	−379	−422	−465		−445	−454	−497		
200	225		−301	−293	−310		−376	−368	−385	−385		−461	−453	−470		
			−330	−339	−382		−405	−414	−457	−500		−490	−499	−542		
225	250		−331	−323	−340		−416	−408	−425	−425		−511	−503	−520		
			−360	−369	−412		−445	−454	−497	−540		−540	−549	−592		
250	280		−376	−365	−385		−466	−455	−475	−475		−571	−560	−580		
			−408	−417	−466		−498	−507	−556	−605		−603	−612	−661		
280	315		−416	−405	−425		−516	−505	−525	−525		−641	−630	−650		
			−448	−457	−506		−548	−557	−606	−655		−673	−682	−731		
315	355		−464	−454	−475		−579	−569	−590	−590		−719	−709	−730		
			−500	−511	−564		−615	−626	−679	−730		−755	−766	−819		
355	400		−519	−509	−530		−649	−639	−660	−660		−809	−799	−820		
			−555	−566	−619		−685	−696	−749	−800		−845	−856	−909		
400	450		−582	−572	−595		−727	−717	−740	−740		−907	−897	−920		
			−622	−635	−692		−767	−780	−837	−895		−947	−960	−1 017		
450	500		−647	−637	−660		−807	−797	−820	−820		−987	−977	−1 000		
			−687	−700	−757		−847	−860	−917	−975		−1 027	−1 040	−1 097		

a 公称尺寸大于 500 mm 的 V、X 和 Y 的基本偏差数值没有列入表中。

b 公称尺寸至 14 mm 的公差带代号 V5～V8 的偏差数值没有列入表中，建议以公差带代号 X5～X8 替代。

c 公称尺寸至 18 mm 的公差带代号 Y6～Y10 的偏差数值没有列入表中，建议以公差带代号 Z6～Z10 替代。

附录

附表 2-14 孔的极限偏差（基本偏差 Z 和 ZA）[a]（摘自 GB/T 1800.2—2020）

上极限偏差＝ES　下极限偏差＝EI　μm

公称尺寸/mm 大于	至	Z 6	Z 7	Z 8	Z 9	Z 10	Z 11	ZA 6	ZA 7	ZA 8	ZA 9	ZA 10	ZA 11
—	3	−26 / −32	−26 / −36	−26 / −40	−26 / −51	−26 / −66	−26 / −86	−32 / −38	−32 / −42	−32 / −46	−32 / −57	−32 / −72	−32 / −92
3	6	−32 / −40	−31 / −43	−35 / −53	−35 / −65	−35 / −83	−35 / −110	−39 / −47	−38 / −50	−42 / −60	−42 / −72	−42 / −90	−42 / −117
6	10	−39 / −48	−36 / −51	−42 / −64	−42 / −78	−42 / −100	−42 / −132	−49 / −58	−46 / −61	−52 / −74	−52 / −88	−52 / −110	−52 / −142
10	14	−47 / −58	−43 / −61	−50 / −77	−50 / −93	−50 / −120	−50 / −160	−61 / −72	−57 / −75	−64 / −91	−64 / −107	−64 / −134	−64 / −174
14	18	−57 / −68	−53 / −71	−60 / −87	−60 / −103	−60 / −130	−60 / −170	−74 / −85	−70 / −88	−77 / −104	−77 / −120	−77 / −147	−77 / −187
18	24	−69 / −82	−65 / −86	−73 / −106	−73 / −125	−73 / −157	−73 / −203	−94 / −107	−90 / −111	−98 / −131	−98 / −150	−98 / −182	−98 / −228
24	30	−84 / −97	−80 / −101	−88 / −121	−88 / −140	−88 / −172	−88 / −218	−114 / −127	−110 / −131	−118 / −151	−118 / −170	−118 / −202	−118 / −248
30	40	−107 / −123	−103 / −128	−112 / −151	−112 / −174	−112 / −212	−112 / −272	−143 / −159	−139 / −164	−148 / −187	−148 / −210	−148 / −248	−148 / −308
40	50	−131 / −147	−127 / −152	−136 / −175	−136 / −198	−136 / −236	−136 / −296	−175 / −191	−171 / −196	−180 / −219	−180 / −242	−180 / −280	−180 / −340
50	65		−161 / −191	−172 / −218	−172 / −246	−172 / −292	−172 / −362		−215 / −245	−226 / −272	−226 / −300	−226 / −346	−226 / −416

公称尺寸/mm		Z						ZA					
大于	至	6	7	8	9	10	11	6	7	8	9	10	11
65	80		−199 −229	−210 −256	−210 −284	−210 −330	−210 −400		−263 −293	−274 −320	−274 −348	−274 −394	−274 −464
80	100		−245 −280	−258 −312	−258 −345	−258 −398	−258 −478		−322 −357	−335 −389	−335 −422	−335 −475	−335 −555
100	120		−297 −332	−310 −364	−310 −397	−310 −450	−310 −530		−387 −422	−400 −545	−400 −487	−400 −540	−400 −620
120	140		−350 −390	−365 −428	−365 −465	−365 −525	−365 −615		−455 −495	−470 −533	−470 −570	−470 −630	−470 −720
140	160		−400 −440	−415 −478	−415 −515	−415 −575	−415 −665		−520 −560	−535 −598	−535 −635	−535 −695	−535 −785
160	180		−450 −490	−465 −528	−465 −565	−465 −625	−465 −715		−586 −625	−600 −663	−600 −700	−600 −760	−600 −850
180	200		−503 −549	−520 −592	−520 −635	−520 −705	−520 −810		−653 −699	−670 −742	−670 −785	−670 −855	−670 −960
200	225		−558 −604	−575 −647	−575 −690	−575 −760	−575 −865		−723 −769	−740 −812	−740 −855	−740 −925	−740 −1 030
225	250		−623 −669	−640 −712	−640 −755	−640 −825	−640 −930		−803 −849	−820 −892	−820 −935	−820 −1 005	−820 −1 110
250	280		−690 −742	−710 −791	−710 −840	−710 −920	−710 −1 030		−900 −952	−920 −1 001	−920 −1 050	−920 −1 130	−920 −1 240
280	315		−770 −822	−790 −871	−790 −920	−790 −1 000	−790 −1 110		−980 −1 032	−1 000 −1 081	−1 000 −1 130	−1 000 −1 210	−1 000 −1 320

续表

公称尺寸/mm 大于	至	Z 6	7	8	9	10	11	ZA 6	7	8	9	10	11
315	355		−879 / −936	−900 / −989	−900 / −1040	−900 / −1130	−900 / −1260		−1129 / −1186	−1150 / −1239	−1150 / −1290	−1150 / −1380	−1150 / −1510
355	400		−979 / −1036	−1000 / −1089	−1000 / −1140	−1000 / −1230	−1000 / −1360		−1279 / −1336	−1300 / −1389	−1300 / −1440	−1300 / −1530	−1300 / −1660
400	450		−1077 / −1140	−1100 / −1197	−1100 / −1255	−1100 / −1350	−1100 / −1500		−1427 / −1490	−1450 / −1547	−1450 / −1605	−1450 / −1700	−1450 / −1850
450	500		−1227 / −1290	−1250 / −1347	−1250 / −1405	−1250 / −1500	−1250 / −1650		−1577 / −1640	−1600 / −1697	−1600 / −1755	−1600 / −1850	−1600 / −2000

a 公称尺寸大于 500 mm 的 Z 和 ZA 的基本偏差数值没有列入表中。

附表 2-15 孔的极限偏差(基本偏差 ZB 和 ZC)[a](摘自 GB/T 1800.2—2020)

上极限偏差=ES
下极限偏差=EI

单位：μm

公称尺寸/mm 大于	至	ZB 7	8	9	10	11	ZC 7	8	9	10	11
—	3	−40 / −50	−40 / −54	−40 / −65	−40 / −80	−40 / −100	−60 / −70	−60 / −74	−60 / −85	−60 / −100	−60 / −120
3	6	−46 / −58	−50 / −68	−50 / −80	−50 / −98	−50 / −125	−76 / −88	−80 / −98	−80 / −110	−80 / −128	−80 / −155
6	10	−61 / −76	−67 / −89	−67 / −103	−67 / −125	−67 / −157	−91 / −106	−97 / −119	−97 / −133	−97 / −155	−97 / −187

公称尺寸/mm		ZB					ZC				
大于	至	7	8	9	10	11	7	8	9	10	11
10	14	−83 −101	−90 −117	−90 −133	−90 −160	−90 −200	−123 −141	−130 −157	−130 −173	−130 −200	−130 −240
14	18	−101 −119	−108 −135	−108 −151	−103 −173	−108 −218	−143 −161	−150 −177	−150 −193	−150 −220	−150 −260
18	24	−128 −149	−136 −169	−136 −188	−135 −220	−136 −266	−180 −201	−188 −221	−188 −240	−188 −272	−188 −318
24	30	−152 −173	−160 −193	−160 −212	−160 −244	−160 −290	−210 −231	−218 −251	−218 −270	−218 −302	−218 −348
30	40	−191 −216	−200 −239	−200 −262	−200 −300	−200 −360	−265 −290	−274 −313	−274 −336	−274 −374	−274 −434
40	50	−233 −258	−242 −281	−242 −304	−242 −342	−242 −402	−316 −341	−325 −364	−325 −387	−325 −425	−325 −485
50	65	−289 −319	−300 −346	−300 −374	−300 −420	−300 −490	−394 −424	−405 −451	−405 −479	−405 −525	−405 −595
65	80	−349 −379	−360 −406	−360 −434	−360 −480	−360 −550	−469 −499	−480 −526	−480 −554	−480 −600	−480 −670
80	100	−432 −467	−445 −499	−445 −532	−445 −585	−445 −665	−572 −607	−585 −639	−585 −672	−585 −725	−585 −805
100	120	−512 −547	−525 −579	−525 −612	−525 −665	−525 −745	−677 −712	−690 −744	−690 −777	−690 −830	−690 −910
120	140	−605 −645	−620 −683	−620 −720	−620 −780	−620 −870	−785 −825	−800 −863	−800 −900	−800 −960	−800 −1 050

| 公称尺寸/mm | | ZB | | | | | ZC | | | | |
大于	至	7	8	9	10	11	7	8	9	10	11
140	160	−685 −725	−700 −763	−700 −800	−700 −860	−700 −950	−885 −925	−900 −963	−900 −1 000	−900 −1 060	−900 −1 150
160	180	−765 −805	−780 −843	−780 −880	−780 −940	−780 −1 030	−985 −1 025	−1 000 −1 063	−1 000 −1 100	−1 000 −1 160	−1 000 −1 250
180	200	−863 −909	−880 −952	−880 −995	−880 −1 065	−880 −1 170	−1 133 −1 179	−1 150 −1 222	−1 150 −1 265	−1 150 −1 335	−1 150 −1 440
200	225	−943 −989	−960 −1 032	−960 −1 075	−960 −1 145	−960 −1 250	−1 233 −1 279	−1 250 −1 322	−1 250 −1 365	−1 250 −1 435	−1 250 −1 540
225	250	−1 033 −1 079	−1 050 −1 122	−1 050 −1 165	−1 050 −1 235	−1 050 −1 340	−1 333 −1 379	−1 350 −1 422	−1 350 −1 465	−1 350 −1 535	−1 350 −1 640
250	280	−1 180 −1 232	−1 200 −1 281	−1 200 −1 330	−1 200 −1 410	−1 200 −1 520	−1 530 −1 582	−1 550 −1 631	−1 550 −1 680	−1 550 −1 760	−1 550 −1 870
280	315	−1 280 −1 332	−1 300 −1 381	−1 300 −1 430	−1 300 −1 510	−1 300 −1 620	−1 680 −1 732	−1 700 −1 781	−1 700 −1 830	−1 700 −1 910	−1 700 −2 020
315	355	−1 479 −1 536	−1 500 −1 589	−1 500 −1 640	−1 500 −1 730	−1 500 −1 860	−1 879 −1 936	−1 900 −1 989	−1 900 −2 040	−1 900 −2 130	−1 900 −2 260
355	400	−1 629 −1 686	−1 650 −1 739	−1 650 −1 790	−1 650 −1 880	−1 650 −2 010	−2 079 −2 136	−2 100 −2 189	−2 100 −2 240	−2 100 −2 330	−2 100 −2 460
400	450	−1 827 −1 890	−1 850 −1 947	−1 850 −2 005	−1 850 −2 100	−1 850 −2 250	−2 377 −2 440	−2 400 −2 497	−2 400 −2 555	−2 400 −2 650	−2 400 −2 800
450	500	−2 077 −2 140	−2 100 −2 197	−2 100 −2 255	−2 100 −2 350	−2 100 −2 500	−2 577 −2 640	−2 600 −2 697	−2 600 −2 755	−2 600 −2 850	−2 600 −3 000

a　公称尺寸大于 500 mm 的 ZB 和 ZC 的基本偏差数值没有列入表中。

参 考 文 献

[1] 成大先. 机械设计手册[M]. 6 版. 北京：化学工业出版社，2016.

[2] 黄云清. 公差配合与测量技术[M]. 4 版. 北京：机械工业出版社，2019.

[3] 董晓冰，赵宏宇. 机械基础[M]. 北京：中国铁道出版社，2015.

[4] 王党生，孙旭. 汽车机械基础[M]. 北京：清华大学出版社，2011.

[5] 张维军，张雯娣. 汽车机械基础[M]. 北京：机械工业出版社，2018.

[6] 胡琴. 机械设计基础[M]. 3 版. 北京：化学工业出版社，2018.

[7] 张秀芳，许晖. 机械工程材料及热处理[M]. 北京：电子工业出版社，2014.

[8] 张萃，王磊. 液压与气压传动[M]. 北京：清华大学出版社，2011.